DevOps
Theory, Method and Practice

DevOps
原理、方法与实践

荣国平 张贺 邵栋 王天青 任群 腾灵灵 宋骏 蒋孟杰 何勉 吴昊 编著

机械工业出版社
China Machine Press

图书在版编目（CIP）数据

DevOps：原理、方法与实践 / 荣国平等编著 . —北京：机械工业出版社，2017.10（2022.1 重印）

ISBN 978-7-111-58191-8

I. D… II. 荣… III. 软件工程－教材 IV. TP311.5

中国版本图书馆 CIP 数据核字（2017）第 248508 号

　　本书是第一本全面系统介绍 DevOps 方法和实践的教材，尽可能覆盖 DevOps 这种互联网时代新型开发模式的理论、方法、实践以及工具等多个方面。全书第一部分首先从时代背景出发，介绍 DevOps 模式的渊源，然后结合云时代运维的特征，进一步阐明 DevOps 模式是适应当前软件系统开发、部署和维护的必然选择；第二部分介绍了主流软件开发方法及其流程，重点关注精益生产和看板方法；第三部分则阐述了 DevOps 模式下的典型实践，例如微服务架构、持续集成、持续交付（部署）、虚拟化、Docker 容器、自动化等。

　　本书可以作为高等院校软件工程或者计算机专业高年级本科生及研究生的教材使用，也适合软件产业的研发和运维人员参考阅读。

出版发行：机械工业出版社（北京市西城区百万庄大街 22 号　邮政编码：100037）

责任编辑：和　静		责任校对：殷　虹	
印　　刷：北京捷迅佳彩印刷有限公司		版　　次：2022 年 1 月第 1 版第 3 次印刷	
开　　本：186mm×240mm　1/16		印　　张：15.75	
书　　号：ISBN 978-7-111-58191-8		定　　价：69.00 元	

云计算时代，软件向网络化、服务化、平台化、生态化以及智能化方向发展，持续集成、持续交付、持续部署成为常态，软件的开发、运营和质量保证之间的协作与整合成为亟待解决的难题。

本书是目前国内（也可能是国际范围内）第一本 DevOps 的系统性教材，从价值观、方法论等角度对上述问题进行剖析并提供技术指导。作者以云计算、微服务等新兴领域为研究载体，聚焦其中的前沿问题与关键技术，结合 DevOps 的应用开发案例与工具集，深入浅出、娓娓道来，既引人入胜，又发人深省，是一本不可多得的软件工程教材，既适合软件工程以及相关专业的学生学习，也有助于软件企业技术人员阅读。书中配设的大量图片与文字相得益彰，将会受到在"读图时代"成长起来的青年学生欢迎。

——李兵，武汉大学国际软件学院副院长

开发、技术运维及质量管理部门协作的系统化管理日益成为高速运营的企业关注的焦点，需要运用有效的最佳实践以支持敏捷、有序且高效地交付产品的需求，从而达成业务目标。管理与技术相结合，通过持续学习与回顾、持续过程改进来确保公司竞争力。本书将高等教育与社会需求对接，全面介绍了支持 DevOps 落地的基本方法，聚集了既规范又敏捷的最佳实践，供读者参考选用，不愧是及时雨。

——吴超英，北京航空航天大学软件工程研究所副教授，软件工程与过程管理顾问

应用需求的日益翻新和快速响应要求，促使各型企业加速整合其面向各种服务的敏捷开发、快速上线运营、持续维护和升级的全流程工作模式。为此，来自不同国度的企业精英们在凝练成功实践基础上，发展出了近年来广受企业关注的高效工作方式 DevOps，以支持敏捷和持续的应用开发与运维。这本书全面地介绍了 DevOps 的由来和发展，遵循的基本原则，相关的理论基础，推荐的有效方法和实践，以及支持平

台和工具，为在校学生和企业开发与运维相关人员提供了一本内容丰富、易读易懂的教材。

——刘超，北京航空航天大学软件工程研究所所长

本书从理论、技术、工具、方法及实践等多个角度对 DevOps 进行了全面诠释，在内容上引入了多个组织采用 DevOps 的成功案例，凝聚了作者和众多行业专家多年的实践积累与思想结晶。对于众多正在计划和已经采用 DevOps 开发模式的组织来说，本书是一本不可多得的权威参考。

——汪浩，中金云金融（北京）大数据科技股份有限公司研发总监

近些年，大型互联网应用如雨后春笋般地进入市场，它们的用户增长也是一样的惊人。工业界一直在探索新的应用软件开发方法使得它们的产品能更快地进入市场，更加可靠，开发及运维成本更低。DevOps 因为正好符合这些要求而在工业界越来越受推崇。学术界也展现出浓厚的兴趣去探索研究 DevOps 的理论、实践及工具。因此，让学生有机会系统地学习 DevOps 是一件非常有意义的事。虽然市面上有关 DevOps 的书籍不少，但大都是英文版的，而且不够系统全面，不适合作为教材。本书弥补了这个空白。它系统地阐述了 DevOps 的历史演变以及与之相关的技术、理论、实践及工具。虽然云计算、软件架构、软件开发过程、容器技术等都有专门的书籍，但这些概念围绕 DevOps 出现在同一本书是一件很有挑战性的尝试。本书值得推荐给软件工程及相关专业的学生以及对 DevOps 感兴趣的业界人士。

——沈海峰，澳大利亚弗林德斯大学高级讲师

在移动互联网高度竞争的今天，创新、速度、质量决定了一款产品的成败。本书深入浅出地剖析了 DevOps 模式如何具体应用到产品研发中，当我们面对日益复杂的业务场景和技术发展时，能提供更为高效的方法和策略以提升综合竞争力。

——洪绯，阿里巴巴土豆视频产品研发副总裁

DevOps 概念的提出到现在已经有近 10 年时间，随着云计算、容器、微服务等技术的发展，DevOps 也逐步开始在企业落地生根。InfoQ 在很早之前就向社区普及推广 DevOps 相关的实践，我们坚信 DevOps 将会对软件开发产生深远影响。本书是国内为数不多的系统讲解 DevOps 技术的书籍，推荐阅读。

——郭蕾，InfoQ 总编辑

在这个充满变革的时代，信息科技及系统在社会经济发展中扮演的角色越来越重要。DevOps 作为将软件开发、质量保证和技术操作集成的模式，在 IT 开发运维管理实践中日益广泛地得到接受和认可。本书全面且深入浅出地介绍、阐述并探讨了 DevOps 本身及其运用的重要维度和方面，特别就 DevOps 的初学者学习理论基础而言大有裨益。

——王润，普华永道合伙人

在当前数字化、网络化的大背景下，企业的商业成功越来越多地依赖于其交付软件业务的速度，DevOps 是对传统软件交付方式的一次革新，能够显著缩短交付周期，提高交付效率。但是，DevOps 并不是一种最佳实践或者工具集，它是一套全新的交付管理体系和方法论，如果缺乏体系化的学习和指导，很容易在实践中走弯路。在本书中，作者详细阐述了 DevOps 背后的软件交付理论体系，并结合当下热门的微服务架构设计和容器技术，使读者领略了前沿的交付设计和实践探索，相信读者读完这本书一定会受益匪浅。

——郭峰，DaoCloud 联合创始人兼首席技术官

DevOps 是敏捷和精益理念的进一步实践与延伸。从敏捷的角度看，DevOps 从开发的敏捷延伸到了运维的敏捷，我们通过一系列自动化的质量保障服务结合自动化流水线实现了 Dev 阶段与 Ops 阶段的无缝衔接；而从精益的角度看，DevOps 是组织和价值链的优化，组织上 DevOps 将开发工程师和运维工程师的界限逐步模糊，进而走向了全功能型的团队，价值链上产品、服务以及特性的 TTM 进一步缩减，使得企业的价值变现更加迅捷。

本书为大家清晰讲述了 DevOps 理念发展的历程，以及 DevOps 和敏捷、精益之间的联系，以实践项目的方式将软件架构、研发模式和研发工具结合起来，是一部非常值得大家去深入学习、探讨的 DevOps 教程。

——徐峰，华为软件开发云 CTO

我非常高兴看到这样一本介绍 DevOps 的教材出现，随着互联网技术的发展，软件的开发方法受到革命性的冲击，新的概念、方法和技术日新月异，同时也给学习和实践带来很多困惑：我们该遵循什么基本原则？我们可以获得什么价值？我们应该采取什么技术手段和方法？本书梳理了 DevOps 的发展历史和基本概念，并给出了一些技术和实践的方法，为初学者提供了很好的指导，衷心希望本书可以得到读者们的喜爱！

——王青，中国科学院软件研究所互联网软件技术实验室主任

软件开发者和其他相关干系人之间持续有力的协作有助于加快新的 IT 服务的交付，同时提升交付质量，更好地满足稳定性、性能以及安全性等质量目标。尽管 DevOps 运动早在 2009 年就开始了，然而，究竟什么是 DevOps？如何实施 DevOps？拥护者所宣传的 DevOps 的优点是否真实？这些问题一直都困扰着我们。本书是迄今为止我看到的最完整介绍 DevOps 概念、理论和实践的教材，很大程度上给出了上述问题的答案。基于最新的软件系统平台和过程方法，本书为 DevOps 的应用和实施提供了详细指南，具体包括云计算、微服务以及敏捷开发等。特别是书中的案例以及工具的详细介绍，对于在校学生以及工业界的实践者提炼 DevOps 知识要点，投入 DevOps 学习过程都有裨益。

——黄丽果，南卫理公会大学副教授

两年前，我出版了一本关于DevOps的著作。从那以后，我一直在留意各类关于DevOps的著述，关注着该领域的进展。但让我略感失望和不足的是，作为一位软件工程的研究者，我清楚地认识到，对于各种流行的DevOps实践、方法和技术背后的软件工程理论，我们缺少深入的理解和探索。这种基于软件工程视角对DevOps进行系统梳理的缺失，使得我们对软件工程本科生和研究生的教育变得更加困难。这是因为，我们的教育目的更多应着力于教导学生和实践者去理解DevOps背后的理论，并培养他们应用DevOps解决实际问题的能力，而不是去简单追逐最新的热门技术或者流行术语。

当我仔细通读本书时，立即感到了一种缺憾获得填补的兴奋。本书清晰、中肯地解释了DevOps背后的理论，建立了DevOps与软件工程中一系列子领域现有知识的关联，从需求到架构、测试、部署，还有开发过程。这一切并未让我感觉到意外，因为我和作者之一张贺教授已经相识并一起工作了十余年。张教授对软件开发过程的仿真和实证方面的开创性工作，使得他对软件开发过程中各个阶段都有着深入的理解，而这一切都在本书的结构、流程以及深度上得到了体现。

作为澳大利亚联邦科学院（CSIRO）的一员，我重点专注于工业界需求和问题的解决。作为许多工业咨询委员会的一员，我也参与了很多大学软件工程课程体系的构建。看到本书中阐述的一些具体知识和技术，例如微服务、轻量级容器以及DevOps工具包，包括Chef/Puppet、Cucumber/Selenium以及Jenkins等，我立刻有一种强烈的愿望，希望能将本书的大纲介绍给那些大学，让这些内容充实他们的软件工程教育课程。同时，我也坚信那些可能已经熟悉DevOps工具的工业界实践者可以从本书中获益良多。因为本书阐述了必要的上下文，能够帮助实践者对组织中使用这些DevOps工具和方法的原因有更深入的理解。对于这样一本系统介绍DevOps的书籍能够在中国出版，我由衷感到高兴，这表明在 DevOps 运动和相关软件工程研究中，中国不仅是跟随者，也是引领者。

祝立明

Data61 研究所所长

澳大利亚联邦科学院（CSIRO）院士

《DevOps: A Software Architect's Perspective》作者

2017 年 8 月于悉尼

近年来 DevOps 开发模式对软件产业产生了深远影响，相当多的软件企业开始采用这种新的模式。来自权威机构的预测报告甚至认为，未来全球排名前 2000 的软件企业中，超过 80% 都将转向 DevOps 模式。事实上，DevOps 发展速度之快和影响范围之广都大大超出了人们的预期。

DevOps 之所以会产生如此巨大的影响，我们认为这不是偶然的。这种方法本身具有的特性非常适合在需求很难确定、快速响应变更、快速提供价值和高可靠性要求这样的所谓互联网时代软件环境中得到应用。由此，作为软件工程教育者，我们不得不思考 DevOps 给现代软件工程教育所带来的影响。一方面，我们的教育本身就需要教会学生把经过实践检验的优秀管理方法和适用的具体开发技术相结合，应用过程化思想和系统化的方法去开发和维护各类软件系统。从这个意义上说，DevOps 是满足上述目标的极好载体。因此，忽视 DevOps，不仅仅会错过一个实现软件工程教育目的的好机会，更为糟糕的是，可能会由此扩大学校教育和业界实际实践之间的差距。另一方面，将 DevOps 引入大学课堂，也面临着诸多挑战。首要的就是目前尚缺一本专门以 DevOps 为主题，全面系统地涵盖 DevOps 各个方面的教材。有鉴于此，我们编著了这样一本教材，试图弥补这一缺憾。

考虑到本书主要面向 DevOps 的初学者，因此，在内容的选择和组织上，我们并没有一味罗列 DevOps 的流行词汇和工具，而是尽可能把 DevOps 方法背后的理论基础解释清楚。对于具有典型 DevOps 特征的软件工程技术和实践，例如微服务架构演进、精益管理、容器技术等，我们则不吝笔墨地大篇幅介绍。由此，我们试图传递出一个概念，即 DevOps 作为一种方法学，不能简单等同于某类实践或者工具，而是涵盖管理的基础理论、技术以及工具的有机整体。综合起来，本书具有如下特点：

❑ 全面系统地覆盖 DevOps 的各个方面，便于读者以此书作为 DevOps 的基础（尽管内容并不基础！）入门书籍。

- 保持客观、中立和审慎的态度。尽管我们推崇 DevOps，但绝不盲从。在材料的组织和内容表述方面，我们以解决实际问题为导向来介绍 DevOps。同时，我们也清晰表达观点——DevOps 并不抗拒其他方法学。

- 部分知识点和相应的案例直接来源于一线业界专家的工作经历，可以增强读者的代入感，同时，也有助于读者更好地理解 DevOps。

本书具体分工如下：第 1 章由王天青、邵栋、张贺以及任群合作编写；第 2 章由腾灵灵和宋骏合作编写；第 3 章由蒋孟杰编写；第 4 章由荣国平编写；第 5 章由何勉编写；第 6～8 章由王天青编写；第 9 章由吴昊编写。此外，荣国平、张贺和邵栋对全书进行统稿和润色。由于时间仓促，再加上编者的水平所限，书中难免有错误与不妥之处，恳请读者指正和赐教。我们的电子邮件地址为：ronggp@nju.edu.cn、hezhang@nju.edu.cn 和 dongshao@nju.edu.cn。

荣国平

2017 年 7 月于南大北园

·· 目　录 ··

赞誉

序

前言

第 1 章　DevOps 概述 …… 1

　1.1　互联网时代的转型挑战 …… 1

　1.2　独角兽公司 …… 4

　　　1.2.1　Netflix 公司 …… 4

　　　1.2.2　Instagram …… 8

　　　1.2.3　成功秘诀 …… 9

　1.3　什么是 DevOps …… 10

　　　1.3.1　发展渊源 …… 10

　　　1.3.2　价值观 …… 12

　　　1.3.3　原则 …… 13

　　　1.3.4　方法 …… 15

　　　1.3.5　实践 …… 16

　　　1.3.6　工具 …… 16

　1.4　DevOps 应用与研究现状 …… 17

　　　1.4.1　微服务 …… 17

　　　1.4.2　持续集成和持续交付 …… 19

　　　1.4.3　工具研究和开发 …… 21

　本章小结 …… 23

　思考题 …… 23

　参考文献 …… 23

第2章 云时代的运维 …… **26**

2.1 云计算概述 …… **26**

2.1.1 IaaS …… **26**

2.1.2 PaaS …… **28**

2.1.3 SaaS …… **29**

2.1.4 XaaS …… **30**

2.2 IT 服务标准介绍 …… **30**

2.2.1 CMMI-SVC …… **30**

2.2.2 ITIL …… **33**

2.2.3 ISO20000 …… **33**

2.2.4 ITSS …… **36**

2.3 什么是运维 …… **39**

2.3.1 运维的价值 …… **39**

2.3.2 运维的技术与技能 …… **40**

2.3.3 传统运维的转型之路 …… **40**

本章小结 …… **41**

思考题 …… **41**

参考文献 …… **42**

第3章 软件架构演进 …… **44**

3.1 软件架构概述 …… **44**

3.1.1 什么是软件架构 …… **44**

3.1.2 软件架构的目标 …… **46**

3.1.3 软件架构的不同视角 …… **46**

3.2 软件架构的演进 …… **51**

3.2.1 传统软件架构的演进 …… **51**

3.2.2 流量爆炸时代的大型互联网软件架构 …… **54**

3.2.3 互联网软件架构演进实例 …… **60**

本章小结 …… **66**

思考题 …… **67**

参考文献 …… **67**

更多阅读 …… **67**

第4章　软件开发过程和方法 …… 68

4.1　软件过程概述 …… 68
4.1.1　软件开发方法发展历史 …… 69
4.1.2　软件过程的多维视角 …… 77

4.2　个体过程和实践 …… 79
4.2.1　PSP 过程基本原则 …… 80
4.2.2　PSP 过程度量 …… 81
4.2.3　PROBE 估算原理 …… 82
4.2.4　PROBE 估算流程 …… 83
4.2.5　通用计划框架 …… 85
4.2.6　PSP 质量与质量策略 …… 87
4.2.7　评审与测试 …… 88
4.2.8　评审过程质量 …… 89
4.2.9　设计与质量 …… 98
4.2.10　设计过程 …… 100
4.2.11　设计的层次 …… 101

4.3　小组过程和实践 …… 102
4.3.1　XP 实践 …… 102
4.3.2　Scrum 方法 …… 105
4.3.3　TSP 过程 …… 106

4.4　软件过程改进 …… 108
4.4.1　元模型 …… 108
4.4.2　过程改进参考模型与标准 …… 112

4.5　DevOps 中的开发过程和方法 …… 121

本章小结 …… 121

思考题 …… 121

参考文献 …… 122

第5章　精益思想和看板方法 …… 124

5.1　从精益思想说起 …… 124
5.1.1　精益起源于丰田 …… 124
5.1.2　精益实践的传播 …… 124

5.1.3 精益作为方法学开始超越生产制造 …… **126**

5.1.4 上升至精益的价值观 …… **126**

5.2 精益的三个层面 …… **128**

5.3 精益产品开发实践体系 …… **129**

5.3.1 精益产品开发的目标 …… **129**

5.3.2 精益产品开发的原则 …… **130**

5.3.3 精益产品开发的运作实践 …… **131**

5.4 看板方法的起源 …… **132**

5.4.1 看板的中文意思带来误解 …… **132**

5.4.2 看板是精益制造系统的核心工具 …… **133**

5.4.3 看板形成拉式生产方式 …… **135**

5.5 什么是产品开发中的看板方法 …… **136**

5.5.1 产品开发中的看板方法的诞生 …… **136**

5.5.2 看板方法的第一组实践——建立看板系统的 3 个实践 …… **136**

5.5.3 看板方法的第二组实践——运作看板系统的 2 个实践 …… **140**

本章小结 …… **142**

思考题 …… **142**

参考文献 …… **143**

第 6 章　微服务软件架构 …… **144**

6.1 软件架构的发展 …… **144**

6.1.1 单体架构 …… **144**

6.1.2 分层架构 …… **144**

6.1.3 SOA 架构 …… **146**

6.1.4 分布式架构 …… **148**

6.2 现代应用的 12 范式 …… **150**

6.3 什么是微服务架构 …… **150**

6.4 微服务架构的特征 …… **151**

6.4.1 通过服务组件化 …… **152**

6.4.2 围绕业务能力组织 …… **152**

6.4.3 是产品不是项目 …… **153**

6.4.4 智能端点和哑管道 …… **153**

6.4.5 去中心化治理 …… **154**

6.4.6 去中心化数据管理 …… **154**

6.4.7 基础设施自动化 …… **155**

6.4.8 为失效设计 …… **155**

6.4.9 进化式设计 …… **155**

6.5 **微服务核心模式** …… **156**

6.5.1 服务注册与发现 …… **156**

6.5.2 配置中心 …… **157**

6.5.3 API 网关 …… **157**

6.5.4 熔断器 …… **158**

6.5.5 分布式追踪 …… **160**

本章小结 …… **161**

思考题 …… **162**

参考文献 …… **162**

第 7 章 **容器技术基础** …… **163**

7.1 **内核基础** …… **163**

7.1.1 Linux namespace …… **164**

7.1.2 Linux CGroup …… **168**

7.2 **Docker 架构概览** …… **169**

7.2.1 Client …… **170**

7.2.2 Docker Daemon …… **171**

7.2.3 Docker Registry …… **172**

7.2.4 Graph …… **173**

7.2.5 Driver …… **173**

7.2.6 libcontainer …… **173**

7.3 **镜像管理** …… **174**

7.3.1 什么是 Docker 镜像 …… **174**

7.3.2 Dockerfile、Docker 镜像和 Docker 容器的关系 …… **174**

7.3.3 Dockerfile …… **176**

7.4 **Docker 网络管理** …… **178**

7.4.1 Docker 网络模式 …… **178**

7.4.2 libnetwork 和 Docker 网络 …… **179**

7.4.3 Docker 的内置 Overlay 网络 …… **180**

7.5 **Docker 存储** …… **181**

7.5.1 Docker 存储驱动 …… **181**

7.5.2 Docker 驱动比较 …… **182**

7.6 **Docker 编排** …… **183**

7.6.1 Docker Swarm …… **183**

7.6.2 Kubernetes …… **185**

本章小结 …… **186**

思考题 …… **186**

参考文献 …… **187**

第 8 章 **基于容器技术的 DevOps 实践** …… **188**

8.1 **概述** …… **188**

8.2 **代码管理** …… **188**

8.2.1 Git 介绍 …… **190**

8.2.2 Git 工作流程 …… **191**

8.3 **持续交付流水线** …… **194**

8.3.1 预备步骤 …… **194**

8.3.2 实现持续交付流水线 …… **199**

8.3.3 持续交付最佳实践 …… **201**

8.3.4 检查列表 …… **204**

8.4 **持续集成工具** …… **205**

8.4.1 传统的 CI 工具 …… **205**

8.4.2 云计算环境中的 CI 工具 …… **206**

8.4.3 用于移动应用的 CI 工具 …… **206**

8.4.4 使用 Docker 的 CI 工具 …… **207**

8.5 **Java 应用持续交付实践举例** …… **207**

8.5.1 持续集成 …… **207**

8.5.2 持续部署 …… **209**

8.5.3 版本管理 …… **211**

本章小结 …… **212**

思考题 …… **212**

参考文献 …… **212**

第 9 章　DevOps 工具集 …… **214**

9.1　概述 …… **214**

9.2　协同开发工具 …… **215**

9.2.1　JIRA …… **215**

9.2.2　Kanboard …… **216**

9.2.3　Rally …… **218**

9.3　持续集成工具 …… **219**

9.3.1　Jenkins …… **219**

9.3.2　Bamboo …… **220**

9.3.3　Travis CI …… **220**

9.4　版本管理工具 …… **221**

9.4.1　Git …… **221**

9.4.2　GitHub …… **223**

9.4.3　GitLab …… **223**

9.4.4　Subversion …… **223**

9.4.5　Mercurial …… **223**

9.5　编译工具 …… **224**

9.5.1　Ant …… **224**

9.5.2　Maven …… **225**

9.5.3　Gradle …… **226**

9.5.4　MSBuild …… **226**

9.6　配置管理工具 …… **227**

9.6.1　Chef …… **227**

9.6.2　Puppet …… **228**

9.6.3　Ansible …… **228**

9.7　测试工具 …… **228**

9.7.1　JUnit …… **228**

9.7.2　Selenium …… **229**

9.7.3　Cucumber …… **229**

      9.7.4   FitNesse ······ **230**

9.8   **监控工具** ······ **231**

      9.8.1   Nagios ······ **231**

      9.8.2   Zabbix ······ **231**

9.9   **工具网址** ······ **232**

第 1 章　DevOps 概述

1.1　互联网时代的转型挑战

1987 年 9 月 14 日，北京计算机应用技术研究所发出了中国第一封电子邮件 "Across the Great Wall we can reach every corner in the world"（越过长城，走向世界），揭开了中国人使用互联网的序幕。互联网自诞生之后发展迅速，并且进入到人们生活的各个角落。我们可以通过一组数据来总结一下互联网在中国的发展现状。

图 1-1 是按年统计的中国网民的数量变化，从中可以看出中国网民从 2006 年的 1.37 亿人到 2016 的 7.31 亿人，10 年来增长了 4 倍。

图 1-1　中国网民规模和互联网普及率 [1]

来源：CNNIC 中国互联网络发展状况统计调查

在数量日益增多的中国网民中，80 后和 90 后占了一半多（如图 1-2 所示）。图 1-3 则表明，移动上网是大部分人的上网选择，上网者使用移动端的时间也越来越长。

从另外一个角度来说，伴随着互联网的冲击，很多传统企业已经无法固守原有的市场，很容易受到互联网企业的降维攻击，导致经营无以为继，因此需要谋求转型，尤其是互联网转型。正如一些专家所预测的那样："未来五年左右，一切商业都将互联网化，传统制造业将受到互联网冲击，50% 的制造企业会破产。"在这样的形势下，很多传统企业都在谋求互联网转型。但在转型过程中，这些企业往往会遇到很多挑战，大致可以归为如下三类。

图 1-2　中国网民年龄结构 [1]

来源：CNNIC 中国互联网络发展状况统计调查

图 1-3　中国手机网民规模及其占网民比例 [1]

来源：CNNIC 中国互联网络发展状况统计调查

第一，如何进行企业互联网战略的定位？ 企业传统的商业模式以线下销售为主，其长期以来积累的稳定的渠道、客户资源以及供应链管理能力等要素共同塑造了企业自身成熟的业务模式。这种模式在很长一段时间里为企业带来了可观的收益，在保证现有渠道、客户利益的前提下，企业需要结合行业的现状和发展趋势重新部署互联网战略，重新规划商业模式，制定行之有效的运营体系。部署战略需要考虑五要素：价格、服务、库存、速度和体验。

第二，如何有机整合线上和线下资源？ 传统渠道都是依赖于线下渠道进行产品销售，而如果转型做线上销售，那么怎样减少对线下渠道的冲击，可能是一个非常重要的战略课题。也就是要做到 1+1 大于 2，战略目标是通过搭建网购商场实现线上线下互补，从而实现网络放大效应，增加整体销售量和客户满意度，开辟行业竞争蓝海，打造新的战略支柱。

第三，如何实施营销推广的策略及落地方案？ 越来越多的年轻人不看电视、报纸，获取外部信息的主要渠道就是互联网，因此企业应该结合自身产品特点和优势，避免互联网和传统渠道之间的冲突，相应地调整营销推广的策略，同时也需要不断摸索和求证，确定可行的落地方案，培养和引进电商人才，使策略全面落实执行。

除了业务转型之外，企业在互联网转型过程中，对 IT 部门和业务系统的转型也提出了更高的要求，包括如下几种挑战。

业务不断创新的挑战：业务在发展和转型的过程中需要持续创新和不断试错，因此 IT 团队、应用和基础架构要能够灵活地支持业务的快速变革与尽快切入市场，正所谓"天下武功，唯快不破"。

业务快速增长的挑战：在互联网转型过程中，企业也从之前面向经销商逐渐转型为直接面向最终消费者，客户数量会呈现级数增长，因此企业的 IT 系统需要能够支撑用户数量和业务量的快速增长。

业务连续性的挑战：在互联网转型过程中，企业面对的客户是最终消费者，而由于移动互联网的极大普及，用户会随时随地使用企业提供的服务，因此需要保障企业 IT 系统 24×7 可用。

这些要求也促使企业在基础架构、应用开发和运营上需要做很大的变革，下图是来自 Dell EMC 的 IT 转型地图 [2]。

图 1-4　IT 转型地图

以汽车制造作为类比，该 IT 变革故事图描述了企业 IT 部门的基础设施、应用和运营模式向 IT 即服务（IT as a Service）的转型。

1.2 独角兽公司

我们试着分析以下几家独角兽[⊖]公司的转型之路，看看它们的成功秘诀。《财富》杂志于 2015 年 8 月报告了 138 家独角兽企业，并在之后的每一季度更新一次名单。到 2015 年 8 月止，独角兽企业名单上排行在前的企业有 Uber（交通）、小米（电子消费品）、Airbnb（住宿）、Palantir（大数据）和 Snapchat（社交媒体）。当下，媒体报道的独角兽企业除了前面五个，还包括 Dropbox（云存储）和 Pinterest（社交媒体）。

1.2.1 Netflix 公司

首先我们来看一下 Netflix 商业模式的创新。

Netflix 商业模式 1.0

在 1.0 进化的伊始，Netflix 相对于竞争对手有两个重要特点：

1）轻资产化，无店面，网上运营。

2）邮碟到户。

用户在网上订碟，Netflix 用隔夜快递邮寄给客户，客户看完邮寄回 Netflix。相较于竞争对手，如此操作的直接优势在于使用 O2O（Online To Offline，线上到线下）模式，减少了用户投入的时间。其次，提供给用户多种选择，线上商品展示相对线下商品展示有绝对的优势。

Netflix 商业模式 2.0

2006 年是 Netflix 流媒体的元年。2006 年美国家庭的宽带普及率比 2005 年上涨了 40%，达到 8400 万人。同时相比 2005 年，家庭全部年收入为 4 万～5 万美元之间的家庭，其宽带普及率暴增 70%。2006 年的另一件大事也让仍然在摸索中的"流媒体"实验取得了初次大捷，即 YouTube 在 2005 年横空出世后，于 2006 年被 Google 收购。

无论是租碟，还是流媒体，其实 Netflix 这门生意最核心的价值并无变化：内容按需点播（Video on Demand，VoD），而不同于传统的实时直播（Live Streaming）。

Netflix 的流媒体从明面上看有以下几个优势：

1）便宜，月费降至 10 美元以下，在需求曲线上走得更远。

2）跨平台，包括电视、PC、Wii、PlayStation、Xbox 等，支持个性化设置和账户绑定。

3）无广告。

⊖ 独角兽是投资行业尤其是风险投资业中的术语，指的是那些估值超过十亿美元的创业公司。

4）自制内容（Netflix Originals），内容上创新自给自足，在内容独家性上深度布局。

流媒体年之前的 2005 年，Netflix 订阅人数为 420 万；流媒体年十年之后的 2016 年，Netflix 订阅人数为 8320 万，增长了大约 20 倍。

让我们来看几张图，了解一下 Netflix 的一些数据。

从图 1-5 中大家可以看到 Netflix 在高峰时，约占北美整个宽带流量的 1/3，它和 YouTube 加起来超过整个带宽的 50%。

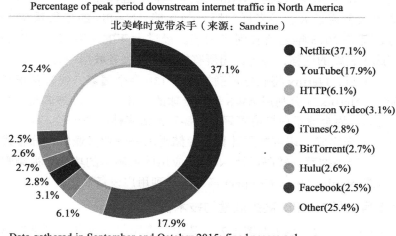

图 1-5　北美峰时宽带杀手

图 1-6 展示了 Netflix 用户数量的变化，从 2012 年第一季度开始，每个季度用户数环比增长率在 3% 以上。

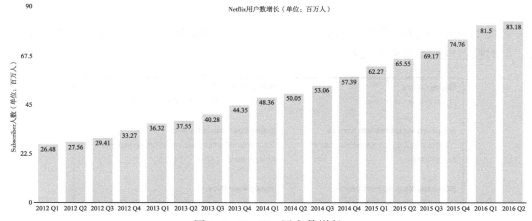

图 1-6　Netflix 用户数增长

让我们通过分析解读在技术上发生的几个大事件，来看看 Netflix 的技术护城河究竟在哪里。

1. 2016 年 2 月 Netflix 完成云端迁移

2008 年 8 月，Netflix 遭遇严重的数据库损坏事件，连续三天无法向成员用户寄送 DVD 光碟，从那时起，他们决定向云端迁移。那次事件让 Netflix 意识到，像 Netflix 数据中心的关系数据库那种垂直扩展的单点数据系统容易发生问题，因此必须转向高可靠的、水平扩展的云端分布式系统。Netflix 选择了亚马逊网络服务（AWS）作为云服务提供商，它能提供规模最大、最多样的服务与功能。Netflix 的多数系统，包括所有面向用户的服务，都在 2015 年之前转到了云端。经过七年的艰苦努力，在 2016 年 1 月，Netflix 终于完成了云端的迁移，并已关闭所有的流媒体服务数据中心。

2016 年 1 月 6 日，Netflix 将服务范围扩展到 130 余个国家，成为真正意义上的全球互联网电视网络。Netflix 充分利用 AWS 覆盖全球的服务云区，动态调整服务网络，扩展全球网络服务能力，为全球用户打造更好、更满意的流媒体服务体验。

Netflix 依靠云来完成一切可扩展计算和存储需求——业务逻辑、分布式数据库和大数据处理 / 分析、产品推荐、转码以及 Netflix 应用的数不尽的功能。视频则通过遍布全球的内容分发网络 Netflix Open Connect 高效发送到用户设备端。

2. 2015 年 11 月支付 Netflix 高扩展性的技术栈

Netflix 扩展性有六大要素 (如图 1-7)，其中包含可扩展文化，部署在 Amazon 云上的架构，多设备支持，Netflix 开放连接 CDN，可扩展的开源项目和可扩展算法技术。其技术栈如图 1-8 所示。

Netflix 在技术之路上有了很多积累，可以认为是微服务架构的鼻祖和最大贡献者，它开源了很多微服务组件，包括 Hystrix、Zuul、Eureka 等。图 1-9 是它开源的一个完整列表。

因此 Netflix 不仅仅是一家娱乐公司，同时也是一家技术公司，业务驱动着技术发展，同时技术也推动着业务发展。

Scaling Culture	NetFlix Connect CDN
Trust People, not Policies	Built their own CDN and multi-CDN capabilities
Supporting Many titles with Amazon	**Scaling Open Source Projects**
Having all storage on Amazon S3, lots of compute there..	Lots of goodies from security to testing to big data to Amazon tools.
Supporting Many different Devices	**Scaling Algorithms**
Having 50+ Encoded titles	Deriving the best algorithms from NetFlix Prize Contest

图 1-7　Netflix 扩展性的六大要素 [3]

Application & Data

Languages	Java, Python, Javascript
Database	MySQL, Cassandra, Oracle
Frameworks	Node.js
Cloud Hosting	Amazon EC2
Javascript UI Library	React
SQL Database-as-a-Service	Amazon RDS
NoSQL Database-as-a-Service	Amazon DynamoDB
Database Cluster Management	Dynomite

Business Tools

Productivity Suite	Google Apps
Project Management	Confluence
Password Management	OneLogin

Utilities

Transactional Email	Amazon SES
Mobile Push Messaging	Urban Airship
API Tools	Falcor

DevOps

Code Collaboration & Version Control	GitHub
Continuous Integration	Jenkins
Server Management	Apache Mesos
Log Management	Sumo Logic
Mobile Error Monitoring	Crittercism
Performance Monitoring	Boundary, LogicMonitor

Open Connect CDN

Operating System	FreeBSD
Server	Nginx
Routing	Bird daemon

图 1-8　Netflix 技术栈 [3]

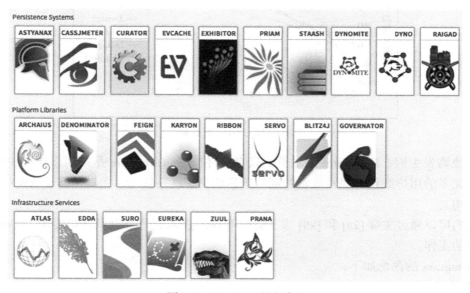

图 1-9　Netflix 开源项目

1.2.2　Instagram

2012 年 4 月 Facebook 宣布以 10 亿美金收购 Instagram，轰动一时。Facebook 为什么要以如此高的价格来收购 Instagram 呢？让我们来看看一组数据。

用户数量变化

❑ 2010 年 12 月，Instagram 已有 100 万个注册用户。

❑ 2011 年 6 月，Instagram 宣布用户人数达 500 万。

❑ 2011 年 9 月，用户人数达 1000 万。

❑ 2012 年 4 月，Instagram 上的账户数超过 3000 万个。

照片数量变化

❑ 2011 年 7 月，Instagram 宣布其用户上传至服务器的照片数已超过 1 亿张。

❑ 2011 年 8 月，这个数字上升至 1.5 亿。

❑ 到 2012 年 5 月，平均每秒就有 58 张照片上传且新增一个用户，总照片数已超过 10 亿。

图 1-10 是 Instagram 和 Twitter、Tumblr、Facebook、Pinterest 用户增长速率的一个比较。

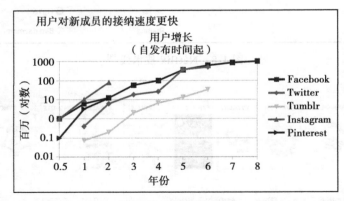

图 1-10　用户增长量

而收购发生时，Instagram 全职员工只有 15 位，那 Instagram 是如何以如此少的员工撑起如此多的用户数量和照片数量的呢？背后的秘密就是技术，尤其是基于 AWS 搭建的基础架构。

我们可以通过文章 [28] 和 [29] 来了解一下 Instagram 的理念及其在扩展性（Scalability）上所做的工作。

Instagram 的理念如下：

❑ 简单

❑ 优化每一个最小操作，以减少操作负荷

❑ 监控一切

扩展可分为垂直扩展和横向扩展，具体如图 1-11 所示。

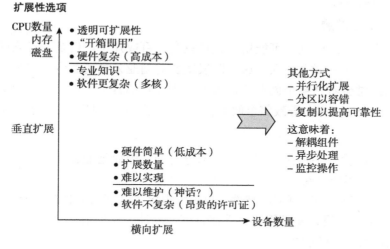

图 1-11 扩展性选项

扩展性要考虑的技术选型包括：

❑ 缓存（Cache）

❑ 数据分片（Data Sharding）

❑ 内存数据库（In-Memory DB）

❑ 有效的通信协议（Efficient wire protocol）

1.2.3 成功秘诀

Instagram 和 Netflix 的成功有很多个性，同时也有很多共性。它们的商业模式有很大不同，Netflix 经营从 DVD 租赁到在线视频点播，而 Instagram 是图片分享社交软件。但是它们都是直接面对最终消费者，而且消费者的数量庞大，同时竞争对手始终伴随左右。

再纵观其他一些互联网独角兽公司，它们的成功秘诀是什么呢？我们总结如下。

1. 创新速度

天下武功，唯快不破！无疑我们现在已经进入了一个节奏飞快的社会，作为消费者的我们总是希望第一时间获取信息或者有用的服务，而不愿意等待。因此要服务这样的消费者，创业公司必须持续不断地创新，快速试错，从而找到一个符合消费者的商业模式。同时不断创新，引领消费者。

2. 随时、随地可用

用户全球化以及智能手机极大普及之后，对服务提供商提出了一个新的要求，那就是应用或者服务必须随时、随地可用。而且用户的耐心也大大降低，你的应用必须能很快响应用户的操作，返回用户需要的信息或者满足用户的需求。一旦有任何问题，你的用户可能就会转向竞争对手。

3. 从 0 到 1，快速扩展

创业公司刚起步的时候，可能用户数量只有几百或几千。但是一旦它的商业模式被用户认可，海量的用户就会涌入。这个时候就会对创业公司的后台的扩展能力提出极高的要求。我们经常会看到某个创业公司因为某个成功的营销活动带来了巨大的流量，但是由于技术架构无法支撑，导致整个网站宕机，无法服务好用户和留下用户。

4. 移动优先

在移动互联时代，手机占据了用户大部分时间，因此创业公司必须以提高用户移动访问体验为目标，不断创新。

综上所述，由于移动互联网的特性，对技术提出了以下几个要求：

□ **系统架构**。要设计高可用、高性能、高扩展性和高伸缩性和高安全性的架构，满足大流量、大并发的场景。

□ **研发流程**。要采用敏捷开发和 DevOps 自动化流水线，满足业务快速创新和上线的要求。

1.3 什么是 DevOps

自从 2009 年 DevOps 一词出现以来，其所涵盖的内容在各方专业人士的解读和分析中变得越来越广泛。在各种讨论和文献中，大量的知识内容（有些是新出现的，有些是原有的）被认为和 DevOps 相关，这会让 DevOps 的实践者非常困惑。DevOps 迄今为止还没有得到广泛公认的定义以及确定的知识内容。明朝王阳明曾经说过："未有知而不行者。知而不行，只是未知。"如何进行 DevOps 实践，使用 DevOps 来帮助我们解决现实问题呢？我们需要梳理一下和 DevOps 有关的知识内容，了解清楚它们之间的关系，用以指导我们的实践。

1.3.1 发展渊源

DevOps 是敏捷开发的延续，它将敏捷的精神延伸至运维（Operation）阶段。敏捷开发的主要目的是响应变化，快速交付价值。以 2001 年的敏捷宣言发布这个里程碑为起点，开始几年内企业主要在软件的开发阶段推行敏捷，并没有覆盖到软件的运维阶段。随着互联网的不断发展，市场变化越来越快，2007 年之后软件工程领域出现了新的变化，DevOps 星星之火便开始出现。

1. 萌芽阶段（2007～2008 年）

2007 年，比利时的独立 IT 咨询师 Patrick Debois 开始注意开发团队（Dev）和运维团队（Ops）之间的问题。当时，他参与了比利时政府一个下属部门的大型数据中心迁移的项目，在这个项目中，他负责测试和验证工作，所以他不光要和 Dev 一起工作，也要和 Ops 一起工作。他第一天在开发团队跟随敏捷的节奏，第二天又要以传统的方式像消防队员那样维护这些系统，这种在两种工作氛围的切换令他十分沮丧。他意识到开发团队与运维团队的工作方式和思维方式有巨大的差异：开发团队和运维团队生活在两个不同的世界，而彼此又坚守着各自的利益，所以在这两者之间工作到处都是冲突。作为一个敏捷的簇拥者，他渐渐明白如何在这种状况下改进自己的工作。

2008 年 6 月，在美国加州旧金山，O′Reilly 出版公司举办了首届 Velocity 技术大会，这个大会的话题范围主要围绕 Web 应用程序的性能和运维展开，分享和交换构建、运维 Web 应用的性能、稳定性和可用性上的最佳实践。大会吸引了来自 Austin 的几个系统管理员和开发人员，他们对大会中分享的内容十分激动，于是记录下了所有的演讲内容，并决定新开一个博客分享这些内容和自己的经验，他们同样也意识到敏捷在系统管理工作中的重要性，于是，一个名为 theagileadmin.com 的博客诞生了。

同年 8 月，机缘巧合，Patrick 也在加拿大多伦多的 Agile Conference 2008 上遇到了知音 Andrew Shafer，两人后来建立了一个叫 Agile System Administration 的 Google 讨论组。

2. 社区确立阶段（2009～2010 年）

2009 年 6 月，第二届 Velocity 大会在美国圣荷西召开，当时的 Flickr 技术运维资深副总裁 John Allspaw 和工程总监 Paul Hammond 一起在大会上做了一个题目为 "10+ Deploys per Day: Dev and Ops Cooperation at Flickr" 的演讲，演讲后来轰动了业界，也有力地证明了 Dev 和 Ops 可以有效工作在一起从而提高软件部署的可能性。

Patrick 在网上看到这个演讲后非常激动，受此大会的启发，他在比利时也发起了名为 DevOpsDays 的自己的会议，最后大会出奇地成功，以至于大家在 Twitter 上的讨论热情不减。受限于 Twitter 上字符的长度，为了精简，大家就把 Twitter 上的话题 #DevOpsdays 简写成 #DevOps 了，于是 DevOps 一词便在社区中慢慢确立了。

3. 产业关注阶段（2011～2012 年）

在 2010 年之前，DevOps 运动还主要停留在技术社区中的讨论，探讨的一些开源工具也很少受厂商和分析师们的关注。直到 2011 年，DevOps 突然受到 Gartner 分析师 Cameron Haight 和 451 Research 公司 Jay Lyman 等人的注意，他们开始正式研究这个市场，同时，一些大厂商也开始进入 DevOps 领域。

DevOps 的发展离不开另外一个领袖人物的推动，那就是知名公司 tripwire 的创始人 Gene Kim 先生。2012 年 8 月，Gene 在他的博客上发表了名为 " the three way " 的

DevOps 实践原则，分别是：1）思考系统的端到端流程；2）增加反馈回路；3）培养一种不断实验以及通过反复实践达到精通的文化。Gene 为 DevOps 领域贡献了一个重要的理论基础。是年后（即 2013 年年初），Gene 与 Kevin Behr 和 George Spafford 三人合著的《凤凰项目》一书出版，该书一度被誉称为 DevOps 的圣经。

4. 相关技术基础协同发展的阶段（2013 年～）

DevOps 被业界快速接受离不开相关技术的同步发展，特别是云计算技术和基础设施的成熟，以及新的架构范式的出现。

2013 年，dotCloud 公司（后更名为 Docker）推出 Docker 项目，在容器技术的基础上，引入分层式容器镜像模型、全局及本地容器注册表、精简化 REST。

同年，Google 推出开源项目 Kubernetes，提供了以容器为中心的部署、伸缩和运维平台。Kubernetes 支持 Docker、rkt 以及 OCI 等容器标准，能够实现在各种云环境中快速部署 kubernetes 集群。

2015 年，基于 Cloud-Native（云原生）概念的逐步成熟，Google 联合其他 20 家公司宣布成立了开源组织 Cloud Native Computing Foundation（CNCF）。同年，O'Reilly 出版了 Pivotal 公司产品经理 Matt Stine 写的《Migrating to Cloud-Native Application Architecture》一书，其中，Matt Stine 对 Cloud-Native 关键架构特征进行补充，也融入早在 2012 年由 Heroku 创始人 Adam Wiggins 发布的"十二要素"（The Twelve-Factor）应用宣言等重要理念。此书较为完整地描述了 Cloud-Native 的落地方法和实践。

至 2016 年，随着 DevOps 应用的逐步深入，行业开始关注系统的安全和合规性，出现了 DevSecOps 等细分探讨领域，开始倡导 Security as Code、Compliance as Code 等新理念。

1.3.2 价值观

DevOps 对于不同的人来说意味着很多不同的东西，因为它的讨论涵盖了很多方面。人们谈论 DevOps 是"开发和运维协作"，或者是"基础设施即代码"，或者是"使用自动化""使用看板""工具链方法""文化"，或许多看似松散相关的内容。为了理清 DevOps 的知识，我们将 DevOps 的知识体系按五个层面进行解构和梳理（见图 1-12），分别是价值观、原则、方法、实践和工具，从高层抽象演化到低层具体。也有人认为可以分为价值观、原则和实践。

图 1-12　DevOps 的五个层面

价值观和原则是知识和理解的另外一个层次，价值观是在某种处境中我们喜欢或不喜欢某事情的根源，可以认为是一种"偏见"。比如说我们更重视个人和交流，而不是过程与工具；比如我们在 DevOps 中偏向简单，而不是复杂等。价值观是在一个高层次上的表达，可以以价值观的名义做任何事。"因为我重视沟通，所以写了这份 1000 页的文档"，实际也许是这样，也许不是。如果每天 15 分钟的交谈更有效，文档就不能说明我重视沟通。而实践是我们的具体工作方式，比如我们每天召开站立式会议、使用可视化工具、进行持续交付。实践是清晰明了的，实践让价值观清晰可见，每个人都知道我是否参加了早上的站立式会议，但我是否重视沟通并不是那么明确和具体 [3]。

没有价值观，实践很快会变成生搬硬套，缺乏目的或方向；没有实践，价值观只是空洞的理论；价值观和实践相结合才能高效地工作。

DevOps 的价值观主要来源于敏捷软件开发和精益。

很多人都在讨论是否需要像敏捷软件开发一样，新建一个 DevOps 宣言，Ernest Mueller 认为我们不需要另启炉灶，因为 DevOps 大部分的价值观和敏捷相同，当然敏捷软件开发主要关注软件开发，而 DevOps 还关注系统运维，如果从系统的角度看待敏捷宣言，我们可以得到一个 DevOps 宣言 [4]。

DevOps 宣言

我们一直在实践中探寻更好的运行系统的方法，身体力行的同时也帮助他人。由此我们建立了如下价值观：

个体和互动　高于　流程和工具

工作的系统　高于　详尽的文档

客户以及程序员合作　高于　合同谈判

响应变化　高于　遵循计划

也就是说，尽管右项有其价值，我们更重视左项的价值。

1.3.3　原则

DevOps 原则在概念层面上主要只是敏捷原则的扩大，它包括系统开发和运维，而不是停止在代码完成阶段。

DevOps 的原则有更多和运维有关的内容。Ernest Mueller 给出了一份原则列表（并标明了和原有敏捷原则的差别）[5] 如下。

DevOps 原则

对比敏捷原则 [30]，DevOps 模式下我们遵循以下原则：

1）我们最重要的目标，是通过持续不断地及早交付有价值的功能使客户满意。（比"软件"更通用。）

2）软件功能只有在完整的系统交付给客户后才能实现。对于用户来说，非功能性需求与功能性需求一样重要。（新增：为什么系统很重要。）

3）基础设施是代码，应该同样进行开发和管理。（新增。）

4）欣然面对需求变化，即使在开发后期也一样。为了客户的竞争优势，敏捷过程掌控变化。（相同。）

5）经常交付可工作的功能，相隔几星期或一两个月，倾向于采取较短的周期。（**软件→功能**。）

6）业务人员、开发人员和运维人员必须相互合作，项目中的每一天都不例外。（**添加运维人员**。）

7）激发个体的斗志，以他们为核心搭建项目。提供所需的环境和支援，辅以信任，从而达成目标。（**相同**。）

8）不论团队内外，传递信息效果最好效率也最高的方式是面对面的交谈。（**相同**。）

9）可工作的软件并进行完整交付是进度的首要度量标准。（**添加系统**。）

10）敏捷过程倡导可持续开发。责任人、开发人员、运维人员和用户要能够共同维持其步调稳定延续。（**添加运维人员**。）

11）坚持不懈地追求技术卓越和良好设计，敏捷能力由此增强。（**相同**。）

12）以简洁为本，它是极力减少不必要工作量的艺术。（**相同——KISS原则**。）

13）最好的架构、需求和设计出自组织团队。（**相同**。）

14）团队定期反思如何能提高成效，并依此调整自身的举止表现。（**相同**。）

另外，精益的原则也在DevOps实践者中得到了广泛认同。

精益起源于日本丰田公司的"TPS"（丰田生产方式），即助力丰田成为全球最成功汽车制造商的生产方式。实践证明，TPS的基本原则"丰田之道"几乎适用于所有行业，包括软件开发。敏捷与精益可以看作一对拥有共同价值观但起源不同的兄弟。精益起源于制造业，敏捷起源于软件开发。

Mary Poppendieck和Tom Poppendieck在2003年出版了《Lean Software Development: An Agile Toolkit》一书[6]，将精益原则引入到软件开发中，这些原则同样在DevOps社区得到了广泛认同。

1）消除浪费。浪费是不会增加产品价值的东西，这里的价值必须是由客户确定的。在精益思维中，浪费的概念有一个很大的跨越（与日常浪费概念相比）。如果一个开发周期中在没有人读的文件中收集了需求，那就是浪费。如果一个制造工厂生产的材料比立即需要的多，那就是浪费。如果开发人员编写比立即需要更多的功能，那就是浪费。在产品开发中，将开发从一个团队转移到另一个团队是浪费的。理想的是找出客户想要的东西，然后制作或开发它，并且几乎立即交付客户想要的东西。

2）增强学习。软件开发是个持续学习的过程，最佳的改善软件开发环境的做法就是增强学习。使用短周期的迭代（每个迭代都应包括重构、集成测试、部署和交付）可以加速学习过程。在决定当前阶段的开发内容并对未来改善的努力方向进行调整时，客户反馈是最重要的学习素材。通过反馈，产品团队能够应对不明确和易变的需求。在软件设计时，不是去做成更多的文档或详细设计，而是对各种各样的想法进行实际的编码尝试，在代码完成后马上进行测试，从而使得软件的质量在学习中保持在很高的水平。

3）尽量延迟决策。面对当前软件复杂系统功能以及设计的不确定性，尽量延迟决策，直到可以基于更多的事实并且不确定性更容易预测时才做出决定，这使得我们做出正确决策的可能性变得更大。

4）尽快交付。没有速度，我们无法延迟决策；没有速度，我们没有增强学习需要的反馈。交付周期对于学习至关重要：设计、实施、反馈、改进。这个周期越短，可以学到的越多。尽可能多地压缩价值流是消除浪费的基本精益策略。

5）赋予团队权力。软件具体工作中涉及技术决策的细节是做出正确决策的基础，而没有人比实际工作的人更了解细节，精益主张将技术决策权利下放到团队的每个人手里，从而使开发人员有权利来阐述自己的观点并做出决策，这能够极大地改善决策速度和质量。

6）内建完整性。当用户认为系统是完整的，会感觉"是的，这正是我想要的，有人在我的脑海里！"市场份额是产品感知完整性的一个粗略测量，因为它衡量了客户的意见反馈。完整性的软件具有一致的架构，在可用性和适用性方面达到高水平，具有可维护性、适应性和可扩展性。

7）全局优化。全局优化使得每个部门之间的联系更紧密。除了努力降低每个部门内的成本，消除部门之间的隔阂和浪费会产生更显著的效果。在 DevOps 成为一大趋势的今天，开发部门、质量管理部门和运行维护部门之间的协同变得越来越重要了。

1.3.4　方法

DevOps 中可以使用敏捷方法，比如使用 Scrum、Kanban、XP 等。敏捷方法在 2000 年前后兴起，当前大约有 20 种左右，常见敏捷方法主要有 Scrum、XP、Kanban。

Scrum：着重于项目管理，特别适于难以提前进行计划的项目。Scrum 以经验过程控制理论为依据，采用迭代、增量的方法来提高产品开发的可预见性并控制风险。Scrum 框架包括一组 Scrum 团队和与其相关的事物：时间盒、工件和规则。Scrum 团队的目标是提高灵活性和生产能力，自组织、跨职能，并且以迭代方式工作。Scrum 团队有三个角色：（1）Scrum Master，负责确保成员都能理解并遵循过程；（2）产品负责人，负责最大化 Scrum 团队的工作价值；（3）团队，负责具体工作。Scrum 利用时间盒实现规律性。被时间盒限定的 Scrum 要素有：Sprint 计划会议、Sprint、每日站会、Sprint 评审会议和 Sprint 回顾会议。Scrum 中的 Sprint 是贯穿于开发工作中保持不变的一个月（或更短时间）迭代。所有的 Sprint 都采用相同的 Scrum 框架，并且都交付潜在可发布的最终产品增量。Scrum 采用了三个主要的工件：产品 Backlog 是开发产品的所有需求的优先排列表；Sprint Backlog 包含了在一个 Sprint 内的产品 Backlog；燃尽图用来衡量剩余的 Backlog 的工作量 [7]。

XP：极限编程（Extreme Programming），着重于软件开发的最佳实践。早期 XP 包含 12 个实践：计划游戏、短周期迭代、隐喻、简单设计、测试、重构、结对编程、代码集体所有制、持续集成、40 小时工作制、在线客户、编码标准。2004 年修改后的 XP 包括基本实践：坐到一起、完整团队、富含信息的工作空间、充满活力的工作、结对编程、故事、周循环、季度循环、松弛、10 分钟构建、持续集成、测试驱动开发、增量设计。还包括扩展实践：真实客户参与、增量部署、团队连续性、缩减团队、根源分析、共享代码、代码和测试、单一代码库、每日部署、范围可协商合同、依用付费 [4]。

Kanban：Kanban（看板）是日语单词，是"可视卡片"（或标志）的意思。在丰田，看板专指将整个精益生产系统连接在一起的可视化物理信号系统。看板的主要规则有：（1）可视化工作流，把产品切分成小块，将每一块写在一张卡片上，然后将卡片贴到墙上；墙上的每一栏都有名称，以此显示每张卡片在工作流中所处的位置。（2）限定在制品（WIP），针对工作流的每个状态，明确限定正在进行中的工作项数量。（3）衡量并管理周期时间，这是完成一个工作项的平均时间，有时称为前置时间（更贴切的术语可能应该是流通时间）。优化流程让周期时间尽可能短、尽可能可预测 [32]。

当然，以上开发方法主要是为了软件开发使用，在运维工作中我们需要增加一些方法，例如，更周全的监测方法是常见敏捷方法未明确定义的领域，这些方法还在快速发展中。

1.3.5　实践

实践作为实现上述概念和过程的一些特定技术，DevOps 中可以使用敏捷软件开发中常见的管理实践包括迭代式计划、站立会议、回顾、评审、短周期迭代、团队估算等，以及常见的技术实践包括单元测试、持续交付、持续集成、编码标准、重构等。

DevOps 由于扩展到了运维环节，和系统运行有关的实践得到了更多的重视，这时实践往往和工具结合得非常紧密，我们在下面的 DevOps 工具中一起说明。

1.3.6　工具

DevOps 非常依赖工具的使用，当前常见的 DevOps 有关的工具⊖如下 [8]。

1. 源代码库

源代码库是开发人员检入并更改代码的地方，源代码库管理检入的代码的各种版本。源代码控制工具已经存在四十多年了，它是持续整合的主要组成部分，当前流行的源代码库工具有 Git、Subversion、Cloudforce、Bitbucket 和 TFS 等。

2. 构建服务器

构建服务器是将源代码库中的代码编译为可执行代码的自动化工具，当前流行的工

⊖　本书第 9 章有 DevOps 工具的系统介绍。

具有 Jenkins、TeamCity 和 Bamboo。

3. 配置管理

配置管理定义服务器或环境的配置，当前流行的配置管理工具是 Puppet 和 Chef。

4. 虚拟基础架构和容器

Amazon Web Services、Microsoft Azure、阿里云是常见的虚拟基础设施。虚拟基础架构由销售基础设施或平台即服务（PaaS）的云供应商提供。这些基础设施具有 API，允许开发者以编程方式创建具有配置管理工具（如 Puppet 和 Chef）的新机器。当然还有私有云平台，比如 VMware 的 vCloud，私有虚拟基础架构使得开发和运维人员能够在数据中心的硬件抽象层运行云。虚拟基础设施与自动化工具相结合，使组织能够灵活配置服务器来实施 DevOps。如果要测试全新的代码，可以自动将其发送到云基础设施，构建环境，然后在没有人为干预的情况下运行所有测试。

5. 测试自动化

测试自动化已经存在了很长时间。DevOps 测试着重于构建流程中的自动测试，以确保在有可部署构建的时候，有信心已准备好部署。如果没有广泛的自动化测试策略，并且无须任何人工活动部署软件，是无法达到持续交付的目标的。当前流行的工具有 Selenium 和 Water。

6. 管道编排

管道就像一个制造流水线，发生在开发人员已经完成之后到代码部署在生产或后期预生产环境中。

1.4　DevOps 应用与研究现状

目前针对 DevOps 的研究主要集中在微服务、持续集成与持续部署、自动化工具的研发等几个方面。

1.4.1　微服务

为应对 DevOps 运动对架构提出的新需求，微服务架构（Microservices Architecture）模式开始逐渐成为趋势。传统的软件开发形式所生成的一般是单体（Monolithic）系统。此类系统易于调试，只需简单打包拷贝便可实现部署。但是这种开发风格在后期有很大的局限性，因为随着规模逐渐扩大，庞大而又复杂的单体系统会变成一个"可怕的怪物"。逻辑复杂、模块耦合、代码臃肿、启动慢等一系列的问题，将严重降低系统的维护升级速度，加大系统的修改难度，影响系统的可扩展性和可靠性，使得系统的持续开发和部署交付变得异常艰难。

为了解决单体系统开发风格带来的问题，Amazon、Netflix、Facebook 和 Google 等全球著名的互联网企业尝试对系统进行分解，同时通过 RESTful API 等进行通信，这成为微服务架构最早的雏形。目前，这些企业已经将其软件系统进化为真正的微服务架构。那么，究竟什么是微服务呢？从字面意思来看，相对于单体系统，微服务是粒度级别微小的服务。2014 年，Lewis 和 Fowler 给出了微服务架构风格的明确定义 [9]：微服务架构风格是将单体系统程序划分为众多小而自治的服务进行开发的方式，其中每个服务都拥有自己的进程并利用轻量化机制（诸如 HTTP 资源 API）进行通信，服务以业务为边界进行分解，可凭借自动化部署机制实现独立部署，不同服务可基于不同技术使用不同编程语言实现并使用不同的数据存储技术。

微服务的核心理念是高内聚和低耦合，并以此为目标分割传统的单体系统，实现微服务架构系统。参照 Abbott 等人在《The Art of Scalability》一书中提出的可扩展立方体（scalable cube）[10]，对单体系统可以从三个维度进行分割（如图 1-13）：X 轴代表"规模"，即为多个实体分配相同的工作或数据镜像；Y 轴代表"分工"，即为多个实体分配和划分工作职责或数据含义；Z 轴代表"定制"，即根据客户、客户需求、地理位置或值来分配划分工作。这一模型与微服务架构的本质特征基本吻合。

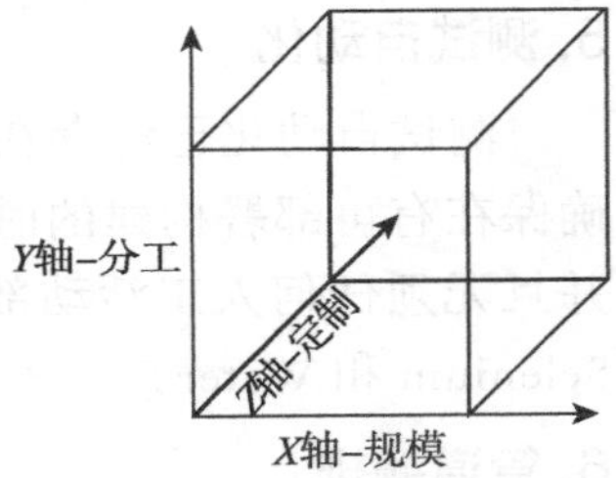

图 1-13　可扩展立方体 [11]

微服务架构带来了软件开发的变革，同时以微服务架构风格进行开发的系统具备一些显著的优势 [11]，其中包括以下几点。

便于管理：微服务架构中，系统是由一个个自治且微小的服务组成，显然相比于单体系统来讲更加便于不同的团队独立进行开发和运维管理。

可部署性：庞大的单体系统中，即便只修改了一行代码，也需要重新部署整个系统。这种部署方式存在很高的风险，而且修改前后的差异越大，部署后越容易出错。因此，单体系统的部署频率通常很低。微服务架构中，解耦后的服务在部署时是相互独立的，这就提供了更高的灵活性，服务的部署频率可以得到很大提升。

可靠性：单体系统如果遇到故障，可能会导致整个系统瘫痪且长时间找不到问题所在；而微服务架构中，服务之间的独立性使得问题可以很快回溯定位解决，从而保证系统的可靠性。

可用性：某个微服务的版本更新，只需要很少停机时间甚至不需要中断系统运行；而单体系统中，每一次版本更新都需要花费很长时间重新部署并启动整个系统，严重影响了系统的可用性。

可扩展性：相较于单体系统只能对整体进行扩展，微服务只需要对需要扩展的服务进行扩展，而无须扩展的服务仍然可以不做变动。尤其在使用 Amazon 云服务时，微服务对于扩展性的提高可以大大节省成本。

随着研究和实践的深入，DevOps 和微服务架构两者逐渐呈现出相互依存的态势。在宏观层面，微服务架构为 DevOps 思想的实施提供了理论支撑及工程策略。在一个基于微服务的系统中，每一个独立微服务的每一次迭代交付都意味着整个系统的又一次迭代交付和新的价值实现。在微观层面，DevOps 为可以作为独立软件单元的微服务提供了持续交付的指导思想和方法论。如前所述的独立可部署性要求了每个微服务都面临开发、测试、部署、运维等的完整软件过程，这也就意味着每一个微服务都对应了一套独立的持续交付流水线。因此微服务在实践中天然具有微观价值展现、频繁可发布、快速反馈迭代来持续实现局部业务目标的要求。

尽管微服务架构在理论上与 DevOps 完美契合，但其在具体实践中仍然面临着巨大的挑战。作为面向服务架构（SOA）的一个轻量级扩展，微服务架构更加强调低耦合，即微服务的自我完备性和彼此间的独立性 [12]。在某种程度上说，相较于传统的整体开发模式，采用微服务架构非但没有降低，反而可能会增加软件背后的工程复杂度。直观地，在微服务体系下的软件系统将自发地拥有分布式结构，每一个系统都有可能由成百上千个微服务所组成，分散地部署在大规模网络基础设施之上 [13]。同时，由 DevOps 所驱动的、每天可多达成百上千次的更新及新特性的持续交付使得应用本身始终处于变化之中 [14]。相应地，诸如开发技术多样性、部署环境多样性、异常隔离、质量监控以及可能的规模扩展所导致的通信爆炸等都会在整个软件生命周期中大大增加各个环节的难度和工作量 [15]。因此，如何在遵循 DevOps 的规范和准则下，降低微服务架构复杂度增加而带来的软件工程实施难度，从而指导和协助既有系统向微服务架构的迁移及基于微服务架构的新系统的开发运维是亟待解决的研究问题。

1.4.2　持续集成和持续交付

DevOps 希望开发团队和运维团队能够紧密结合，以实现增加沟通、协作和集成 [16]。而作为一种思想，DevOps 已经指导了一些关键的实践，例如：持续集成、持续交付等。

1. 持续集成

持续集成（Continuous Integration）可以简单描述为："……一种软件开发实践，即团队成员经常性地集成他们的工作，通常每个成员每天至少集成一次——这导致每天发生多次集成。每次集成都通过自动化构建（包括测试）来验证，从而尽快地检测出集成错误。许多团队发现这个过程会大大减少集成问题，让团队能够更快地开发高内聚的软件产品。" [11] 目前在软件开发产业中，持续集成在开发实践中已经广泛地建立起来了 [18]。团队成员可以高频率（例如，每天多次）地集成他们的开发任务（例如，编写代码）。持续集成可使软件企业获得更短且更频繁的发布周期，同时也增加了获得反馈信息的机会。这样可以有助于减少引入缺陷和修复缺陷之间的时间，从而提高软件质量，提高团队的生产力，改进总体软件的品质。但值得注意的是，我们不能简单地认为持续集成实现自动化了，就可以避免集成问题。持续集成最大的价值在于它的快速反馈，且可以和重构、测试驱动等实践完美配合，在软件发生变更时，能够快速响应。

持续集成的特征：

☐ 与版本控制系统相连

☐ 构建脚本

☐ 某种类型的反馈机制（如 e-mail）

☐ 集成源代码变更的过程（使用手动或持续集成服务器）

持续集成的价值：

☐ 减少风险

☐ 减少重复过程

☐ 在任何时间、任何地点生成可部署的软件

☐ 增强项目的可见性

☐ 增强开发团队的产品信心

2. 持续交付

对于现代软件团队来说，持续交付（Continuous Delivery）是持续集成的下一步。它以全面的版本控制和全面自动化为核心，通过各种角色的紧密协作，力图让每个发布过程都变得可靠、可重复。调查显示，在软件交付过程中，交付这一操作是导致交付延迟的重要因素。配置硬件去测试开发的构建需要的时间从几天到几周不等。然而最关键的是这些部署流程是手动的且操作可能也不一致。所以 DevOps 原则建议使用自动化部署，硬件供应商和各种云服务供应商在这个领域将会发挥至关重要的作用。持续交付旨在确保应用程序在成功通过自动化测试和质量检查后总能维持在产品就绪状态 [19,20]。持续交付涉及多重实践，例如：持续集成，自动化部署，最终自动化交付软件到产品环境 [21]。这些实践提供了一些好处，如减少部署风险，降低成本，获得用户反馈的速度更快等。

3. 持续部署

学术界和工业界都普遍存在着持续交付和持续部署（Continuous Deployment）的定义分歧问题。一方认为持续交付只是将集成后的代码自动化地部署到更贴近真实运行环境的"类产品环境"，而持续部署则是会完全部署到实际的产品环境中 [18]。另一方认为，持续部署是持续交付的更高一个阶段：所有通过了自动化测试的变动都可以自动并连续地部署到产品环境中；而持续交付是需要通过手动方式部署到产品环境中的 [31]。现如今，第二种说法更为普遍一些。那么我们是否可以说持续部署就一定比持续交付更好呢？当然不是这样，这需要结合具体的业务场景。例如，某业务需要等待另外的功能特征出现后才能上线，这种情况就不适合采用持续部署。所以，持续部署是否适合你们公司主要基于公司的业务需求——而不是技术限制。虽然持续部署并不适合所有公司，但持续交付绝对应该是每个公司需要追求的目标。

1.4.3　工具研究和开发

一般情况下，当我们提到 DevOps，自动化就不可避免地会被提及。自动化是 DevOps 的概念中相当重要的一部分，从实践的结果来看，在一个 DevOps 的开发团队之中，开发团队每次提交代码都会触发一系列的自动化步骤，包括编译、单元测试、代码覆盖率、功能测试、部署测试、性能/容量测试等。可以说，自动化工具使得软件开发的整个过程更加流畅和迅捷，让在保证高质量的同时缩短每个迭代的生命周期变得可能，使得 DevOps 的思想能够更加确切地被执行 [22]。相应地，随着 DevOps 思想的日渐深入人心，支持 DevOps 的自动化工具呈现出了井喷式的增长。

针对学术研究所涉及的 DevOps 自动化工具，在几个主流的科学文献数据库（IEEE Xplore、ACM DL、ScienceDirect、Springer Link）中所做的检索结果表明，目前仅学术研究中了解并关注的工具就已经超过了一百种，比较常见的工具有 Puppet、Chef、Docker、Jenkins 等。而 DevOps 作为一种在实践中不断成长的思想，在工业界的实际应用中涉及的工具则会更多。亚马逊（Amazon）作为 DevOps 的先行者，目前已经提供了一套完整而又灵活的服务（AWS），来让各家公司能够利用 AWS 来更加方便地实现 DevOps 实践，微软也有 Azure 来提供各种支持 DevOps 的服务。除此以外，许多公司自主研究开发适合自己的 DevOps 工具，例如，华为公司自主研发的"云龙"系统。大量工具的出现展现出了 DevOps 良好的发展趋势，同时也给 DevOps 实践者造成工具选择的困扰。

实际上，DevOps 作为一种思想理念，是一次在软件开发与运维之间的革命。它本身并不仅仅是工具或者工具链，但为了将 DevOps 从概念转化为真实可操作的实践方法，就必然需要借助一系列自动化工具。根据《 The DevOps 2.0 Toolkit 》以及《 The DevOps 2.1 Toolkit 》的描述 [23,24]，持续集成和持续部署在支持 DevOps 的工具集中有着举足轻重的地位。

1. 持续集成工具

如前所述，作为 DevOps 流程中的基础以及重要组成部分，持续集成的目标是对开发团队的代码进行集成，这其中包括代码的构建、单元测试与集成测试、生成结果报告等。这使得开发人员更加关注代码的质量，而不是把时间浪费在解决代码冲突和等待测试报告上。

最早的持续集成工具是一个基于 Java 开发的开源软件 CruiseControl，它具备了持续集成工具的基本功能，为今后持续集成的推广做出了很大的贡献。之后，随着 Jenkins 的发展，CruiseControl 逐渐淡出人们的视线，而 Jenkins 目前已成为最为流行的持续集成工具。类似的工具还有 JetBrains 推出的 TeamCity 以及 Atlassian 推出的 Bamboo 等。

CruiseControl 和早期的 Jenkins 都属于传统的持续集成工具，它们仅仅支持本地托管。然而随着云技术的发展，越来越多的软件团队无法忍受本地托管的持续集成系统对时间和精力的要求，于是诞生了基于云平台的持续集成系统。Travis CI 就是一个基于 GitHub API 打造的托管持续集成工具，它通过钩子（Hook）对 GitHub 代码仓库的各种变化进行响应，例如代码提交后触发构建并测试。另外，现在的 Jenkins 也有了基于云计算的解决方案，它可以通过插件来完成类似 Travis CI 的功能。这一类持续集成工具可以应对更复杂的环境，并提供更为丰富的功能特性。

随着移动应用的快速发展，持续集成的方法也逐渐应用到了移动端的开发中。但是移动端的开发有着一套不同的机制，因此移动应用对构建、测试以及部署提出了完全不同的要求，这是传统持续集成工具所不能完成的。值得庆幸的是，如今已经有一些主流持续集成工具厂家实现了支持移动应用的工具，如 CircleCI 提供了对 iOS 应用的持续集成支持。另外，移动应用的测试也与传统的软件测试有着很大的差别，好在 Crashlytics 和 HockeyApp 等工具提供了内置的持续集成功能，并且能够自动生成报告，为开发者的诊断提供上下文。

2. 持续部署工具

持续部署阶段里相当重要的一步是将基础设施当作代码来对待，这同样是 DevOps 实践中相当重要的一部分 [25]。Puppet、Chef、Ansible 等工具正是针对这一实践而开发的配置管理工具，能够帮助开发者同时实现基础设施和应用的部署。通常这些工具会配合虚拟化或容器技术，比较常见的容器工具有 Docker 等。RightScale 于 2017 年进行了有关云计算使用情况的年度调查 [26]，此次调查特别关注了最新的 DevOps 趋势。报告中指出 Docker 在 DevOps 工具集中扮演着极为重要的角色。而从总体趋势来看，Docker 的接受度正在逐步增长，尤其是在大企业中，且 Docker 是增速最快的 DevOps 工具。通过使用这些工具让开发者能够不必在项目部署环境上犯愁，从而为实现 DevOps 思想中的快速迭代、快速交付打下良好的基础。在使用这些自动化工具实现自动部署之后，再配合上已经实现的持续集成，可使持续部署成为现实。

虽然当前的 DevOps 工具种类繁多、功能强大，但是这些工具并不是简单堆砌就可以达到目的，于是就产生了流水线（Pipeline）来实现这一目标。自 Jenkins 2.0 上线以来，它就已经可以通过丰富的插件功能来实现持续部署的功能。在这方面比较突出的是 CloudBees，它所提供的一种持续集成和持续部署混合方案，可通过 Docker Pipeline 插件提供对 Docker 容器的支持。类似的工具还有 Bitbucket、GitLab 等。越来越多的工具开始扩展自身的功能，向着流水线方向进行发展，这其实也是另一种形式的工具增长。

在 DevOps 自动化工具迅速增长的今天，工具的应用范围正渐渐变得模糊。比如上文提到的亚马逊提供的各种各样能够支持 DevOps 实践的服务，也被研究者作为工具而识别 [27]。可以看出，DevOps 的自动化工具整体呈现出一种"大爆炸"式的发展，过快的发展使得目前的 DevOps 领域显得十分混乱，亟待学术界与工业界协同合作来勾勒出一个标准化的蓝图。

本章小结

本章从互联网时代的软件开发特征出发，进而引出新时代软件开发和维护所面临的各种挑战。DevOps 的出现正是为了应对这些挑战。DevOps 并不是突然出现的一种革新，事实上 DevOps 是实践者长期以来所使用的最佳实践的汇总。自 DevOps 出现以来，关于什么是 DevOps 的争论就没有停止过。在本书中，我们使用五个层面来阐述 DevOps 的概念，即价值观、原则、方法、实践以及工具。尽管出现的时间并不算长，但是 DevOps 已经引起了很多研究者的注意，目前关于 DevOps 的研究主要关注在微服务、持续集成、持续交付以及支持工具等方面。

思考题

1. 互联网时代的软件开发具有哪些特征？这些特征给软件开发和维护带来了哪些挑战？

2. DevOps 是如何匹配上述软件开发挑战的？

3. 请从五个层次来阐述什么是 DevOps。

4. 请简要描述 DevOps 的发展历史，并且试着阐述为何会出现 DevOps 这样的方法。

5. 请总结 DevOps 现有的应用和研究热点，并且罗列亟待解决的问题。

参考文献

[1] 中国互联网信息中心 . 第 39 次《中国互联网网络发展状况统计报告》[OL]. http://www.cnnic.net.cn/hlwfzyj/hlwxzbg/hlwtjbg/201701/P020170123364672657408.pdf.

[2] The IT Transformation Storymap[OL]. https://www.emc.com/infographics/it-transformation-storymap.htm.

[3] A 360 Degree View of The Entire Netflix Stack[OL]. http://highscalability.com/blog/2015/11/9/a-360-degree-view-of-the-entire-netflix-stack.html.

[4] Beck K. Extreme programming explained: embrace change[M]. Addison-Wesley Professional, 2000.

[5] A DevOps Manifesto[OL]. https://theagileadmin.com/2010/10/15/a-devops-manifesto/.

[6] Poppendieck M, Poppendieck T. Lean Software Development: An Agile Toolkit[M]. Addison-Wesley, 2003.

[7] Schwaber K, Beedle M. Agile software development with Scrum[M]. Upper Saddle River: Prentice Hall, 2002.

[8] What is DevOps? [OL]. https://www.versionone.com/devops-101/what-is-devops/.

[9] M Fowler, J Lewis. Microservices a definition of this new architectural term[OL]. http://

martinfowler.com/articles/microservices.html.

[10]　M Abbott, M Fisher. The Art of Scalability: Scalable Web Architecture, Processes, and Organizations for the Modern Enterprise[M]. Addison-Wesley Professional, 2009: 187-194.

[11]　S Newman. Building Microservices[M]. O'Reilly Media Inc., 2015.

[12]　M Zúñiga-Prieto, E Insfran, S Abrahao, et al. Incremental Integration of Microservices in Cloud Applications, International Conference on Information Systems Development[M]. Katowice: Springer, 2016.

[13]　L Florio, E Nitto. Gru: An Approach to Introduce Decentralized Autonomic Behavior in Microservices Architectures[C]. IEEE International Conference on Autonomic Computing, Wuerzburg, Germany. IEEE Computer Society, 2016: 357-362.

[14]　V Heorhiadi, S Rajagopalan, H Jamjoom, et al. Gremlin: Systematic Resilience Testing of Microservices[C]. 2016 IEEE 36th International Conference on Distributed Computing Systems, Nara, Japan. IEEE, 2016: 57-66.

[15]　D Jaramillo, D Nguyen, R Smart. Leveraging microservices architecture by using Docker technology[C]. Southeastcon, Norfolk VA, USA. IEEE, 2016: 1-5.

[16]　L E Lwakatare, P Kuvaja, M Oivo. Dimensions of DevOps[C]. Proceedings of the 16th International Conference on Agile Software Development（XP 2015）, Helsinki, Finland. Springer, 2015: 212-217.

[17]　J Humble, D Farley. Continuous Delivery: Reliable Software Releases through Build, Test, and Deployment Automation[M]. 人民邮电出版社，2015.

[18]　B Fitzgerald, K -J Stol. Continuous Software Engineering: A Roadmap and Agenda[J]. Journal of Systems and Software, 2017(123).

[19]　I Weber, S Nepal, L Zhu. Developing Dependable and Secure Cloud Applications[J]. IEEE Internet Computing, 2016, 20(3): 74-79.

[20]　J Humble. Continuous Delivery vs Continuous Deployment[OL]. https://continuousdelivery. com/2010/08/continuous-delivery-vs-continuous-deployment/.

[21]　2015 State of DevOps Report[OL]. https://puppetlabs.com/2015-devops-report.

[22]　C Ebert, G Gallardo, J Hernantes, et al. DevOps[J]. IEEE Software, 2016, 33(3): 94-100.

[23]　F Viktor. The DevOps 2.0 Toolkit: Automating the Continuous Deployment Pipeline with Containerized Microservices[M]. 2016.

[24]　Farcic Viktor. The DevOps 2.1 Toolkit: Docker Swarm: Building, testing, deploying, and monitoring services inside Docker Swarm clusters[M]. Packt Publishing, 2017.

[25]　M Httermann. DevOps for developers[M]. Apress, 2012.

[26]　2017 State of the Cloud Report: See the Latest Cloud Trends[OL]. http://www.rightscale.com/ lp/2017-state-of-the-cloud-report.

[27]　D Weerasiri, Moshe Chai Barukh, Boualem Benatallah, et al. A model-driven framework for interoperable cloud resources management[C], International Conference on Service-Oriented

Computing. Springer International Publishing, 2016: 186-201.

[28]　Instagram Architecture Update: What's New With Instagram?[OL] http://highscalability.com/blog/2012/4/16/instagram-architecture-update-whats-new-with-instainst.html, 2012.

[29]　What Powers Instagram: Hundreds of Instances, Dozens of Technologies[OL]. https://engineering.instagram.com/what-powers-instagram-hundreds-of-instances-dozens-of-technologies-adf2e22da2ad, 2011.

[30]　Agile Principle[OL]. http://agilemanifesto.org/principles.html.

[31]　M. Shahin, M. A. Babar, L. Zhu. Continuous integration, delivery and deployment: A systematic review on approaches, tools, challenges and practices[J]. IEEE Access, 2017(5): 3909-3943.

[32]　Anderson D J. Kanban: successful evolutionary change for your technology business[M]. Blue Hole Press, 2010.

第 2 章 云时代的运维

2.1 云计算概述

云计算这个术语的起源目前已经无从考证，从 2006 年亚马逊推出弹性计算云开始，该术语开始渐渐为人们所熟知。关于云计算的定义有多种说法，现阶段认可度较高的是美国国家标准与技术研究院（National Institute of Standards and Technology, NIST）给出的定义：云计算是一种允许通过网络随时随地便捷地按需使用可配置的计算资源共享池（如网络、服务器、存储、应用软件、服务等）的模式，并且只需要投入很少的管理工作或者与服务供应商进行很少的交互就能够快速地提供或释放这些计算资源[1]。它具有按需自服务、广泛的网络终端支持、资源池、快速弹性、可度量的服务等五大关键特点[1]。从服务模式上来看，云计算可以分为 SaaS（Software as a Service，软件即服务）、PaaS（Platform as a Service，平台即服务）、IaaS（Infrastructure as a Service，基础设施即服务）三种。从部署模式上来看，云计算可以分为私有云、社区（行业）云、公有云、混合云四种[2]。

2.1.1 IaaS

IaaS 有时候也叫做 Hardware as a Service，是最基本的一种云计算服务模式，也是标准化程度最高、技术最成熟、使用最为广泛的一种云计算服务模式。IaaS 对用户隐藏了包括物理计算资源的配置、资源的位置、资源的伸缩、数据的分布、安全、备份等细节，向用户提供可靠的计算基础设施，包括操作系统、服务器、存储、网络、负载均衡等。传统的用户面对的是服务器、网络设备、安全设备、存储等硬件，在 IaaS 环境下用户面对的是虚拟机、虚拟存储、软件定义网络等。

从技术上来讲，IaaS 通常采用硬件虚拟化技术来实现，但近年来通过容器实现 IaaS 的技术正在快速发展。硬件虚拟化技术是通过一种被称为 Hypervisor 的软件将一个物理硬件虚拟成多个逻辑硬件，以达到充分利用物理硬件的处理能力、提高部署效率、降低能耗、节约空间等目的。逻辑硬件之间相互隔离，可以安装不同的操作系统。容器在操作系统之上封装了薄薄的一层，为应用程序提供了自有的、相互隔离的运行环境，应用程序之间共享宿主机的操作系统。容器的性能通常要比虚拟化技术高，因为没有

Hypervisor 这一层的开销。

IaaS 的部署方式通常分为公有 IaaS、私有 IaaS 以及混合 IaaS。公有 IaaS 指服务提供商通过自己的基础设施直接向外部用户提供服务，外部用户通过互联网访问服务，并不直接拥有基础设施资源，具有部署效率高、成本低等特点。私有 IaaS 是用户自己拥有基础设施，并以此为基础向内部用户提供服务，可以直接部署在企业数据中心的防火墙内，对数据、安全性、服务质量可以进行最有效的控制。混合 IaaS 是公有 IaaS 和私有 IaaS 的结合，既能保证关键业务和数据的安全性，又能充分利用公有 IaaS 的灵活性和低成本。

目前国外提供 IaaS 解决方案的厂商有传统的大型软件公司、互联网企业、电商等，如亚马逊的 AWS、微软的 Azure、IBM 的 SmartCloud 等。国内提供 IaaS 解决方案的厂商有传统的 IDC 厂商、传统的电信运营商、互联网公司、传统的电信设备厂商等，如阿里云、百度开放云、天翼云等。IaaS 已经广泛应用于游戏、多媒体、互联网等行业，政府、金融等传统机构也在将传统的基础架构向 IaaS 迁移。用户在选择 IaaS 服务时除了考虑自身的实际需求之外，还需要考虑的因素包括成本、安全、厂商技术能力、技术成熟度、产品功能、厂商资源能力、厂商成功案例、厂商行业经验、厂商的持续经营能力、竞争性因素、新技术的兼容性等。

IaaS 的出现不仅提升了企业的整体运行效率，使得 IT 人员能够将更多的精力投入到核心业务上，而且推动着企业成本结构的转变，促使企业不断拓展业务边界，可以说 IaaS 已经成为企业 IT 领域中的一个新常态，但与此同时 IaaS 也对传统运维提出了新的挑战，主要包括：

1）专业化分工持续深化，管理能力要求持续提高。在 IaaS 环境下，用户无须直接面对服务器、存储等硬件，因此能够将更多的精力投入到应用中，促使传统的运维工作重点和方式从事务型向分析型、研究型转变。硬件之类的细节将交由专业的 IaaS 服务提供商来处理，当然 IaaS 服务提供商所面对的硬件的数量、品牌、型号等都将会有几个数量级上的提升，因此传统的硬件管理手段将面临巨大的挑战。

2）基础设施的"可编程"特性对开发能力提出了更高的要求。在 IaaS 环境下，基础设施就是代码，IaaS 的弹性和快速部署特性要求对应用的感知和监控更加精细，对问题的处置更加迅速，因此传统的脚本化运维方式需要转变为平台化运维方式，通过统一的平台实现运维操作的自动化、流程化、可审计、可监控等，对于习惯于运用脚本的运维人员来说，如何在短时间内提升开发能力是一个亟待解决的难题。

3）异构基础设施的统一管理愈加复杂。企业通常会把非核心的数据和应用放到公有 IaaS 上，同时会在内部建设私有 IaaS 来运行相对核心的应用，还有一些历史或新建应用可能还会运行在传统的非 IaaS 架构上，并且这种公有 IaaS、私有 IaaS、传统的硬件架构等异构基础设施并存的局面将长期存在，基础设施呈现碎片化的特征。因此如何实现这些异构基础设施的统一管理成为摆在运维人员面前的一个难题。

4）传统以 ITIL 为标准的运维管理体系和实践需要配套改进。当前 IaaS 的兴起和广泛应用正在深刻改变传统 IT 应用模式，同样势必会深刻影响 IT 管理技术，即使企业本身暂时还没有应用 IaaS，但是其供应链的上下游可能或多或少都开始受到 IaaS 的影响，传统的以 ITIL 为标准的运维流程、关注重点、职责等都需要做相应调整，以更加积极的态度拥抱云时代的到来。

2.1.2　PaaS

PaaS 面向软件开发者，不直接面向软件消费者，在云架构中位于中间层，其上层是 SaaS，下层是 IaaS 当然 PaaS 既可以运行于 IaaS 之上，也可以运行于传统的物理硬件架构上。PaaS 通常交付一个计算平台，不做具体的业务，不是具体的应用，一般包括操作系统、开发环境、运行环境、数据库、Web 服务器、应用服务器、ESB、BPM、缓存、消息中间件等。

传统的系统部署方式为应用程序 + 框架和库 + 中间件 + 数据库，PaaS 模式下部署方式为应用程序 + 框架和库 +PaaS 平台。在传统模式下，中间件、数据库等平台作为应用系统运行的基础，一般是由应用系统厂商来搭建和维护的，但在 PaaS 模式下将由专门的平台服务提供商来搭建和运营，并将该平台以服务的方式提供给应用系统运营商。用户无须购买和管理底层的硬件以及相关软件就能够开发和运行他们自身的软件，并且底层的计算和存储资源能够按照实际需求自动伸缩，无须手工分配资源，但用户能够控制所部署的应用程序，并且可能还能够对应用程序宿主环境的配置进行变更。

PaaS 让企业更专注于他们所开发和交付的应用程序而不是管理和维护完整的平台系统，能够有效提升开发和部署效率，缩短产品上市时间，其更加适合初创企业以及新建应用，因为这类企业的遗留系统较少。目前国外比较知名的 PaaS 解决方案有 Microsoft Azure、Google App Engine、Salesforce、亚马逊等，国内相对成熟的案例则较少。

Gartner 将 PaaS 平台分为两类，一类是应用部署和运行平台，另一类是集成平台 [3]。一些集成方案和数据管理解决方案提供商也通过 PaaS 的形式来交付数据解决方案，如 iPaaS（integration PaaS）[4]、dPaaS（data PaaS）[5] 等。在 iPaaS 集成模式中，用户无须安装或管理任何硬件和中间件就能够进行集成方案的开发和部署。dPaaS 则将集成方案和数据管理产品包装成一个完整的受控服务，在此模式下，PaaS 服务供应商将会通过为客户构建定制的数据应用来管理数据解决方案的开发和执行，用户无须再关心这些细节，他们通过数据可视化工具来查看和管理数据。

PaaS 进一步提升了软件开发和运行管理中各方分工的精细化程度，是软件供应商和服务提供商显示出与其他竞争对手差异化能力的关键要素之一。目前，金融、运营商、设备商、综合性软件厂商、初创公司等众多企业投入了巨大的资源来支持 PaaS 的发展。在 PaaS 模式下，运维人员面临的挑战主要包括：

1）资源的监控调度的精细化程度要求更高。PaaS 的多租户特性意味着应用程序之间是共享平台资源的，且在 PaaS 模式下一般是按照资源的使用量来计费的。因此从 PaaS 服务提供商的角度来讲必然希望在满足服务等级协议（Service Level Agreement，SLA）的前提下用更少的资源获取更大的收益，同样，PaaS 服务的使用者也会对资源的服务质量和效益更加敏感，这就对资源监控的精细化程度和调度的灵活性提出了更高的要求。

　　2）业务连续性保障面临新的形势。传统模式下都是独占使用平台资源，并且平台资源相对封闭，变更频率低，影响业务连续性的因素基本都集中在应用的变更上。然而在PaaS 模式下，平台资源的共享特性对应用之间的隔离性提出了更高的要求，且平台本身的变更频率、变更影响范围等与传统模式下都存在较大的差异，影响业务连续性的因素已经发生了变化，对业务连续性的保障也会有新的形式。

　　3）开发能力成为必备技能之一。资源云化的背景下，一切资源都变成了可编程的部件，一切资源都可以被看成是代码，因此与 IaaS 的普及一样，未来包括规划、架构、分析、设计、实现等在内的开发能力将成为传统运维人员的必备技能之一。

2.1.3　SaaS

　　SaaS 是一种通过互联网提供软件服务的模式，服务提供商将应用软件统一部署在自己的基础设施上，依靠互联网通过标准化的客户端（通常为浏览器）向客户提供服务，客户则可以根据自己的实际需求来订购服务，并按照实际使用量来支付费用，无须再购买应用软件以及运行这些应用软件的基础设施，也无须关心应用软件以及基础设施的维护、变更、升级等工作。

　　目前 CRM（客户关系管理系统）、ERP、eHR、SCM（供应链管理）等企业级应用已经出现了 SaaS 的服务模式。从广义上来讲，大家日常使用的移动 APP、在线工具、邮箱等应用都属于 SaaS 的范畴。技术的发展推动着 SaaS 的兴起。早在 2000 年之前，国外的 Salesforce 等厂商就已经开始专注于 CRM 等企业级应用的在线化了，但那个时候技术还不够成熟，标准化的客户端普及程度不够等因素限制了 SaaS 的发展。随着 21 世纪初J2EE、.NET、HTML5 等技术的发展以及浏览器等标准化客户端的普及和成熟，人们发现很多原先只能通过 C/S 架构实现的功能也能够很方便地在 B/S 架构上实现，B/S 架构天然的优势推动着很多应用从 C/S 架构向 B/S 架构转变，为 SaaS 的兴起创造了很多有利条件。

　　从应用软件的最终用户的角度来讲，应用软件以 SaaS 的模式提供服务还是以传统的宿主在企业内部的模式提供服务，两者之间是没有区别的。从企业的角度来讲，通过SaaS 模式购买应用软件服务意味着将应用软件以及相关基础设施的建设、维护等工作全部外包出去，使得企业能够更加专注于自己的核心业务，在实现分工更加精细化的同时还能够节省 IT 方面的投入，极端情况下甚至可以将整个 IT 外包。从 SaaS 服务提供者的角度来看，SaaS 的兴起意味着新的商业机会，使得传统的应用软件建设商转型为应用软件服务运营商成为可能。

　　SaaS 模式特别适用于工具型应用，此类应用标准化程度高，有利于充分发挥 SaaS 模式的资源共享、多租户等特点。早期的 SaaS 应用由于技术的成熟度、资源的投入等原因只能提供标准化的服务，无力满足企业众多个性化的需求。现在的 SaaS 服务已经发展成平台型服务，在提供传统服务的同时还交付灵活定制、快速集成等能力，只需要通过简单的拖拉、配置等操作或者简单的代码就能够生成符合需求的应用，如当下火热的微信小程序就属于此类应用。平台型 SaaS 的发展和完善更多的是依靠社区或垂直类 IT 企业的力量，业务型企业只需要配置具有简单的 IT 背景的 IT 人员即可，并且此类 IT 人员的工作重心是在业务上，而不是在日常的系统和基础设施维护上。

SaaS 模式通常适用于中小型企业或初创型企业，大型企业对于企业数据的安全性和保密性要求更高，并且需求的个性化程度也更高，因此让大型企业普遍接受 SaaS 模式还是一个艰难的过程。尽快 SaaS 服务提供商声称能够通过有效的技术措施来做到企业数据相互隔离，并保证安全和保密，但是这些技术措施的可靠性如何，具体技术实现细节的透明性、可稽性等问题都需要解决。

对于企业的 IT 运维人员来讲，SaaS 的应用意味着日常的工作重心将会从系统和基础设施的运行管理、监控维护等转向服务的运行质量感知、客户的访问质量感知、相关的协调、处理以及对 SaaS 平台本身的研究、分析等，可以说工作的方式、重点、流程、规范等都会发生改变。

2.1.4　XaaS

XaaS 是"X as a Service"的缩写，表示一切皆服务，它是一个统称，有时候也称为 anything as s Service 或 everything as a Service。前面所介绍的 IaaS、PaaS、SaaS 等都属于 XaaS 的范畴，其他的还包括 CaaS（Communication as a Service，通信即服务）[6]、NaaS（Network as a Service，网络即服务）[7]、DaaS（Development as a Service，开发即服务 [8]；Desktop as a Service，桌面即服务 [9]）、MaaS（Monitoring as a Service，监控即服务）[10] 等。XaaS 强调的是下游对上游按照契约提供服务，隐藏实现细节，并且通常是通过网络来提供服务，云计算的本质就是 XaaS。

2.2　IT 服务标准介绍

DevOps 中"Ops"端最常见的形式就是以各种服务的方式提供给用户，这些用户既有专业人士（例如，开发者），也有普通用户。因此，适当了解一些 IT 服务相关的标准是有益的。本节介绍几个在 IT 服务领域常用的标准。

2.2.1　CMMI-SVC

CMMI-SVC 即 CMMI for Services 服务模型，是 CMMI 三大套装产品中的一个，为

美国卡内基梅隆大学的软件工程研究所（SEI）⊖汇集行业最佳实践所形成的研究成果，第一个发布版是由 SEI 于 2009 年发布，目前最新版是 CMMI for Services v1.3。该模型从服务的角度描述流程，为服务型的企业或组织提供建立、管理和交付服务的指导，可用来作为评估服务相关流程成熟度的标准。

在 IT 服务领域，国际上也相继推出了一些相关的标准，例如，ISO/IEC 的《ISO/IEC 20000：2005 信息技术 – 服务管理》、ITIL V3、COBIT 以及 ITSCMM 等。但是这些模型都是针对特定的领域，且不能提供一个清晰的服务改进方法。为了管理和改进服务质量，各大服务提供商迫切需要一个能够切实可行、一致的最佳实践作为一个过程改进的基础，因此 CMMI-SVC 应运而生，它成功地集成了上述这些重要的国际标准，旨在指导企业改进服务流程，改善提供给客户以及使用者的服务品质和绩效。

CMMI-SVC 沿用了 CMMI 一贯的成熟度划分，同样分为 5 个成熟度等级[11]。CMMI-SVC 充分运用了 CMMI 共通模型架构，在此基础架构之上增加了服务相关的特有过程域，为企业提供持续改进的目标和途径。CMMI-SVC 将过程域分为四类：过程管理、项目管理、服务建立和交付以及支持过程域。其中服务建立和交付类包含了 5 个服务相关的过程域（SD、SSM、IRP、SST 以及 SSD），项目管理类包含了 2 个服务相关的过程域（SCON 和 CAM），如图 2-1 所示。

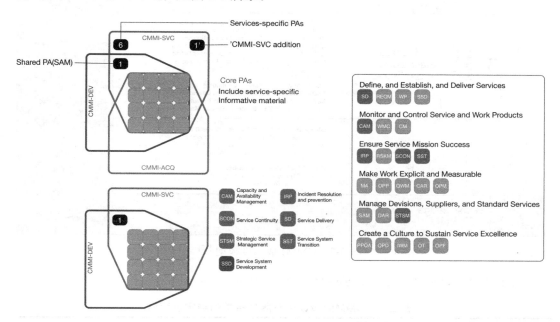

图 2-1　CMMI-SVC 服务模型[12]

从图 2-1 可知，CMMI-SVC 服务模型有 24 个流程领域。其中包括 16 个基础流程领

⊖　目前 CMMI 所有产品已经归为 CMMI Institute。

域（可与其他 CMMI 模式 CMMI-DEV、CMMI ACQ 共用）、1 个共用的流程领域（供应商协议管理 SAM）、6 个服务特定的流程领域（SD、CAM、IRP、SCON、SST、STSM）以及 1 个附加的流程领域（SSD），提供了战略服务管理、服务系统开发、服务系统转变、服务交付、服务持续性、容量和可用性管理、冲突解决及预防等服务直接相关的过程域。

　　所有的 CMMI-SVC 特定的过程域都是专注于服务提供商的活动，7 个过程域都是专注于服务的执行方式，说明容量和可用性管理、服务持续性、服务交付、冲突解决及预防、服务系统转变、服务系统开发及战略服务管理流程。图 2-2 展示了 CMMI-SVC 的 24 个过程域在各级别的分布图。

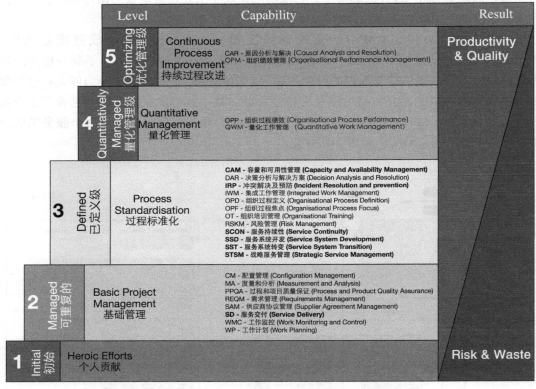

图 2-2　CMMI 成熟度模型 [13]

其中 7 个与服务有关的特定过程域如表 2-1 所示。

表 2-1　CMMI-SVC 中与服务有关的特定过程域

过 程 域	描 述
服务交付（SD）	SD 过程域是服务建立及交付类过程域中唯一的成熟度 2 级过程域，其目的是交付与服务协议一致的服务
战略服务管理（STSM）	STSM 过程域的目的是根据战略需要及计划建立并维护标准服务

（续）

过　程　域	描　　　述
冲突解决及预防（IRP）	IRP 过程域的目的是及时并有效地解决服务冲突并合理地预防事件的发生
服务系统转变（SST）	SST 过程域的目的是部署新的或重要的服务系统组件变更，并控制其对持续服务交付的影响
服务系统开发（SSD）	SSD 过程域的目的是为满足服务协议，分析、设计、开发、集成、验证以及确认服务系统（包括服务系统组件）
服务持续性（SCON）	SCON 的目的是制订并维护计划，确保正常运营在受到重大破坏（disruption）期间以及之后的服务持续性
容量和可用性管理（CAM）	CAM 的目标是确保服务系统绩效并确保资源得到有效的使用以支持服务需求

2.2.2　ITIL

ITIL 的全称是 Information Technology Infrastructure Library（信息技术基础架构库）。ITIL 是一套公开的、基于业界最佳实践制定的、用于规范 IT 服务管理的流程和方法论。它以流程为导向，以客户为中心，目的是确保 IT 能更好地服务于业务部门，从而让企业的 IT 投资回报最大化。

ITIL 最佳实践主要围绕 5 个部分，这 5 个部分分别如下 [14]。

❑ 服务策略
❑ 服务设计
❑ 服务转换
❑ 服务运营
❑ 服务改进

服务策略是核心，围绕这个核心进行服务设计、服务转换和服务运营，而持续的服务改进贯穿整个体系，详见图 2-3。

对于 ITIL 服务管理的 5 个部分，每一个部分都包含管理的最佳实践，其中核心流程如图 2-4 所示。

2.2.3　ISO20000

ISO 即 International Organization for Standardization，指国际标准化组织。ISO20000 是国际标准化组织在 2005 年 12 月正式发布的第一部针对信息技术服务管理（IT Service Management）领域的国际标准，ISO20000 信息技术服务管理体系标准代表了被广泛认可的评估 IT 服务管理流程的原则的基础。

ISO20000 标准定义了一套全面的、紧密相关的服务管理流程，是 IT 服务管理要求或者说是 IT 服务管理实践的要点。IT 组织从产生到发展的很长一段时期，一直是以搞好技术，做好技术支持配角为特征的。但今天的信息系统已不单纯是企业的技术支撑，信息化由"技术驱动"向"业务驱动"转变，IT 部门的角色也逐步开始从单纯的信息技术提供者向信息服务供应者转换，职能的转变客观上也要求信息管理向 IT 服务管理模式转变。ISO20000 就是帮助识别和管理 IT 服务的关键过程，保证提供有效的 IT 服务满足客户和业务的需求。ISO20000 还提出了服务文化，提供了满足业务需求的服务的方法论和管理方式的优先权。不仅如此，ISO20000 还定义了一系列相互关联的服务管理过程，识别了过程之间的关系以及这些过程关系在组织内的应用，提供了方针目标和服务管理的控制措施。

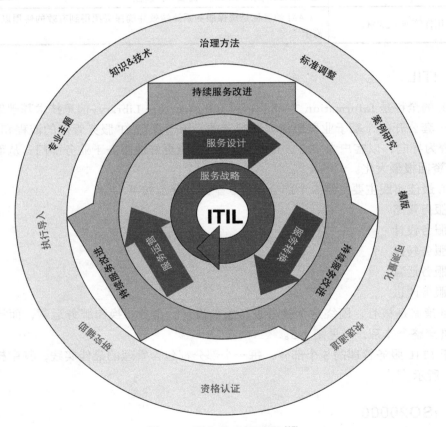

图 2-3　服务战略体系图 [15]

ISO20000 定义了"策划 – 实施 – 检查 – 处置"（PDCA）方法论应用于服务管理体系（SMS）和服务的所有部分。PDCA 方法论可以简单描述如下（如图 2-5 所示）[17]：

　　❑ P（策划）：建立书面和协定的服务管理体系（SMS）。服务管理体系包括满足服务需求的方针、目标、计划和过程；

　　❑ D（实施）：实施和运行服务管理体系（SMS），以设计、转换、交付和改进服务；

- ❑ C（检查）：根据方针、目标、计划和服务需求，对服务管理体系（SMS）进行监视、测量和回顾，并报告结果；
- ❑ A（处置）：采取措施，以持续改进服务管理体系（SMS）和服务的绩效。

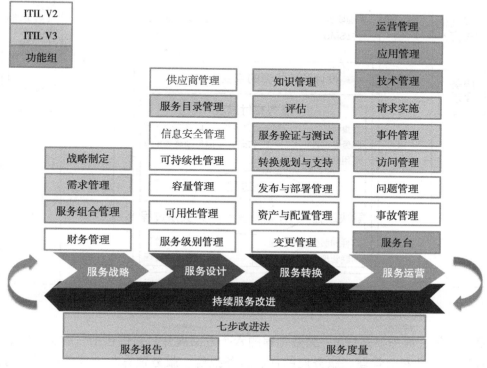

图 2-4　ITIL 服务管理核心流程 [16]

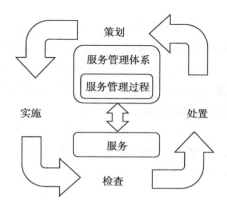

图 2-5　PDCA 方法论在服务管理的应用 [17]

ISO20000 规定了 4 个关键的服务管理过程：服务交付过程、关系过程、解决过程以及控制过程。如图 2-6 所示。

图 2-6　服务管理体系[17]

服务交付过程主要围绕 IT 服务管理的六个方面展开，它们包括：容量管理、服务级别管理、信息安全管理、服务连续性、服务报告、服务预算和核算管理以及可用性管理。服务交付过程通过对上述方面的整合管理，确保整个 IT 基础架构的服务提供能力。

关系过程管理包括业务关系管理和供应商管理，业务关系管理保证了服务提供方与客户之间的良好关系，供应商管理可以确保提供无缝的和高质量的服务。

解决过程包括事件和服务请求管理以及问题管理。事件和服务请求管理明确定义了服务请求以及服务请求的管理流程，问题管理通过主动式识别、分析、解决事件和问题发生的根本原因，最小化或避免事件和问题的影响。

控制过程包括配置管理、变更管理以及发布和部署管理。配置管理确保所有变更得到评估、批准、实施和评审，变更管理要定义和控制服务与基础设施的部件，并保持准确的配置信息，发布和部署管理部署新的或变更的服务和服务组件到实际环境中。

2.2.4　ITSS

信息技术服务标准（Information Technology Service Standard，ITSS）是一套成体系

和综合配套的信息技术服务标准库，全面规范了信息技术服务产品及其组成要素，用于指导实施标准化和可信赖的信息技术服务，以保障其可信赖（见图 2-7）。

1. ITSS 生命周期

ITSS 规定了 IT 服务的核心要素和生命周期，并对其内容进行标准化，其核心内容充分借鉴了质量管理原理和过程改进方法的精髓。IT 服务的生命周期包括规划设计（Planning & Design）、部署实施（Implementing）、服务运营（Operation）、持续改进（Improvement）和监督管理（Supervision），简称 PIOIS[18]。

规划设计：从客户战略出发、以客户需求为中心，参照 ITSS 对 IT 服务进行全面系统的规划设计。

部署实施：在规划设计的基础上，依据 ITSS 建立管理体系，部署专用工具及服务解决方案。

服务运营：根据服务部署实施的结果，依据 ITSS 要求实现服务与业务的有机结合。

持续改进：主要根据服务运营的实际效果，特别是服务满足业务的实际情况，提出服务改进方案，并在此基础上重新对服务进行规划设计、部署实施。

监督管理：主要依据 ITSS 对 IT 服务全生命周期的服务质量进行评价，并对服务提供方的服务过程、交付结果实施监理，对服务的结果进行绩效评估。

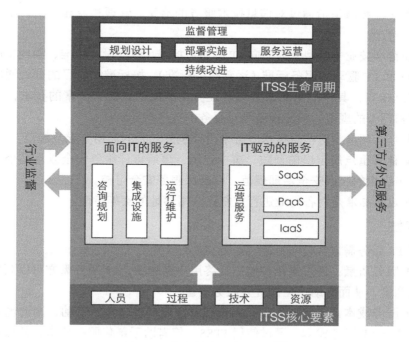

图 2-7　信息技术服务原理 [19]

2. ITSS 核心要素

IT 服务由人员（People）、流程（Process）、技术（Technology）和资源（Resource）组成，简称 PPTR。

人员：指 IT 服务生命周期中各类满足要求的人才的总称。

过程：指使用资源将输入转化为输出的任何一项或一组活动。

技术：指保证 IT 服务正常交付应具备的关键技术。

资源：指在 IT 服务过程中，为保证服务的正常交付所依存和产生的有形及无形资产。

3. ITSS 内容

ITSS 的内容即为依据上述原理制定的一系列标准，是一套完整的 IT 服务标准体系，包含了 IT 服务的规划设计、部署实施、服务运营、持续改进和监督管理等全生命周期阶段应遵循的标准，涉及信息系统建设、运行维护、服务管理、治理及外包等业务领域。

ITSS 3.1 体系的提出主要从产业发展、服务管控、业务形态、实现方式和行业应用等几个方面考虑，分为基础标准、服务管控标准、服务外包标准、业务标准、安全标准、行业应用标准 6 大类。

1）**基础标准**旨在阐述信息技术服务的业务分类和服务原理、服务质量评价方法、服务人员能力要求等。

2）**服务管控标准**是指通过对信息技术服务的治理、管理和监理活动，以确保信息技术服务的经济有效。

3）**业务标准**按业务类型分为面向 IT 的服务标准（咨询设计标准、集成实施标准和运行维护标准）和 IT 驱动的服务标准（运营服务标准），按标准编写目的分为通用要求、服务规范和实施指南，其中通用要求是对各业务类型的基本能力要素的要求，服务规范是对服务内容和行为的规范，实施指南是对服务的落地指导。

4）**服务外包标准**是对信息技术服务采用外包方式时的通用要求及规范。

5）**安全标准**重点规定事前预防、事中控制、事后审计服务安全以及整个过程的持续改进，并提出组织的服务安全治理规范，以确保服务安全可控。

6）**行业应用标准**是对各行业进行定制化应用落地的实施指南。

4. ITSS 好处

（1）对 IT 服务需方

提升 IT 服务质量：通过量化和监控最终用户满意度，IT 服务需方可以更好地控制和提升用户满意度，从而有助于全面提升服务质量。

优化 IT 服务成本：不可预测的支出往往导致服务成本频繁变动，同时也意味着难以持续控制并降低 IT 服务成本，通过使用 ITSS，将有助于量化服务成本，从而达到优化成本的目的。

强化 IT 服务效能：通过 ITSS 实施标准化的 IT 服务，有助于更合理地分配和使用 IT 服务，让所采购的 IT 服务能够得到最充分、最合理的使用。

降低 IT 服务风险：通过 ITSS 实施标准化的 IT 服务，也就意味着更稳定、更可靠的 IT 服务，降低业务中断风险，并可以有效避免被单一 IT 服务厂商绑定。

（2）对 IT 服务供方

提升 IT 服务质量：IT 服务供需双方基于同一标准衡量 IT 服务质量，可使 IT 服务供方一方面通过 ITSS 来提升 IT 服务质量，另一方面可使提升的 IT 服务质量被 IT 服务需方认可，直接转换为经济效益。

优化 IT 服务成本：ITSS 使 IT 服务供方可以将多项 IT 服务成本从企业内成本转换成社会成本，比如初级 IT 服务工程师培养、客户 IT 服务教育等。这种转变一方面直接降低了 IT 服务供方的成本，另一方面为 IT 服务供方的业务快速发展提供了可能。

强化 IT 服务效能：服务标准化是服务产品化的前提，服务产品化是服务产业化的前提。ITSS 让 IT 服务供方实现 IT 服务的规模化成为可能。

降低 IT 服务风险：通过依据 ITSS 引入监理、服务质量评价等第三方服务，可降低 IT 服务项目实施风险；部分 IT 服务成本从企业内转换到企业外，可降低 IT 服务企业运营风险。

2.3 什么是运维

传统运维主要指软件系统测试交付后的发布和管理工作，其核心目标是将交付的业务软件和硬件基础设施高效合理地整合，转换为可持续提供高质量服务的产品，同时最大限度降低服务运行的成本，保障服务运行的安全。

2.3.1 运维的价值

运维工作是软件系统稳定运行的保障，为业务的发展提供强有力的支撑。运维产生的价值可以分为以下三个层次。

第 1 层

提供低成本、高质量、高效率、可扩展的基础运维服务，保证业务持续稳定运行。该层次是运维的基础工作，一方面通过提供高效稳定的业务系统，来支持公司业务稳定开展。另一方面利用自动化、智能化等手段，降低业务系统运行成本，为公司节省开支。

第 2 层

通过运维数据的挖掘、分析，为业务发展方向提供决策支撑，即业务系统的运营。大量的用户行为、业务数据都存在于所运维的系统中，通过针对性的数据分析，来获得业务发展程度的反馈，反过来指导业务的发展和调整。

第 3 层

将运维资源和技术打包成基础的 IT 计算服务，向外部客户提供服务，进一步为企业创造价值。作为行业领先的运维部门，可以将其技术方面的优势作为产品，既为自己公司提供服务，又向外部客户提供高质量的服务。

2.3.2 运维的技术与技能

运维以技术为基础，通过技术保障产品提供更高质量的服务。运维工作的职责及在业务中的位置决定了运维工程师需要具备更加广博的知识和深入的技术能力，具体如下。

- 扎实的计算机基础知识，包括计算机系统架构、操作系统、网络技术等。
- 通用应用方面需要了解操作系统、网络、安全、存储、CDN、DB 等，知道其相关原理。
- 编程能力：小到运维工具的开发大到大型运维系统 / 平台的开发都需要有良好的编程能力。
- 数据分析能力：能够整理、分析系统运行的各项数据，从中发现问题及找到解决方向。
- 丰富的系统知识，包括系统工具、典型系统架构、常见的平台选型等。
- 综合利用工具和平台的能力。

运维工作的复杂性对这个岗位的运维工程师的软素质也提出了以下要求。

- 时间管理能力，特别是碎片化时间的处理能力。
- 沉稳的心态，面对紧急情况时需要处变不惊。
- 沟通能力、团队协作：运维工作跨部门、跨工种工作很多，需善于沟通，并且团队协作能力要强。
- 工作中需胆大心细：胆大才能创新、不走寻常路，特别对于运维这种新的工种，更需创新才能促进发展；运维工程师是最高线上权限者，需要谨慎心细。
- 主动性、执行力：能够主动学习国际国内的运维技术，并引入到工作中，提高运维的质量和效率。

2.3.3 传统运维的转型之路

随着近年互联网 +、云计算、大数据等新技术的不断涌现，传统的运维模式也面临着众多挑战，运维工作需要更多的转变来适应新时代下业务开展的需求。

1. 互联网式运维

互联网业务系统具有快速迭代的特点，即以较短时间为周期发布版本，根据运行反馈，不断发布新的业务或者版本。这就要求互联网系统的运维具有快速发布的能力，甚至能针对特定用户进行灰度发布的能力。此外，互联网系统面临的安全威胁日益严重，运维人员需要具备更加全面的安全知识来应对未知的安全威胁。

2. 云计算下的运维

随着云计算时代的来临，运维工作的划分开始变化，可以分为云计算系统本身的运维和基于云计算的应用系统运维。应用运维人员不再被物理硬件的稳定性和可靠性所束缚。但新的挑战随之出现：如何在云平台上实现应用的快速部署、快速更新、实时监控？云计算时代要求运维人员能够自动化部署应用、快速创建和复制资源模版、动态扩容或者缩小系统部署、实时监控程序状态。此外，目前各家厂商云平台的标准未能统一，运维人员需要适应不同平台的差异。

3. 大规模下的运维

随着业务系统规模不断扩大，现在运维人员有可能需要维护成千上万台服务器资源。如此大规模的系统运维工作，单纯依靠人工已经不可能完成日常的运维工作了。那么，运维工作必须向标准化、自动化、智能化转变。标准化是指将系统的运维环境、部署方式、配置统一起来，为后面的自动化程序操作提供可能。自动化是指将日常运维工作中批量化的、重复性的工作，由自动化脚本来完成，以提高运维效率。

4. "提前"运维

正是因为传统的运维方式受到越来越多的挑战，日常运维工作愈发需要利用已有的自动化工具和监控系统来完成。从软件生命周期来看，运维不再只是软件测试交付后的工作。运维人员需要提前在软件设计阶段就参与进来，对软件设计中监控和运维方面给出专业可靠的意见。传统的软件开发往往只注重功能性设计，缺乏系统可监控性、可运维性方面的设计。将系统的监控和运维接口设计提前到软件开发设计阶段，能够直接提高软件交付质量，加快软件发布速度。

本章小结

本章首先介绍了云计算的定义，概述了包括 IaaS、PaaS、SaaS 三种形态在内的云计算的各种服务模式，介绍了各类服务模式提供的服务及典型案例，然后对 IT 服务领域的常见标准进行了介绍，包括 CMMI-SVC、ITIL、ISO20000、ITSS 等，最后介绍了运维存在的价值以及传统运维面临的转型之路。

思考题

1. 云计算的大行其道对传统运维人员提出了新的要求，传统运维人员应该做哪些改变才能从容应对？

2. 云时代的运维与业界推崇的 DevOps 有何联系？在互联网严峻的安全形势下，DevOps 过程中该如何考虑信息安全的问题呢？

3. 请描述 CMMI 模型的要点。

4. 请描述 ITSS 模型的要点。

5. 请描述 ITIL 模型的要点。

6. 请描述 ISO20000 模型的要点。

参考文献

[1]   NIST[OL]. Final Version of NIST Cloud Computing Definition Published in 2011, https://www.nist.gov/news-events/news/2011/10/final-version-nist-cloud-computing-definition-published.

[2]   Goran Čandrlić. Cloud Computing-Types of Cloud[OL]. http://www.globaldots.com/cloud-computing-types-of-cloud/.

[3]   Gartner. Platform as a Service(PaaS)[OL]. http://www.gartner.com/it-glossary/platform-as-a-service-paas/.

[4]   Integration Platform as a Service(iPaaS)[OL]. http://www.gartner.com/it-glossary/information-platform-as-a-service-ipaas/.

[5]   Gabriel Lowy. The Value of Data Platform-as-a-Service(DPaaS)[OL]. https://www.linkedin.com/pulse/value-data-platform-as-a-service-dpaas-gabriel-lowy.

[6]   Communications as a Service(CaaS)[OL]. http://whatis.techtarget.com/definition/Communications-as-a-Service-CaaS.

[7]   What is Networking as a Service or NaaS?[OL]. https://www.sdxcentral.com/sdn/network-virtualization/definitions/what-is-naas/.

[8]   Development as a Service(DaaS)[OL]. https://medium.com/@elviocavalcante/development-as-a-service-daas-4a950fc2b8b2.

[9]   Desktop as a Service(DaaS)[OL:]. http://searchvirtualdesktop.techtarget.com/definition/desktop-as-a-service-DaaS.

[10] Monitoring as a Service (MaaS) in the Cloud-Does it Work?[OL]. http://www.altnix.com/resources/white-paper/monitoring-as-a-service-maas-does-it-work.

[11] What Are CMMI Maturity Levels?[OL]. http://cmmiinstitute.com/capability-maturity-model-integration.

[12] Eileen Forrester. StepTalks 2011-CMMI for Services(CMMI-SVC): Agile Strategy[OL]. https://www.slideshare.net/strongstep/steptalks2011-cmmi-for-services-cmmisvc-agile-strategy-7742196.

[13] CMMI Product Team. CMMI® for Development, Version 1.3, Improving processes for developing better products and services, no. CMU/SEI-2010-TR-033[Z]. Software Engineering Institute, 2010.

[14]　Mary McKinley. The 5 Stages of the ITIL V3 Service Lifecycle[OL]. https://www.ashfordglobalit.com/training-blog/itil-tips-and-training/the-5-stages-of-the-itil-v3-service-lifecycle.html.

[15]　ITIL Tutorial[OL]. https://tekslate.com/tutorials/itil/.

[16]　ITIL V2 vs ITIL V3: What's the Difference?[OL]. http://www.bmc.com/blogs/itil-v2-vs-itil-v3-whats-difference/.

[17]　ISO/IEC 20000-1:2011 (en)[S/OL]. https://www.iso.org/obp/ui/#iso:std:iso-iec:20000:-1:ed-2:v1:en.

[18]　itss 生命周期（piois）[OL]. http://www.cnitpm.com/pm1/45281.html.

[19]　ITSS Architecture[OL]. http://www.itss.cn/itss_webmap/itss_EnIntroduce.

[11] Meeker Chris. Jenkins Continuous Integration Cookbook[M]. Birmingham: Packt Publishing, 10 thousand nine hundred three, sixteen-thousand one hundred eight.

[12] Free International Inspection Limited Company.

[13] LIU Yi, ZHOU LIU Yi. Wang Jian Liu Yi, continuous delivery[M]. Beijing: People.

[14] Mocsher James, Oren Joost Anyone agency Smith Smith twenty-nine, one thousand Beijing.

[15] Tate David, 2012 Hip, 2012 Beijing components[M] 2013 Beijing.

[16] ISO Architecture Improvements, www.zuitsune, bulletin.

第 3 章　软件架构演进

3.1　软件架构概述

DevOps 在软件开发的整个过程中，把原先有明显时间先后的 Dev 和 Ops 两个阶段放在了同一个框架下进行考虑，那么这就要求在软件开发的架构设计阶段甚至在更初期的需求阶段就考虑跟运维相关的问题。在需求阶段确定下来对运维相关的需求如何反应在整个系统中，这就是 DevOps 这种开发模式下软件架构需要考虑的问题。那么什么是软件架构？软件架构需要从哪些方面进行设计？每个方面分别如何使用？这就是本小节要介绍的内容。

3.1.1　什么是软件架构

我们在一些招聘网站上常常能看到大量的软件架构师的职位。从这些职位招聘需求上来看，有些要求做技术难点攻坚的，有些要求做软件编码和单元测试的，有些要求协调或指导团队里的其他开发工作人员的，也有负责支持销售、参与客户交流以及咨询相关的技术性工作。然而，在实际公司的软件项目生产中，软件架构师所从事的软件架构到底是什么？

IEEE 将软件架构定义为"系统在其环境中的最高层概念"[1]。也就是说，软件架构相当于一个上层的蓝图，需要架构师根据不同客户的需求、成本等限制条件，做出一些关键的、合理的决定。这些决定组成了一个大的系统的骨架，标准化了系统中的关键部分，并不可更改地指导着后期软件系统的具体实现。同时，架构决策本身又是分多个层次的，一般首先制定跟技术无关的业务决策，然后制定技术相关的决策，后者一定是基于前者的指导而展开的，如图 3-1 所示。

架构师在进行*业务架构*时，往往需要面对不同的业务需求，面对不同的客观因素，制定一些当前存在的和未来可能会有的用例描述，然后再把这些都体

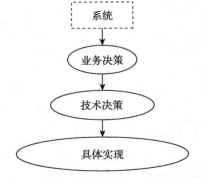

图 3-1　架构决策（业务决策、技术决策）和具体实现的次序

现在一个整体的系统中。而在技术架构时，架构师要尽可能多地考虑实际开发中会涉及的技术问题，以及重要的解决方案决策，这样才能给后续的详细设计和开发提供更多的指导和限制，从而降低后续的重大技术风险，保证项目交付的进度。所以，软件架构不是架构师纸上谈兵进行想象的，需要考虑足够的可行性。在后续开发过程中，架构师也需要时时跟进设计评审，参与技术难点的解决，这样才能更好地指导开发人员进行开发，保证后续的开发按照架构设计准确地进行。

卡内基·梅隆大学软件研究所（SEI）的 Bass 也对软件架构进行了定义：一种由软件基本元素以及外部可见的属性和它们直接的关系构成的一种结构 [2]。他从架构描述的组成层面对软件架构进行了定义，架构首先根据功能需求，同时兼顾考虑对系统整体的质量、安全性、并行开发以及需求演变等方面的影响，把系统分成独立的组件；描述每个组件对外的接口，同时定义组件与组件之间的通讯方式；最后将所有的组件合在一起协同工作，成为一个可以工作的计算系统或程序，如图 3-2 所示。在实现阶段，这些抽象组件被细化为实际的组件，比如具体某个类或者对象。在面向对象领域中，组件之间的连接通常用接口来实现。卡内基·梅隆大学的 Mary Shaw 和 David Garlan 于 1996 年写了一本叫做《Software Architecture：Perspective on an Emerging Discipline》的书，提出了软件架构中的很多概念，例如软件组件、连接器、风格等。

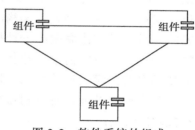

图 3-2　软件系统的组成

以上两个从不同的角度对软件架构的定义，一个描述了软件架构在整个软件开发中的作用，另一个描述了软件架构的组成。前一个定义告诉了我们这一章存在的必要，后一个定义将会指导我们开展本章后续的内容。

完美的架构？

如果你业余时间关注各种技术博客或公众号，你会发现很多某公司、某领域的架构设计这类文章。如果你只是记住这个架构，直接原封不动地复制到自己的公司，那么你会发现这些架构要么很难无缝衔接到自己的业务系统中，要么实现成本过高，要么会有一些你根本用不上的组件。这是因为在现实中，没有一个架构是完全可以通用的，更没有一个最好的架构可以适用于任何使用场景。软件架构是对用户的需求、公司对业务的需求、公司未来发展的需求，以及成本条件的折中。在这些限制条件下，我们才能探求一个好的架构设计。同时，一个好的架构设计也不是一成不变的，随着时间的发展，公司的业务方向会发生变化，需求会发生变化，相对应的成本预算也会发生变化，所以架构也自然会随着这些先决条件的变化而不断演化。一个好的架构的首要目标是能支持这种演化，让演化能够按照预期的方式进行扩展，而不是整个架构级别的重构。

3.1.2　软件架构的目标

架构是个循序渐进的过程，是系统架构整体分析逐步细化的过程。这个过程的一个关键切入点是有明确的架构目标。只有明确了整个架构的努力方向，才能搭建出符合客户需求和业务需求的系统。架构的目标来源于需求，来自于系统的用户或其他涉众（利益相关人）提出的对系统的期望。通过需求工程，我们可以利用各种方法了解各个涉众各自扮演了什么角色，进而了解客户的目标以及对系统的期望，这样才有助于明确架构的目标。但是有时候不同角色的需求是冲突的，不可能同时兼顾所有的需求。比如，用户需要尽量不用登录网站去操作某功能，而网站提供商希望用户尽量多地登录网站，以便投放更精准的广告（登录网站后，系统可根据用户 ID 分析他的行为和偏好，投放更个性化的广告）。这两类角色代表了不同的利益相关者，他们从各自的角度对软件系统和架构提出了他们自己的目标。所以架构师在做一个软件架构的时候，必须综合考虑各方的需求，通过协商做出一种折中的设计。同时架构也为业务需求和技术需求搭建起一座桥梁，找到一个折中的技术方案去满足这些需求。折中是软件架构设计的一个非常重要的技能，各方利益相关者的冲突，以及业务和技术决策的冲突，都得找到一个平衡点（如图 3-3 中的公共区域）。

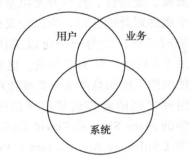

图 3-3　用户、业务、系统的需求

3.1.3　软件架构的不同视角

软件开发整个流程会涉及不同人员，不同人员又有不同的关注点，所以软件架构并不只是一张常见的数据流图或者类图。作为软件开发的最高层的设计，架构必须能够反应功能性需求、非功能性需求（性能、稳定性、可靠性、可维护性等）、如何部署、如何开发等。为了描述不同关注点，这里引入一种 4+1 架构模型，如图 3-4 所示。

1. 逻辑视图

逻辑视图主要为了支持功能性需求，即系统需要给用户提供哪些服务。在这个视图中，会利用面向对象的方式（抽象、封装、继承）把系统分解成一系列领域对象或类。这样的分解不仅为了功能性分析，也可以从系统中找到可重用的机制和设计元素。逻辑视图一般用类图来描述，但是如果这个系统是数据驱动的话，也可以考虑用 ER 图来描述。

图 3-5 是一个专用电话交换系统（PABX）的逻辑视图，这个系统用来为各个实体终端之间的沟通建立连接。一个实体终端可以是一个电话机、主干线、专用连接线、功能电话线、数据线等，其中不同的线有不同的接口卡（interface card）进行连接。

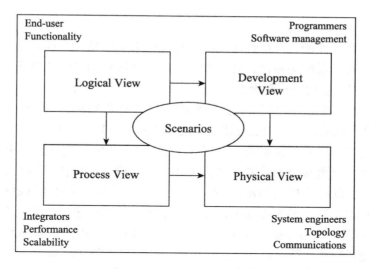

图 3-4　4+1 架构模型 [3]

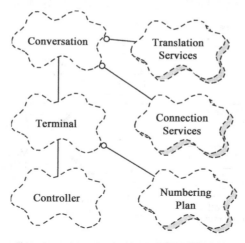

图 3-5　PABX 系统逻辑视图 [3]

　　Controller 类的职责是跟每个接口卡进行交互，在线路中的数字信号与系统事件（启动、停止等）之间进行实时双向转换。由于需要跟不同的接口卡进行连接，所以这个类又需要许多子类实现，每一类接口卡对应一个子类。Terminal 类在系统中代表了某一个实体终端，它的职责是维护一个实体终端内部的各种状态，同时代表实体终端来调用系统提供的各种服务。比如，它需要使用 Numbering Plan（编号方案）服务来解释线路选择中的拨号操作，那么 Terminal 类就会调用这个 Numbering Plan 服务。Conversation 类代表多个终端所在的会话，它利用 Translation services（目录查询、逻辑地址到物理地址映射、路由）和 Connection Services 来为各个终端建立一条语音线路。

2. 进程视图

进程视图主要从性能、可用性等一些非功能性需求的角度去描述系统。它着重强调系统的并发和分布，系统完整性，容错性，以及把逻辑视图中的抽象元素放到进程视图中时，哪个控制线程去运行一个操作。

进程视图可以从多个抽象层次去描述系统，最高的层次是由一系列分布在由 LAN 或者 WAN 连接在一起的硬件上的进程组成。进程（process）是由一组独立任务组成的运行单元，它代表进程视图实际控制的一个层次（如启动、恢复、重置和关闭），它也可以被部署多份，用来提高处理能力或者保证高可用性。在设计进程视图的时候，我们没有运行机器的概念，所以不需要考虑两个进程会运行在同一台机器或者不同的机器。

图 3-6 是 PABX 系统的进程视图，这是一个实时的基于事件驱动的系统。总共有两个进程，终端进程（Terminal process）和控制进程（Controller process）。控制进程有 3 个任务组成：低速扫描、高速扫描、主控处理。低速扫描每 200 ms 启动一次，如果有事件就放到高速扫描任务列表里，等高速扫描（10 ms 启动一次）启动的时候，如果发现有任何重要的状态变化，就把事件发给主控处理，由主控处理负责解析并和终端进程进行交互。所有的终端操作都在终端进程中处理。

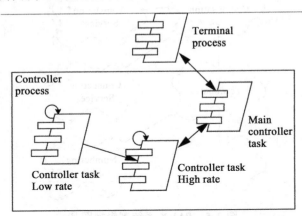

图 3-6　PABX 系统进程视图 [3]

3. 开发视图

开发视图主要关注在软件开发实现过程中的软件模块及其组织方式。软件由一系列的程序库或者子系统打包而成，子系统又会根据实现需要被分成多个层次，每一层会提供一个定义完善而又简洁的接口给上层调用。在开发视图中，我们会考虑很多内部的需求：

❑ 如何设计让开发变得更容易？
❑ 如何设计更容易进行开发管理？
❑ 哪些是共同的，可以重用的组件？

❑ 需要使用的工具、部署环境或者编程语言有什么限制？

❑ ……

同时，开发视图也会被用来做任务分配，成本评估，制订开发计划，跟踪开发进度，考虑软件重用性和可移植性等，它也是制定产品线的一个基础。

图 3-7 是 PABX 的一个开发视图的示例，总共有 5 层。第 1 层和第 2 层是领域无关的一个分布式基础平台，它屏蔽了硬件、操作系统、数据库等的差异。基于这个基础平台，整个产品可以拥有统一的编程接口而不需要考虑底层的平台。第 3 层是领域相关的基础框架，利用这个框架可以构建第 4 层的 PABX 功能。第 5 层是对外的接口，系统外的终端通过跟这些接口通信来使用 PABX 功能。

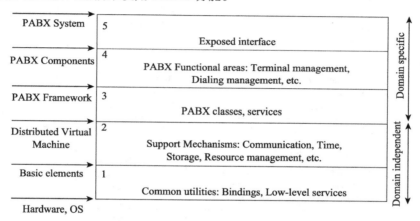

图 3-7　PABX 系统开发视图

4. 物理视图

物理视图（也叫部署视图）主要考虑一些非功能性的需求，比如可用性、可靠性（容错性）、性能（吞吐量）以及横向扩展性。这个视图中，我们会把进程视图的进程映射到一组基于网络的计算节点上。由于同一套系统会被部署到不同的环境中（开发环境、测试环境、生产环境），所以这个映射关系必须足够灵活并且尽可能少地修改源代码。

以下展示 PABX 的两个不同集群规模的物理视图：图 3-8 为小集群部署的物理视图，图 3-9 为大集群部署的物理视图。

其中，C、F、K 代表了 3 种不同类型的计算节点，每一种类型有不同的计算资源（CPU、内存、磁盘等）。

5. 场景视图

场景视图是把以上一些视图的设计元素结合在一起，利用对象场景图和对象交互图来描述系统中一些重要用例的场景，对最重要的一些需求进行抽象。

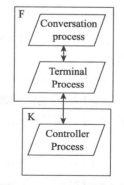

图 3-8　PABX 系统小集群物理视图[3]

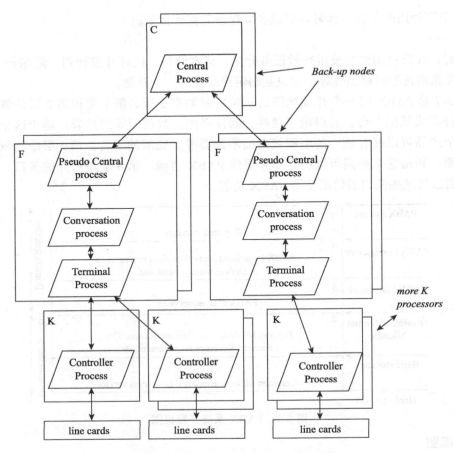

图 3-9　PABX 系统大集群物理视图 [3]

场景视图主要有两个目标：

1）作为一个驱动的工具，用来在架构设计过程中发现架构元素。（场景驱动的架构设计。）

2）作为一个验证的角色，用来在架构设计完成以后，在纸上进行架构原型的测试与验证。

图 3-10 描述了 PABX 的场景视图中关于拨号建立通话的一个小场景。

1）Joe 的电话控制器（controller）检测到 Joe 拿起电话听筒，随即它发了条消息来唤醒相对应的终端（terminal）。

2）终端分配了一些资源，同时告诉控制器发出拨号音。

3）控制器开始接收到 Joe 拨的数字，同时把它们传给终端。

4）终端调用编号方案服务来分析数字序列。

5）当一串有效的数字被输入以后，终端打开一个会话。

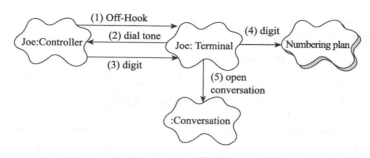

图 3-10 PABX 系统场景视图 [3]

所以，如上 4+1 视图，从不同的关注点描述了软件系统的架构，可以帮助不同的涉众了解他们各自想了解的不同东西。当然，在实际使用中，不一定要完全照搬 4+1 视图，你可以根据软件系统和涉众的不同需求，定制或者裁剪这个 4+1 视图。4+1 架构可以总结如表 3-1。

表 3-1　4+1 架构概要总结

视图	逻辑	进程	开发	物理	场景
组件	类	任务、进程	模块、子系统	节点	步骤、脚本
连接器	关联、继承、包含	消息、广播、RPC 等	依赖	通信介质、LAN、WAN 等	
涉众	最终用户	系统设计和继承人员	开发者、技术经理	系统设计者	最终用户和开发者
关注点	功能点	性能、可用性、容错性、完整性	团队组织划分、重用、可移植性	横向扩展性、性能、可用性	可理解性

3.2　软件架构的演进

软件架构随着功能性需求和非功能性需求的变化，一直在经历着不同层次的演进，而这个演进过程最明显的一个非功能需求是随着流量和系统复杂性的剧增，如何在有限的资源下更好地维护这个软件系统，保证软件系统的可用性。所以在软件架构中考虑运维问题，并不是 DevOps 兴起以后才出现的，我们可以发现从传统的软件架构到互联网软件架构的演进过程，也是 Dev 和 Ops 这两个阶段慢慢融合交织的过程。

3.2.1　传统软件架构的演进

软件架构一直是跟随着需求而做出的高层设计，由于传统软件一般具有如下特点：
❑ 用户量不大

❑ 数据量不大

❑ 业务相对固定，变化不大

❑ 系统部署相对简单，容易维护

所以，并不需要一个非常复杂的系统。最常见的方法是采用单体架构，一般所有的层都运行在一个进程里，并且按照如图 3-11 分层模型进行组织。

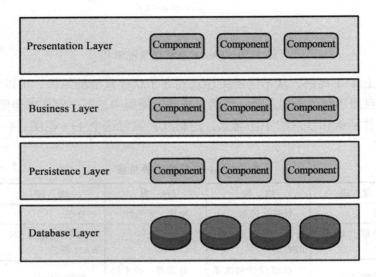

图 3-11　软件分层模型 [4]

Database Layer 用来封装不同的数据库（Oracle, MySQL, PostgreSQL 等）实现，抽象出统一的数据库编程接口。

Persistence Layer 用来封装领域相关的数据库操作，比如领域对象的 CRUD 操作（Create、Read、Update、Delete），业务相关的数据库事务等。

Business Layer 用来封装具体的业务逻辑，比如注册用户、下购买订单等。

Presentation Layer 负责和用户交互，接收用户请求并调用业务逻辑层完成用户的请求，展示相关的界面。

如图 3-12 是分层模型的一个数据流动示例。

一般在刚开始的时候，如图 3-13 所示只需要一台服务器就可以满足部署需求，应用程序、数据库、静态资源等都在这台服务器上运行。

随着使用人数的上升，如图 3-14 所示，绝大部分系统会把应用程序同数据分离开来。每种不同的服务器根据所需的资源，配备不同性能的机器。比如应用服务器需要大量的 CPU 资源处理业务逻辑，数据库服务器需要更快的磁盘和内存来检索磁盘和数据缓存，文件服务器需要大量的磁盘空间存储资源文件。

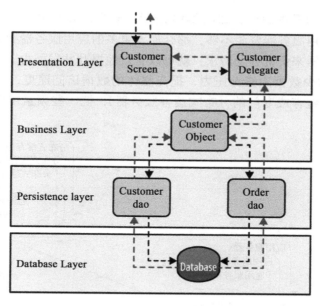

图 3-12　软件分层模型示例 [4]

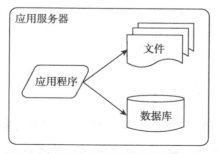

图 3-13　简单系统架构 [5]

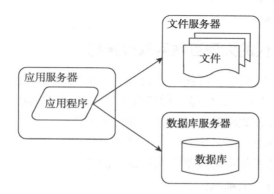

图 3-14　简单资源分离系统架构 [5]

当流量进一步提升的时候，如图 3-15 所示，架构师会考虑对产生瓶颈的服务器做水平扩展。假设应用服务器资源不够，那么加入更多的应用服务器到集群里，然后通过一个负载均衡服务器来负责分发请求，就可以有效地提升并发能力。假设数据库服务器资源不够，为了减少数据库查询压力，提高整体的数据访问速度，一般架构师都会考虑增加缓存（本地缓存或专门的分布式缓存服务器），把一些频繁用到的查询结果缓存起来。

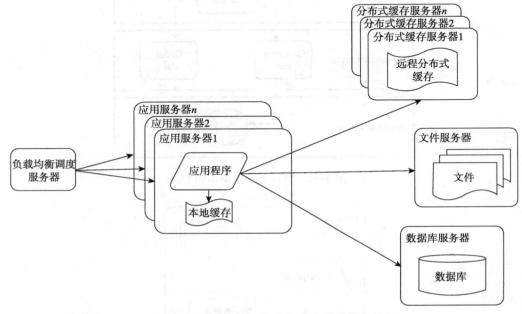

图 3-15　一体式应用的高性能分布式系统架构 [5]

一般到这一步，传统软件的架构已经能很好地支持业务需求。而且，一般传统软件部署环境相对简单，系统维护员会比较关注数据备份，准备好主备机切换等维护操作，即可顺利地进行系统维护。

3.2.2　流量爆炸时代的大型互联网软件架构

互联网公司在成长过程中，可能也会有如上的架构演变过程。很多互联网公司可能也会采用之前介绍的单体架构，但是这种架构会导致以下一些问题：

- ❑ 多个团队协作开发效率低，需要额外的协调工作。
- ❑ 系统的可维护性非常差，尤其是对大型的应用。
- ❑ 任何小的改动部署都会影响整个系统重新部署。
- ❑ 系统复杂了以后，很难做扩展。
- ❑ 当遇到性能问题的时候，只能整体加机器，难以拆分。

但是大型的互联网软件系统又有如下的一些挑战：

- ☐ 变化快，强调敏捷。
- ☐ 用户量大，并发高。
- ☐ 系统多（可能有几个，甚至成百上千个不同功能系统同时运行）。
- ☐ 对系统可用性要求更高，追求 24x7 零宕机时间。

所以，无论从开发角度、性能角度还是维护角度，单体架构都已经无法轻松胜任大型的互联网软件系统进一步扩展。这时候，需要利用分而治之的办法来拆解单体应用，实现真正的分布式。一般公司会采用比较流行的事件驱动架构或者微服务架构。

1. 事件驱动架构

事件驱动架构是一种分布式异步架构模型，用来构建高度可伸缩的系统。在事件驱动架构中，业务逻辑都集中在每一个单一职责的事件处理器里，这些事件处理组件以非常松耦合的方式，通过消息队列集成在一起工作，异步地接收和处理事件。

根据有无独立的业务逻辑控制流程，事件驱动架构分为 Mediator 模式和 Broker 模式。Mediator 模式适合需要很多步骤来处理一个事件，同时又希望这些步骤的组合在未来容易更改的场景。如图 3-16 是一个通用 Mediator 模型。一个事件通过消息队列发给 Event Mediator 的时候，Event Mediator 会根据预配置的步骤分成多个子事件，通过 Event Channel 分发给具体的 Event Processor。

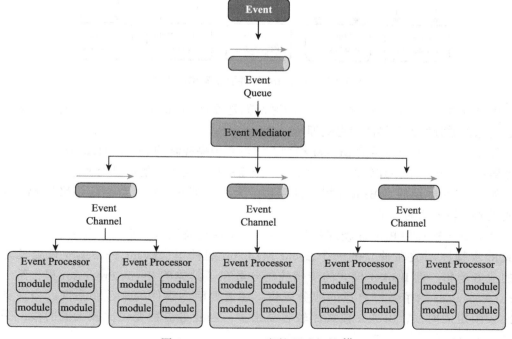

图 3-16　Mediator 事件驱动架构 [4]

这里 Event Channel 可以采用消息队列或者消息主题的方式。大多 Mediator 模式会采用的是消息主题的方式，从而 Event Mediator 产生的子事件可以同时被多个不同的 Event Processor 接收处理。

如图 3-17 是一个 Mediator 模式的示例，假设你在 A 地的保险公司有一份保险合约，你需要搬家到 B 地，那么保险合约需要重新调整保费的一系列步骤。

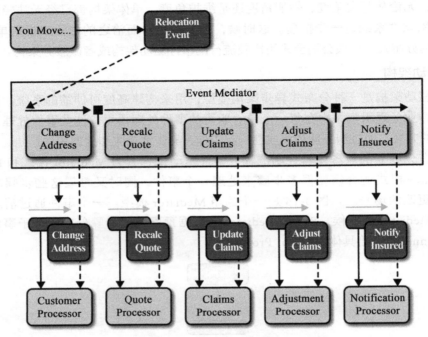

图 3-17　Mediator 事件驱动架构示例 [4]

Broker 模式与 Mediator 模式最大的区别就是没有 Event Mediator，它的消息流直接通过消息通道分发到下游的消息处理器。

如图 3-18 是一个通用的 Broker 模型，它没有中央控制的 Event Mediator。每个消息处理器接收到一个事件并处理，然后生产一个新的事件给下游的消息处理器。

如图 3-19 展示的是 Broker 模式的示例，为了保证一致性，我们还是采用 Mediator 模式里的保险公司的例子。

Mediator 模式和 Broker 模式都可以用来架构保险公司这个案例。区别是，Mediator 模式的步骤控制放在独立的一个 Event Mediator 组件里，Event Processor 只处理好单一的业务逻辑。而 Broker 模式的步骤控制分散在了具体的 Event Processor 里，某一个 Event Processor 除了做好自己的业务逻辑，还需要明白事件的来源和去向。当业务流程比较固定的时候，Broker 模式比较容易维护；当业务流程变化比较大的时候，采用 Mediator 模式更易于修改。

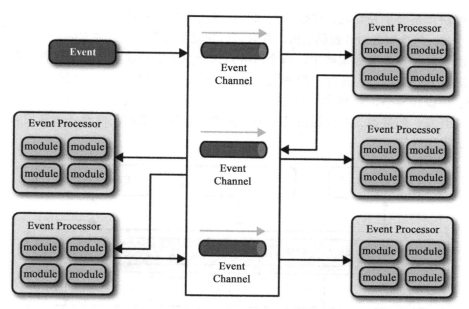

图 3-18　Broker 事件驱动架构 [4]

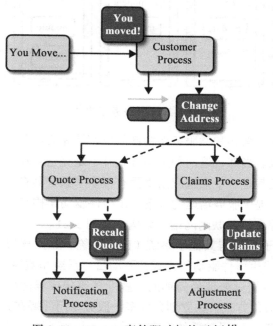

图 3-19　Broker 事件驱动架构示例 [4]

2. 微服务架构

　　微服务架构也是一种分布式架构的方式。它把单体应用垂直拆分成一个个小的模块，每一个模块都是一个完整的、自包含的服务。在这个垂直服务内，有可能还是采用单体的架构方式。每个服务对外提供 API，并且可以独立被调用，可以独立演化。

如图 3-20，在微服务架构中，每个服务只包含少量的模块，被独立部署在各自的容器中，提供 REST 接口，并有一层独立的 API gateway（API 网关）把细粒度的微服务进行组合、协议转换等，封装成新的粗粒度接口提供给客户端使用。其中，每个服务可以被独立的开发、部署等，其他服务几乎不受影响，也不需要跟其他服务的开发人员进行额外的协作和等待。

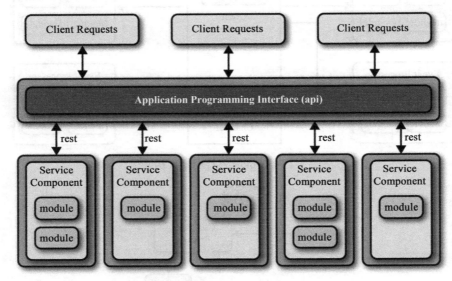

图 3-20　微服务架构 [4]

以上介绍的事件驱动架构和微服务架构都能很好地完成应用的垂直划分，为实现真正的分布式提供有效手段。当然，这两种架构方式并不是完全互斥的，在一个真实的应用场景中，往往会共存，尤其是一个大型应用里面有很多子系统共存的时候。这种情况下，一般用微服务架构为应用提供服务治理的方案，用事件驱动架构来异步地整合多个子系统。

下面是一个比较综合的互联网网站的架构，见图 3-21。

❑ A 和 B 这两个子系统与其他子系统（日志系统、监控与报警系统）的交互通过消息队列进行，采用事件驱动的方式，驱动日志系统和监控报警系统。

❑ A 和 B 应用服务器只处理最简单的一些业务逻辑或界面相关部分，把真正的业务逻辑采用微服务的方式，独立划分成多个服务专门部署在分布式服务 N 服务器里。

❑ 随着流量的剧增、应用数量的提高，数据库也会爆炸，我们对数据库也进行垂直划分和水平划分，把数据库变成一个分布式数据库集群。

❑ 从运维的角度来看，系统必须有实时的监控和报警机制。

❑ 另外，现在互联网企业越来越重视日志系统，最直接的原因是分布式系统难以进行调试，所以通过日志系统来记录日志以便还原现场；其次，日志记录了海量的用户行为，之后可以用来分析用户行为，挖掘出有价值的信息。

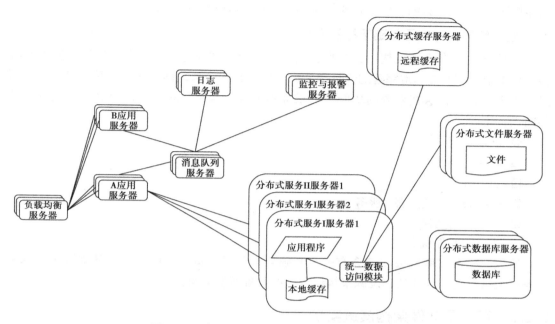

图 3-21　大型互联网网站的高性能分布式架构

　　一般大型的互联网网站演化到这里，基本上大多数比较关键的技术问题都被考虑到了。当然大部分流量大的网站还会增加 CDN（Content Delivery Network，即内容分发网络）和反向代理（一种代理服务器，用来接受连接请求，然后将请求转发给内部网络上的服务器，并将从服务器上得到的结果返回给请求连接的客户端），采用 NoSQL 数据库（泛指非关系型的数据库）或者使用 Spark（为大规模数据处理而设计的快速通用的计算引擎）等平台做实时推荐引擎等，这里不一一赘述。

　　但是谈到微服务，不得不提到系统拆分，当系统被拆成多个服务的时候（理论上，几行到十几行代码都可以变成一个微服务），强一致性保障的事务就成了一个挑战。当然，我们也可以求助于分布式事务，那么就牺牲了系统的可扩展性，放弃了更高的高性能。所以一般的指导原则是，功能上比较内聚的，尤其是拥有强一致性事务（Transaction）的功能会放在同一个微服务里面。但是，如果我们要求更高的并发，比如像 12306 这种超大并发的网站 /App，所有的强一致性事务的功能放在一个微服务里，反而成为了一种灾难。事务本身在这里就是一个灾难，因为事务本身依赖锁来实现两步提交。我们可以想象一下，12360 网站的火车车次列表里的剩余票数，真的需要完全一张不差地跟真实一样吗？因为在这种高速变化的数据下，真实的数据和有些许误差的数据展示，对用户体验来说没什么区别。即使在真实剩余票数为 0 的情况下显示还有 1 张票，当你真正点击购买的时候，其实已经没票了，那么只要用户界面友好地报错，可能影响并不是这么大。所以，如果可以适当牺牲这种强一致性，转而变成最终一致性，那么就可以获取更大的性能提升。最近非常流行的 CQRS 架构便是一种最终一致性架构。

3. 上层系统架构对底层基础架构的影响

在独立的一个系统架构中，我们会对非功能性需求（可靠性、高可用性、监控与报警、日志记录等）做非常完善的设计和考虑。但是在一个互联网公司中，往往有几个甚至成百上千个系统，这些系统的功能性需求都不一样，但是非功能性需求会有很大程度的共同点，比如：

- ❑ 日志系统
- ❑ 监控与报警
- ❑ API 网关
- ❑ 持续集成（或部署）服务
- ❑ 宕机自动切换
- ❑ 消息中间件服务

所以，一般互联网公司都会有一个基础架构部门来负责这些通用的基础设施，每个业务小组只要利用这些基础设施来构建自己的业务逻辑即可。

3.2.3　互联网软件架构演进实例

互联网公司的软件系统不仅数量多，类型也比较多样。有网站系统，线下批处理任务系统，大数据存储与分析平台以及周边的 ETL 系统，实时数据处理系统等。由于篇幅有限，这里拿 E 公司的搜索科学组的算法评测平台做一个举例。这个算法评测平台主要的功能如下：

1）把新开发的排序算法作为 test 组，当前线上的排序算法作为 control 组，分别同时利用同一组采样好的关键字集合，爬取搜索结果。

2）利用爬取的搜索结果计算分析设置好的上百个指标（包括每个关键字级的和整个算法级的指标）。

3）利用爬取的搜索结果计算两个算法的相似度（包括每个关键字级的和整个算法级的指标）。

4）把爬取的结果按一定策略采样，送到第三方平台做人工标注。

5）当第三方平台做完人工标注以后，拿回结果，计算信息检索的相关度指标（DCG、NDCG 等）。

6）有一个基于 Web 的自助创建实验分析请求和查看分析结果的工具。

如图 3-22 所示，这是这个系统的第一版架构示意图。

- ❑ 整个系统类似于之前所提到的单体架构，比传统的单体架构稍微好一点的是自助服务的网站部分和后台运行的批处理任务部分进行了分离。

❑ 由于数据量大，分析结果的展示在每台 Web 服务器进行了本地缓存，并把多台 Web 服务器通过负载均衡服务器连起来，保证多人使用时的响应速度。

❑ 文件服务器、批处理任务服务器皆为单台机器。

❑ 前后执行的多个批处理任务之间的数据通过数据库传递。

❑ 文件服务器用来备份报表、原始数据等。

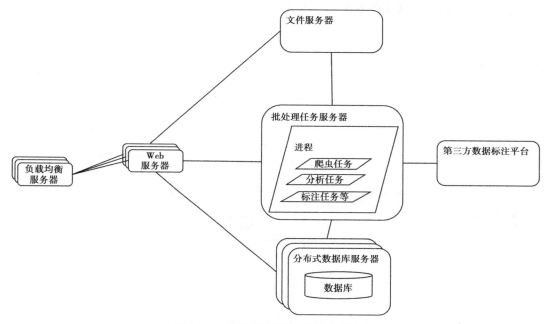

图 3-22　算法评测平台单体应用架构

这个架构在产品初始阶段很好地满足了业务的需求，但是随着业务方向不停的变换以及用户使用量的提升，慢慢暴露出一系列的问题：

1）由于所有的批处理任务都在一台服务器上运行，导致运行缓慢。

2）由于批处理任务都在一个进程内运行，任何一个任务有 bug 或者内存溢出，其他任务也会被意外退出。

3）批处理任务服务器 / 文件服务器都有单点故障问题，任何一台服务器宕机，整个系统都会停止工作。每次宕机都得花几个小时才能解决。

4）不支持热部署，每次部署都得等现有任务执行完。

5）数据库运维的压力太大，所有的任务之间的数据传递几乎都靠数据库完成。所有爬虫任务加起来一天预估会产生上亿条到几十亿条数据。

6）爬虫任务经常失败（相关的数据格式改动、防火墙问题等），每次都得花很长时间定位问题。

7）所有的任务失败都是客户报告的，这给开发人员很多压力，变得很被动。

8）业务太复杂并且都放在一个应用下，改动某一个任务的时候，很可能不小心影响到其他任务。

为了解决如上提到的问题，该开发小组制定了短期计划和长期计划。

短期计划是利用一周时间解决最紧急的问题1、问题2和问题3，即搭建专用的Hadoop平台，把批处理任务迁移到Hadoop平台上。批处理任务包装成MapReduce任务，文件都存储在分布式文件系统HDFS上，如图3-23。

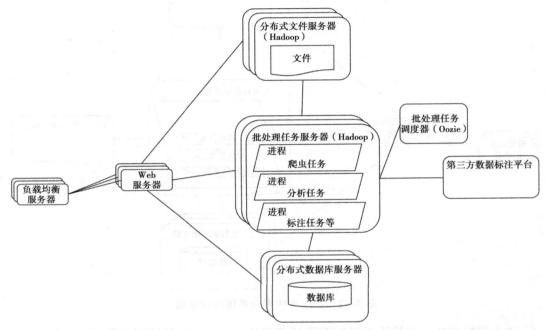

图 3-23 基于 Hadoop 的算法评测平台分布式架构

我们来分析一下如下问题是怎么被解决的。

问题1：由于所有的批处理任务都在一台服务器上运行，导致运行缓慢。

解决方法：利用 Hadoop 的分布式计算框架，每个独立的任务都在一个 MapReduce job 里面，Hadoop 负责分发到有空余资源的机器中运行

问题2：由于批处理任务都在一个进程内运行，任何一个任务有 bug 或者内存溢出，其他任务也会被意外退出。

解决方法：由于每个任务都在不同的进程中执行，对单个任务进行了隔离。

问题3：批处理任务服务器/文件服务器都有单点故障问题，任何一台服务器宕机，整个系统都会停止工作。每次宕机都得花几个小时才能解决。

解决方法：批处理任务服务器、文件服务器都利用 Hadoop 平台变成了分布式集群。利用 Hadoop 内建的数据冗余和任务重新调度机制，当任一台宕机以后，任务进程或文件

都会被迁移到另外一台可用的机器。

但是由于 Hadoop 集群本身维护成本比较高，小组内无法安排专人进行维护。另外，Hadoop 本身（Hadoop 1）以及配套的批处理任务调度器 Oozie（Hadoop 上的工作流引擎）还是有单点故障问题。所以，在这个案例中，Hadoop 只能作为一个过渡方案。

长期计划是采用一个新的架构解决上面列出的所有问题。同时，在这个平台里，所有的事情都是按照需要把各个子任务组合在一起完成的，如图 3-24 所示，这是一个共同点。

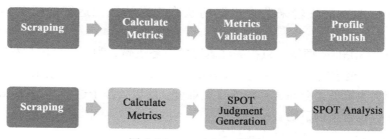

图 3-24　Workflow 例子

另外，每个子任务都有同样的非功能性需求，所以该小组先抽象出一个分布式工作流框架，如图 3-25 所示。其中所有的功能模块都变成无状态的微服务方式 [6]，同时具有如下特点：

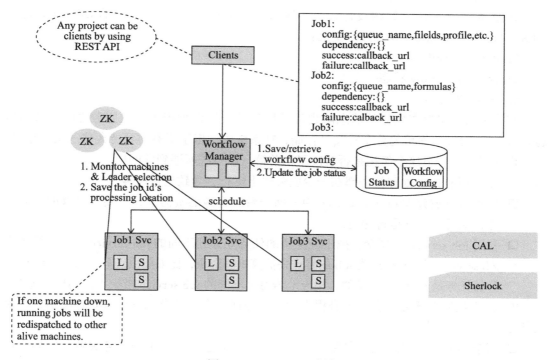

图 3-25　Workflow 框架

1）Workflow Manager 作为一个微服务接收一个 Workflow 配置，然后调度对应的 job service 启动任务。

2）Workflow 的配置以及状态保存在一个数据库里。

3）每一类型的任务对应一个 job service（也是一个微服务，如图中的 Job1 Svc），每个 job 实例启动时，都会在 job service 集群里创建一个独立的进程（用来安全隔离）。

4）同时集成公司级的监控和报警系统 Sherlock、日志系统 CAL。

5）利用 zookeeper 集群来监控机器的状态，记录正在运行的任务信息，以及做 leader 的选举。

基于这个 Workflow 框架，只需关注真正的业务逻辑，利用同样的编程方式写出一个新的 job service。至于别人怎么用这个 service，以及所有运维相关的问题，都交给这个框架负责，从而大大降低了分布式系统的开发难度。所以，基于这个 Workflow 框架打造的新算法评测平台包含了以下的 service。

1）Scrape Svc：负责所有的爬虫任务。

2）Metrics Svc：负责读取爬取的数据，进行分析计算。

3）DataMove Svc：负责读取爬取的数据，导出成文本文件备份。

4）SPOT Svc：负责读取爬取的数据，采样并送到第三方人工标注平台，以及从第三方平台拿回标注结果来分析。

如图 3-26 所展示的架构设计，前端属于某一个 Client（对应图中的 Clients），通过 REST API 与 Workflow Manager 交互：

❑ 提交 Workflow

❑ 查询 Workflow 状态

❑ 停止 Workflow

其中 Kafka 作为高性能的消息队列代替原先的数据库承担各个微服务之间的数据传递。Swift 作为接口简单的分布式文件存储，在系统中承担了所有需要持久化的文件存储。

再次来检查一下这个架构是否解决了之前第一版系统所遇到的问题。

1）由于所有的批处理任务都在一台服务器上运行，导致运行缓慢。

❑ 任务可以被分发到 job service 中任何一台有资源的机器上，只要有足够的机器资源，就可以保证运行速度。

❑ 利用 job service 的概念，把不同类型的任务划分到不同的 job service 中。这样每个 job service 可以根据这类 job 的特点去估算机器资源，比如爬虫任务是 IO 密集型的，分析任务是 CPU 密集型的，相应地给每个不同的 job service 搭配不同的机器配置。

2）由于批处理任务都在一个进程内运行，任何一个任务有 bug 或者内存溢出，其他任务也会被意外退出。

❑ 每个任务在自己的进程中独立运行，有一个安全隔离。单个任务失败，框架会自动进行重试，直到超过最大连续重试限制后，标记为失败。

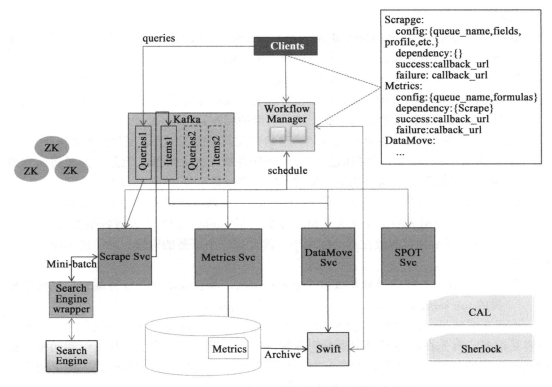

图 3-26　基于 Workflow 框架的算法评测平台架构

3）批处理任务服务器 / 文件服务器都有单点故障问题，任何一台服务器宕机，整个系统都会停止工作。每次宕机都得花几个小时才能解决。

❏ 当前的架构中已经解决了所有机器的单点故障问题。任意一台机器宕机，都不影响整个系统运行。同一功能的集群里，只要还有一台机器在服务，整个系统就可以继续运作。

4）不支持热部署，每次部署都得等现有任务执行完。

❏ 由于 zookeeper 记录了某台机器上的所有在执行的任务，当重新部署 job service 的时候，当前执行的任务就会意外退出，利用重试机制，自动寻找空闲的机器执行。

❏ 当然任务实现本身需设计成可重入，比如重试时需要清理第一次运行到一半的结果。

5）数据库运维的压力太大，所有的任务之间的数据传递几乎都靠数据库完成。所有爬虫任务加起来一天预估会产生上亿条到几十亿条数据。

❏ 利用 Kafka 这个高性能的消息队列替换数据库来实现数据传递的职责，这种线性的数据结构比起关系型数据库更加适合作为数据传输。

6）爬虫任务经常失败（相关的数据格式改动、防火墙问题等），每次都得花很长时间定位问题。

- ❑ 利用中央日志系统（Central Application Log，CAL）记录整个集群的日志，比本地日志更容易查看，尤其当机器规模大的时候。
- ❑ 在系统设计的时候专门考虑日志的设计，让日志"讲故事"。在任何可能发生问题的地方都要假设出问题，然后设计完善而又容易理解的日志（由于 CAL 有搜索功能，该小组设计的日志都打上不同类型的标签）。

7）所有的任务失败都是客户报告的，这给开发人员很多压力，变得很被动。

- ❑ 在采用了 Workflow 框架以后，失败的任务数量大大降低。但是，为了防止一些意外的错误发生，这个架构中集成了监控和报警系统（Sherlock）。
- ❑ 每台机器本身会发送机器状态到 Sherlock，在系统实现时，每个关键点都会算一些业务逻辑相关的指标发送到 Sherlock，然后根据领域知识设置好报警规则。

8）业务太复杂并且都放在一个应用下，改动某一个任务的时候，很可能不小心影响到其他任务。

- ❑ 由于业务相关部分被分割成多个 job service，需要改动某个任务时，只要修改相关的 job service 并部署即可，无须影响其他 job service。

由于在系统设计的过程中考虑了系统的失败以及如何查找问题，因此在维护系统时就容易很多。首先在监控系统中查看到异常事件，然后到日志系统中利用标签和模式查找到出问题的现场，就能很快发现问题。另外采用统一的机制和实现形式，加上拥有良好的监控，在一定程度上可以达到智能运维，比如：

- ❑ 任务失败，Workflow 框架会自动重试。
- ❑ 微服务的 service 进程退出，机器中的脚本会自动重新启动 service。
- ❑ 机器宕机以后，在运行的任务都会重新分发到其他机器。另外，管理机器的系统会自动分配一台同样配置的机器来替换坏掉的机器。（E 公司的机器都实现了虚拟化，可通过 API 动态创建机器加入集群。）

本章小结

本章重点介绍了软件架构的基本定义，以及什么是一个好的软件架构，以避免对某一个具体架构的盲目追求。同时，系统地介绍了软件架构的 4+1 的视图，为不同涉众从不同需求审视软件架构提供了全面的支持，也为初学者提供了软件架构的基本思路。在此基础之上，本章以网站为例，介绍了从传统公司网站到大型互联网网站的典型的演变过程，并以此为例介绍了当下非常流行的事件驱动架构和微服务架构，以及 CQRS 架构。在本章结尾，详细地介绍了 E 公司的一个案例，在实例中发现开发遇到的问题，在架构中利用 DevOps 的思路去解决问题。

思考题

1. 什么是一个好的软件架构？
2. 请举 3 个软件系统的各方涉众需求冲突的例子。
3. 常见的软件架构的视图有哪几种？描述每种视图的作用以及涉众。
4. 相比传统软件架构，互联网软件系统有什么特点？
5. 阐述单体架构的优缺点。
6. 阐述事件驱动架构中 Mediator 模式和 Broker 模式的区别。
7. 从运维角度，阐述微服务架构的优点。
8. 实例 1：用 4+1 架构模型描述一套自己学院使用的教学支持系统网站。包括：选课，课程教学资料的分享，课程讨论版，作业提交与评估。
9. 实例 2：为了推广到整个学校使用，假设需要同时支持 PC 网页、手机网页、微信小程序、iOS/Android Native app 访问的教学支持系统，用物理视图描述架构演进。
10. 实例 3：为了推广到全国的高校，请用 4+1 架构模型继续演进架构，来支持以下功能。

a）不同学校的用户只能访问自己的学校相关的课程体系。

b）支持海量学生的同时使用。

c）为保证公平，选课系统固定某一时间统一开放，学生同时选课，但是一学期只有一次选课。

参考文献

[1]　IEEE Recommended Practice for Architectural Description[S], IEEE, 1998: 1471.

[2]　Bass L, Clements P, Kazman R. Software Architecture in Practice[M]. 3rd ed. Addison-Wesley Professional, 2012.

[3]　Krchten P. Architectural Blueprints—The "4+1" View Model of Software Architecture [C]. New York, ACM, 1995: 540-555.

[4]　Mark Richards. Software Architecture Patterns[M]. Oreilly Media, 2015.

[5]　李智慧 . 大型网站技术架构：核心原理与案例分析 [M]. 北京：电子工业出版社，2013.

[6]　Eberhard W. Microservices: Flexible Software Architecture[M]. Addison-Wesley Professional, 2016.

更多阅读

[1]　Lamsweerde A. From System Goals to Software Architecture[J]. Springer Berlin Heidelberg, 2003, 280(4): 25-43.

[2]　Clements P, Bachmann F, Bass L, et al. Documenting Software Architectures: Views and Beyond[M]. Addison-Wesley Professional, 2002.

[3]　Bass L, Weber I, Liming Z. DevOps: A Software Architect's Perspective[M]. Addison-Wesley Professional, 2015.

第 4 章　软件开发过程和方法

4.1　软件过程概述

　　《人月神话》一书的作者 Brooks 在该书开篇描绘了一个极具震撼力的场景：在一个史前焦油坑中，无数的史前巨兽拼命挣扎，试图摆脱焦油的束缚。然而，这些史前巨兽愈是挣扎，往往被焦油纠缠愈紧，无一例外，所有巨兽都缺乏足够的技巧来逃出生天。这一幕与当下软件项目的研发状况何其相似！在过去的数十年中，无数软件项目挣扎在"焦油坑"中，极少数项目可以完全满足进度、成本以及质量等方面的目标。无数团队，不管是大型的还是精干的，规范的还是敏捷的，都不可避免地陷入"焦油坑"中。这样的情形过去发生过，现在也在发生着，而且有理由相信，在可以预见的未来仍然会继续发生。

　　在众多导致软件项目深陷"焦油坑"的原因当中，质量问题一直是最为突出的原因之一。由于软件质量不佳，导致项目超期、预算超支以及客户不满的例子比比皆是。而伴随着软件在社会生活各个方面的影响日益深入，软件质量问题导致的后果也将越来越严重。纵观软件发展历史，有两个极为典型的趋势。其一是软件项目规模日益扩大。据统计，类似功能的软件系统的规模也有类似摩尔定律一样的发展规律。即大约每过 18 个月，软件系统规模将翻番；每过 5 年，功能类似的软件系统规模将扩大为原来系统的 10 倍。其二是软件在整个系统中的比重日益增加。来自美国军方的数据极为直观地给出了证据。在 20 世纪 60 年代的 F-4 战机中，由软件来完成的功能约为整体功能的 8%；发展到 90 年代，在 B-2 轰炸机中由软件来支持的功能的百分比已经上升至 65%；而进入 21 世纪，在 F-22 战机中，由软件来支持的功能则到了令人震惊的 80%！在惊叹软件技术迅速发展的同时，我们必须保持警醒。事实上，上述的两个趋势均会使得软件质量问题日益突出。前者使得软件越来越难做，而后者则将软件质量问题的影响上升到前所未有的高度。现如今，大部分飞机都依赖于软件辅助飞行，大部分金融活动都由软件来处理，大部分现代工业控制系统都由软件来支持。而另外一个现状是，即便是应用最为广泛的软件也有大量错误。因此，是时候必须做一些改变，否则，由软件导致一些让我们无法承受的后果只会是时间问题。

　　用工程化的思想来管理软件开发，借鉴传统行业在质量管理方面的经验可以在一定程度上缓解上述问题。事实上，软件工程就是研究以一种高效的方式提供高质量的软件产品的工程学科，其诞生是为了应对复杂软件系统的开发，尤其是在复杂软件系统的开发过程中提高软件质量，提高开发效率。在传统行业，质量管理与企业管理方面的经验和理论表明，**产品的质量取决于过程的质量**。也就是说，只有很好地控制了生产过程的质量，运用了科学的、可定量的方法有效控制了过程的质量，才能获得高质量的产品；同时，生产线的生产效率在一定程度上也取决于过程的实施效率。因此，为了保证软件产品的高质量，以及提高软件开发效率，我们就必须认真研究软件过程的内在规律。将该概念引入软件过程，我们可以认为最终的软件产品的质量在很大程度上取决于生产该软件产品的过程质量，而软件的开发效率也部分取决于软件过程的效率，并且软件过程在实施过程中应根据实际情况不断地进行改进和优化。软件过程理论和技术之于软件工程专业，犹如兵法之于军事学专业，软件过程可以看作软件工程领域的方法学之一，是众多成功和失败教训的经验总结。

4.1.1 软件开发方法[○]发展历史

自从计算机诞生以来，软件开发与软件技术已经经历了半个多世纪的发展历程。在这个相对较长的发展历程中，凝聚了很多前辈的智慧，也产生了很多开发方法。在特定历史背景之下，每一种开发方法都有其合理性和局限性，我们应该以一种辩证的观点来看待曾经流行和正在流行的各种开发方法 [1]，只有这样才能有助于我们理解软件工程以及软件过程技术发展的历史和未来趋势。

1. 20 世纪 50 年代软件工程

在最初的 20 世纪 50 年代，成熟的程序设计语言尚未形成，因此，软件工程师在设计和开发软件的时候需要直接面对硬件环境。那个时代的软件工程更像是硬件工程（Hardware Engineering）。当时流行的开发环境称为半自动基础环境（Semi-Automated Ground Environment），其典型开发过程如图 4-1 所示。

2. 20 世纪 60 年代软件作坊

进入 20 世纪 60 年代，软件作坊（software crafting）的概念慢慢发展起来。人们逐渐认识到软件开发中有别于硬件开发的特殊性。首先，软件与硬件相比，更加容易修改（至少在人们的概念中）。并且，不需要昂贵的生产线就能产生软件产品的副本，一个软件改变或者修改之后，重新加载到另一台计算机时，不必单独改变每个副本的硬件配置就能工作。与此同时，这种易于修改的特殊性被软件开发人员充分利用之后，使得软件的开发与修改变得更加随意，由此形成了"code and fix"的开发方法，这就与硬件工程师在将设计提交给生产线之前需要进行详尽而充分的评审，形成了鲜明的对比。

○ 严格来讲，软件过程与软件开发方法两个概念并不完全相同。一般情况下，过程包括方法、工具以及人。但是，从本书论述的目的出发，我们并不对这两个概念做区分。

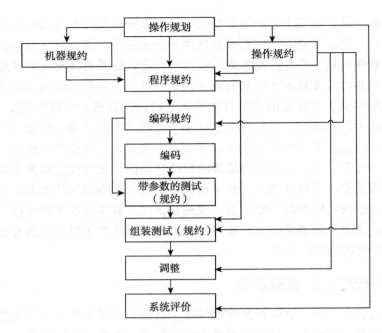

图 4-1　SAGE 软件开发过程（1956）[1]

　　另外一方面，软件需求的快速膨胀也超出了工程师数量的增长，采用 SAGE 开发过程，需要招募和培训许多熟悉人文、社会科学、外语和艺术等专业的人员加入软件开发过程，来应对电子商务和电子政务方面应用的需求。这种情形也进一步使得软件开发过程变得更加难以管理。这些新的工程人员更加喜欢采用"code-and-fix"方法来开发软件。他们可能很有创意和创新，但是这种随意的修改（fix）可能带来严重的隐患，使得软件系统的演化更加随意，难以跟踪，最终形成类似于意大利式面条的局面。甚至，还产生了一种非主流的亚文化（subculture）——黑客文化（hacker culture），其倡导自由精神。进而，渐渐地形成了带有牛仔风格的角色，也就是所谓的牛仔式程序员（cowboy programmer）。这些人可以连续很多个夜晚通宵达旦地工作，采用急速而草率的方式在截止时间之前完成存在很多缺陷的代码，而这种工作作风被视为英雄主义得到赞扬。

　　在 20 世纪 60 年代，也不是所有的软件项目都采用"code-and-fix"方法，IBM OS-360 的系列软件项目，尽管成本高昂、有些笨拙，但是提供了一种更加可靠且更容易广泛接受的软件开发方法，并且逐步确立了这种方法的行业主导地位，在美国宇航局 NASA 的水星、双子和阿波罗载人航天器以及地面控制软件中得到应用，这些雄心勃勃的计划启动了一个高可靠性的步伐。

3. 20 世纪 70 年形式化方法与瀑布过程

　　20 世纪 70 年代对于 60 年代产生的"code-and-fix"开发方法的最大的改进是，在设计之前需要经过更加仔细的需求工程作为前期的工作。图 4-2 概括了在 70 年代发起的关于软件开发方法的运动，其综合了 50 年代硬件工程的技术以及改进的面向软件的技术。程序编码应该进行更加精心的组织，其中的代表性的文献是 Dijkstra 发表在《Communications of the ACM》的一篇文章"Go To Statement Considered Harmful"，即 GOTO 语句是有害的。后来，Bohm-Jacopini 的结论表明顺序程序完全能够使用不含goto 语句的程序构造，由此引发结构化程序的运动。

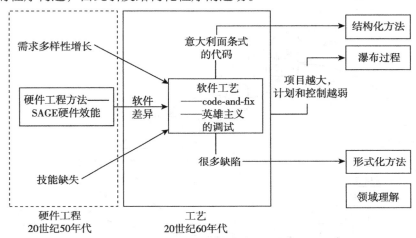

图 4-2　20 世纪 70 年代及其以前的软件工程发展形势 [1]

这个运动实际上又可以细分为两个分支，其中一个分支是形式化方法，其关注程序的正确性，具体方法可以是数学证明方法 [2,3]，或者是程序演算的构造方法 [4]。另一个分支是自顶向下的结构化程序设计方法，其中综合了少量的形式化技术和管理方法。

结构化程序设计的思想导致了诸多其他结构化方法应用于软件设计。Constantine 强调耦合和内聚的概念以及模块化原理以期尽可能做到模块之间的低耦合和高内聚。Parnas进一步提出信息隐藏（information hiding）和抽象数据类型的技术。一系列工具和方法被用于基于结构化概念的开发，例如结构化设计、Jackson 的结构化设计与编程。进一步，建立了需求驱动的过程，其综合了 1956 年的 SAGE 过程模型和 1960 年的软件工艺范例，Royce 提出了瀑布模型，如图 4-3 所示。

不幸的是，在瀑布模型的执行过程中，有一种趋势使得瀑布模型很大程度上被误解为一个纯粹的顺序过程——在还没有完全获得和确认软件的情况下，就匆匆开始了设计阶段；在还没有完成充分而关键的设计评审的情况下，就匆匆开始了程序编码阶段；作为对这些误解的进一步增强，瀑布模型被很多人认为是一个官僚化的过程标准，强调纯粹的顺序过程。值得注意的是，Royce 论文中探讨瀑布模型的本意是提出了一个生命周期模型的基本框架，作为平衡成功把握和项目成本的基础 [5]。

20 世纪 70 年代，一些其他显著的成果是 Weinberg 在其专著《计算机程序的心理学》中深刻剖析了软件开发中人的因素；Brooks 在《人月神话》中论述了在软件开发的进度规划中有许多不能压缩的工作的经验教训；Wirth 发明了 Pascal 和 Modula-2l 程序设计语言；Fagan 提出了检查技术（inspection techniques）；Toshiba 提出了用于工业过程控制软件的可复用的软件产品线；Lehman 和 Belady 则研究了软件演化的动态特征。

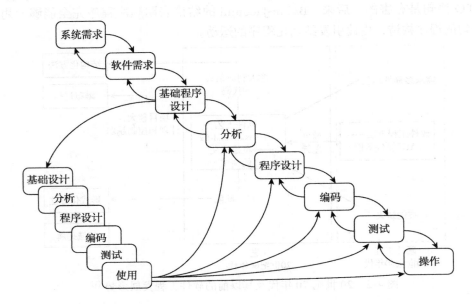

图 4-3　Royce 瀑布模型（1970）[5]

然而在 70 年代末，形式化方法和顺序瀑布过程在实践中也遇到了一些问题。形式化方法对于大多数程序员来说，在可伸缩性和易用性方面存在很多困难。顺序瀑布模型则逐渐被误解为一种强调文档密集、笨拙且代价昂贵的模型。

4. 20 世纪 80 年代生产率与可伸缩性

70 年代早期最佳实践导致 80 年代的一些提议解决了 70 年代的问题，并提高了软件工程的生产率和可伸缩性。

起源于 70 年代的定量方法有助于找到改进软件生产率的主要支点。根据在各阶段活动的成果与缺陷的分布状况，可以更好地优化改进域。例如，一般组织花费 60% 的成本用于测试阶段，然而发现其中 70% 的测试活动实际上是对于前期工作的返工（rework），而如果前期做得更加仔细，可以获得更低的成本开销。估算模型的成本控制器表明了这个管理是可控的，通过增加在人员培训、过程、方法、工具和软件资产复用方面的投入可以减低这些成本。

难以顺利驾驭的过程管理问题进一步促成了更加彻底的软件合同标准。1985 年美国国防部的标准 DoD-STD-2167 和 MILSTD-1521B 通过在过程模型中增加管理评审、进展阶段支付、奖励金等措施进一步"强化"了瀑布模型。当这个标准没能区分有能力和资质的软件开发供应商与擅长游说鼓动的软件开发供应商的时候，美国国防部决定联合卡内基梅隆大学成立软件工程研究所，开发一个软件能力成熟度模型（SW-CMM）和附属方法来评估某个软件组织的软件研发过程成熟度。Humphrey 所领导的工作小组，基于 IBM 规范软件实践和 Deming-Juran-Crosby 等人的质量实践和成熟度等级的理论，开发完成了一份调查问卷，并最终演化成 CMM 模型。该模型提供了包括成熟度评估与改进的高度有效的框架。类似地，国际标准化组织也发布了 ISO-9001 应用于软件质量实践的标准。

绝大多数报告表明，在过程标准方面的投入可以减少软件开发过程的返工，因此，这种投入是非常值得的。成熟度模型的应用进一步扩展到美国国内的其他软件组织，导致 90 年代关于成熟度模型的新一轮的精化、开发和讨论。

（1）软件工具（Software Tool）

在软件工具领域，在 70 年代除了需求和设计工具，重要的进展是测试工具的开发。例如，测试覆盖率分析器，自动化的测试用例生成器，单元测试工具，测试跟踪工具，测试数据分析工具，测试仿真器，测试操作助手，配置管理工具。20 世纪 80 年代强调支持软件开发的环境和工具，最初集中于集成化的编程支持环境（IPSE），后来扩大了范围，形成了计算机辅助软件工程（CASE）和软件工厂。这些软件开发环境和技术被广泛应用于美国、欧洲和日本。用形式化软件开发方法改进软件生产率的一个显著的成果是 RAISE 环境。一个主要的成果是开发一个关于 HP/NIST/ECMA Toaster 模型的互操作框架标准工具。高级软件开发环境的研究包括基于知识的支持，集成化的项目数据库，互操作体系结构的高级工具，工具 / 环境配置和执行语言，例如 Odin。

（2）软件过程（Software Processe）

1987 年，Osterweil 在第 9 届软件工程国际会议 ICSE 提出了一个重要的观点 "Software Processes are Software Too"，即"软件过程也是软件"，由此引导了以过程为中心的软件工程环境的开发。除了适应软件开发环境的焦点之外，这个概念还揭示了开发优秀产品的实践与开发优秀过程的实践之间的二元关系。最初，这个概念关注于过程编程语言和工具，但是这个概念被扩展到意义深远的软件过程需求、过程架构、过程变更管理、过程家族、含有可复用和可组装的过程构件的过程资产库、能够以更低的成本实现更高等级的软件过程成熟度。

改进的软件过程通过减少返工（rework）显著提高了软件生产率。然而，减少工作或者避免工作被视为进一步改进生产率的前景。在 80 年代早期，美国国防部的星球计划中阐述了关于减少工作的革新和演化方法。该方法强调形式规约和从规约到生成代码的自动化转换方法，并回溯到 70 年代对于"自动化程序设计"（automatic programming）的研究，其热衷于设计基于知识的软件助手程序（Knowledge-Based Software Assistant，KBSA）。演化方法强调一种混合的策略，提供一个综合的集成环境，包括人员、复用、过程、工具、管理和技术支持等。美国国防部也强调加速技术过度，研究表明，在软件工程技术领域，从观念到实践的过渡大约平均需要 18 年。从在某种角度上说，CMU 的

SEI 就是充当了从观念到实践过渡的推动者。进入 80 年代中期，美国国防部 DoD 意识到软件项目的失败率很高，这一问题引起美国国防部的重视，于是他们决定与 CMU 联合成立软件工程研究所 SEI，邀请 Watts S. Humphrey 来主持过程标准制定工作。1986 年 CMU 的 SEI 发布过程成熟度框架，1987 年发布过程成熟度框架描述与成熟度调查问卷，1989 年在 SEI 工作的 Humphrey 发表专著《Managing the Software Process》，这是软件过程领域的重要名著，为后来 CMM 的正式发布奠定了理论基础。

20 世纪 80 年代，还有其他有潜力的改进生产率的方法，例如专家系统、更加高级的程序语言、面向对象、强大的工作站、可视化编程技术等。Brooks 在 1986 年代的文章"No Silver Bullet"中一一分析了这些方法。他认为，软件开发中"非本质"（accidental）的重复性的任务可以通过自动化技术得到减免或者流水线化，但是，不可减免的"本质"（essential）任务需要综合专家进行判断和协作。这里的"本质"任务包括关于生产率解决方案的四个主要的挑战：软件复杂度、非一致性、可变性和不可见性。为了应对这些挑战需要找寻可以称为银弹（silver bullet）的技术。Brooks 提出的解决"本质"挑战的主要候选方案包括：伟大的设计师、快速原型法、演化开发（即自增长方式的软件系统优于构建软件系统），以及通过复用减免工作。

（3）软件复用（Software Reuse）

20 世纪 80 年代，提高生产率的途径是减免工作和通过各种复用形式实现生产流水线。软件复用的商业基础设施（更加强大的操作系统、数据库管理系统、GUI 设计器、分布式中间件和交互式个人终端的办公自动化系统）已经减免了大量程序设计和漫长的开发周期。例如 1968 年，Engelbart 通过一个了不起的桌面隐喻鼠标和 Windows 交互界面，减少愿景与示范，使得所见即所得；Xerox PARC 中心在 70 年代开发了网络 / 中间件支持系统，应用于苹果的 Lisa（1983 年）和苹果（1984 年），并最终通过微软的 Windows 3.1（198x）实现了 IBM PC 家族。软件复用方法的研究进展还包括面向对象程序设计和方法学、软件组件技术和针对特定业务领域的第四代语言（domain-specific business fourth-generation language）。

5. 20 世纪 90 年代的并发过程与顺序过程

对面向对象方法的强劲势头一直持续到 20 世纪 90 年代。设计模式的提出、软件体系结构和体系结构描述语言以及统一建模语言（Unified Modeling Languange，UML）的发展进一步增强了面向对象方法学的应用。互联网和万维网的出现，不断扩大面向对象的方法在实际软件开发中的市场竞争力。

（1）关注产品上市时间

为了市场竞争的需要，软件开发需要尽可能地缩短开发周期。这导致了一个重要的转变，即需要将顺序的瀑布模型转为强调并发工程的过程模型，包括需求分析、设计和编码等阶段。例如在 80 年后期，HP 建立了一些生存周期约 2.75 年的市场部门，然而如果简单地采用顺序瀑布模型则需要花费 4 年的开发周期。通过建设产品线体系结构和可复用构件，HP 公司在 1986—1987 年度增加了前三个产品的开发时间，但是在 1991—1992 年度的开发时间得到大量节减。

除了为了适应市场竞争减少开发周期之外，有很多组织逐步脱离顺序瀑布模型的另一个重要因素是有别于以往可预定义的需求的、需要大量用户交互的产品的出现。在询问一些图形用户界面需求的时候，很多用户会回答"我不知道，但我知道当我看到它"（I Know It When I See It，IKIWISI）。复用密集和 COTS 密集的软件开发倾向于使用自底向上的过程而不是自顶向下的过程。

（2）控制并发

风险驱动的螺旋模型 [6] 旨在支持并行工程，依据项目的初级风险确定有多少并发需求工程、体系架构、原型开发、关键构件开发等。然而，原始的模型中不完全包含关于如何保持稳定的同步和并发活动的所有指南。一些指南倾向于细化软件风险管理活动和基于双赢理论（Win-Win Theory）的里程碑标准。但最重要的补充是用一个里程碑协调利益相关者的承诺，作为一个稳定的同步和并发螺旋（或其他）进程的基础服务。

（3）开源软件开发

并行工程的另一个重要形式是在 20 世纪 90 年代产生的开源软件的开发。源于 20 世纪 60 年代的黑客文化，Stallman 在 1985 年建立了自由软件基金会（Free Software Foundation）和 GNU 通用公共许可证（GNU General Public License）[7]，并建立了免费和演化的条件，代表产品有 C 语言的 GCC 编译器和 Emacs 编辑器。20 世纪 90 年代开源运动的主要里程碑包括 Torvalds 的 Linux（1991），Berners-Lee 的万维网联盟（1994），Raymond 的《The Cathedral and the Bazaar》一书 [8]，以及 O'Reilly 开源首脑会议（1998），其中包括 Linux、Apache、TCL、Python、Perl 和 Mozilla 等产品的领导者。

（4）CMU SEI 的 CMM 软件过程标准体系

1991 年 CMU 的 SEI 发布 CMM 1.0 版本（SEI Capability Maturity Model V1.0），1993 年发布 CMM 1.1 版本，标志着 CMM 软件过程标准体系走向成熟。Humphrey 在推广 CMM 软件过程标准的过程中，发现企业软件过程改进效果不如预期，他认识到 CMM 针对组织级的软件过程标准粒度较粗。要真正让一个组织能够有效地贯彻 CMM 这种组织级的软件过程标准，还需从软件企业更小的组织单元着手考虑，也就是需要考虑个体软件过程和小组软件过程。为此，他从 90 年初开始致力于创立个体软件过程和小组软件过程的理论和技术体系，在 90 年代出版了两本关于 PSP 的著作：《A Discipline for Software Engineering》（1995）、《An Introduction to PSP》（1997）。CMU 的 SEI 在 CMM 软件过程标准的基础上，进一步提炼组织级软件过程改进的一般性理论框架，发布 IDEAL 模型。IDEAL 模型可以看作传统行业质量管理的 PDCA 模型在软件行业的推广，是一种比较通用的理论框架，CMM 和后来发展起来的 CMMI 可以看作 IDEAL 的具体化的模型。

6. 2000 年之后的敏捷方法与基于价值的方法

（1）敏捷方法（Agile Method）

20 世纪 90 年代后期开始，一些称为敏捷方法的软件开发方法开始盛行，例如，自适应软件开发、Crystal 方法、动态系统开发、极限编程（XP）、特征驱动开发、Scrum 方法等。这些方法的倡议者在 2001 年举行大会，发表了敏捷宣言，提出四个主要价值取向：①个体和交互胜过过程和工具；②可以工作的软件胜过面面俱到的文档；③客户合作胜过合同谈判；④响应变化胜过遵循计划。

（2）基于价值的软件工程（Value-Based Software Engineering）

最近，一种称为基于价值的软件工程的理论也吸引了一部分人的注意。与之相关的基于价值的软件过程在软件项目的初始就描述项目的挑战，并进一步扩展为系统工程过程，相关书籍[9]描绘了基于价值的软件工程过程的发展方向。基于价值的方法也提供了一种框架来区分哪些是低风险并且动态变化的部分，哪些是高风险的并且较为固定的部分。前者适合使用轻量级的敏捷方法，而后者则适合使用计划驱动的方法。Barry Boehm 等人给出了影响敏捷与规范方法选择的五个维度的关键要素（动态性、危险性、规模、人员和文化）[10]，敏捷过程与规范过程各有自己的特点和优点，在本质上和在实际项目中，敏捷与规范是可以平衡的，Boehm 等在《Balancing Agility and Discipline: A Guide for the Perplexed》一书中详细总结了敏捷与规范两种方法各自的擅长领域，并给出了基于风险分析平衡敏捷与规范的策略，而平衡的策略可以综合两种方法的优点。本书将在附录 E 中介绍基于风险的方法平衡敏捷与规范。

（3）CMU SEI 的 CMM 软件过程标准体系

进入 2000 年，CMU 的 SEI 集成和综合软件能力成熟度模型（SW-CMM）2.0 版草案 C、系统工程能力模型（SECM）和产品开发能力成熟度模型（IPD-CMM）0.98 版，发布了 CMMI 1.0 版，之后继续演化的 CMMI 的后续版本包括 2002 年发布 CMMI 1.1 版，2006 年发布 CMMI 1.2 版，2010 年发布 CMMI 1.3 版。与此同时，Humphrey 依然致力于个体软件过程和小组软件过程的理论和技术体系的研究，出版了 PSP 和 TSP 的名著包括《PSP: A Self-Improvement Process for Software Engineers》（2005），以及小组软件过程的三本书《An Introduction to TSP》（2000）、《TSP-Leading a Development Team》（2006）、《TSP-Coaching Development Teams》（2007）。由此，CMU 的 SEI 创立的 CMMI/PSP/TSP 的软件过程标准体系更加成熟和完善。

7. 2010 年迄今

严格来讲，以 2010 年为一个分界线来判断软件过程的发展进入了一个新的阶段，可能会有一些争议。事实上，自从敏捷方法（2000 年前后）提出以来，软件过程领域并没有太多值得列举的成果。即便是到目前为止，如果不是因为 DevOps 在近年来的爆发，软件过程领域的整体状况与上一个十年并没有太多变化。然而，随着 DevOps 的出现，围绕着 DevOps 这一概念，在方法学、工具、技术等方法都出现了很多值得关注的新变化和新趋势。

（1）方法学

精益方法（Lean Development）被认为是支撑 DevOps 的理论基础。事实上，精益方法在上个十年已经作为一种敏捷方法被提出。然而，大部分情形下，精益方法都被认为是一种相对抽象的理念和原则，必须配合其他敏捷实践来指导软件开发。随着 DevOps 概念的日益发展，精益方法尤其是该方法下的看板实践被拔高到一种支持 DevOps 开发模式的管理方法。而精益方法则以理论基础的形式被融入到 DevOps 这个框架中。

（2）工具

为了支持 DevOps，各类工具如同雨后春笋般出现。和上一个十年相比，各类工具在数量上出现了"爆炸"式的增长。得益于各类开源软件的日益成熟，这些工具的功能也越来越强。工具方法出现的一个明显趋势是 DevOps 开发工具集和整体解决方案的出现。很多知名公司都已经形成了适合本公司特征的 DevOps 工具集。例如，国外有 Google、Amazon、Netflix 等公司；国内的腾讯、百度、阿里巴巴、华为、中兴等公司也都有相对成熟的 DevOps 开发支持工具集。也有一些近几年出现的创业公司提供 DevOps 开发的整体解决方案，例如百度公司的效率云、华为公司的开发云以及 DaoCloud 的 DCS 系统等。

（3）技术

DevOps 相关的技术大致可以分为如下几块：①与虚拟化有关的平台技术，例如，云计算、容器技术等；②与软件本身研发有关的技术，例如，微服务架构等；③以支持工具为表现形式的自动化技术，例如程序分析、日志分析等。事实上，这些技术本身有其逐步演化的脉络，例如，微服务架构就是来自于早期的 SOA 概念。通过 DevOps，上述的这些技术汇聚到了某一点，形成一种合理的解决方案，支持 DevOps 这种开发模式。

从某种程度上说，DevOps 也是上述方法学、工具以及技术在一个特定发展时期相互融合之后的集大成者。知名调查公司 Gartner 的研究报告认为未来软件行业 80% 的开发将以 DevOps 这种方式展开，这也许有一定的夸张，但是，这种模式日益引起整个产业的关注则是不争的事实。在可以预见的未来，软件过程领域大部分的研究和实践可能将围绕着 DevOps 展开。甚至在一些传统意义上不属于软件过程的领域的工作，也将由于 DevOps 的存在，被并入软件过程相关的研究工作当中，例如，微服务架构、云计算、虚拟化等。

最后，我们概括总结软件工程发展的趋势，如图 4-4 所示。

4.1.2　软件过程的多维视角

在很多时候，软件开发方法、软件过程甚至项目管理方法等基本概念被错误地解读和应用。因此，有必要将这些基本概念梳理清楚。借助如图 4-5 所示的三维视角，我们可以将这些概念以及相应的特征大致区分为如下几个部分。

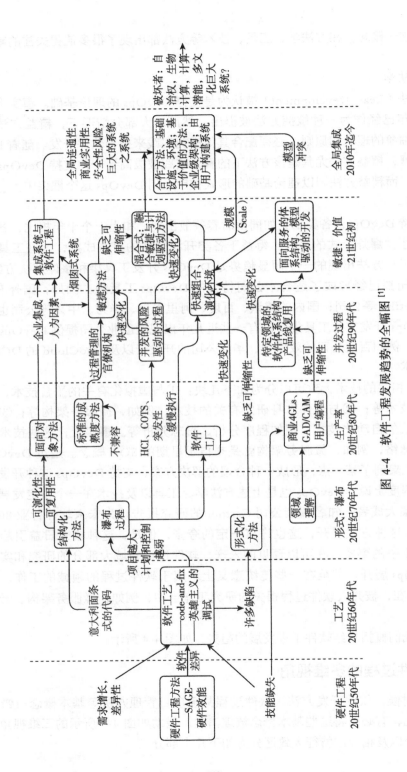

图 4-4 软件工程发展趋势的全幅图 [1]

1. 反应式与预判式

这个维度事实上就是区分目前在软件开发方法学当中的敏捷方法和非敏捷方法。显然，反应式方法对应了前者，而预判式方法对应了后者。之所以用这两词来描述软件开发方法，是为了避免敏捷这个词汇含有褒义成分所带来的对方法学的误解。通常的观点是软件项目的上下文环境决定了在开发的过程中应该使用的方法。比如，如果需求很难定义，同时又频繁变更，那么显然提前的预判和规划就可能不是很适合。相反，如果需求很明确，并且在可以预见的未来变更可以预料，那么提前预判的方式可能更加适合。

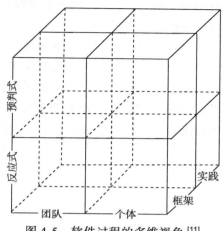

图 4-5　软件过程的多维视角 [11]

2. 团队与个体

在各类软件过程中，有的过程主要面向个体软件工程师定义工作流程，例如 Personal Software Process（PSP），而有的过程则是给团队工作提供指导，例如 Team Software Process（TSP）。这两者之前的差异还是非常明显的，因此，有必用通过该维度的定义，对团队过程和个体过程进行区分。

3. 框架与实践

有的过程尽管名义是过程，但是并不能单独存在，必须补充具体的实践才能形成一个可以指导实践的方法。在这方面比较典型是 TSP 和 SCRUM。一般情况下，过程框架仅仅给出了一个软件开发过程的基本结构，可能会包含部分简单的实践。但是，仅仅根据过程框架定义的内容是无法真正开展软件开发工作的。而具体开发实践则相反，是一些非常具体的工程实践，例如：结对编程、重构、用户故事、估算、挣值管理等。过程框架必须配合着具体的过程实践才能形成一个可以指导实践软件开发和维护的过程。前者描述给出了过程的整体观，可以据此了解项目周期、阶段目标、交付时间等；后者则给出了具体工程实践。

需要说明的是，在软件过程领域中很多所谓组织级过程，事实上并不是真正的软件过程。例如，ISO 系列标准和 CMMI 模型等。通常，我们称这些为软件过程改进的参考模型。本章后面将进一步介绍和解释。

4.2　个体过程和实践

个体软件过程（Personal Software Process，PSP）是一种个人级用于控制、管理和改进软件工程师个人工作方式的持续改进过程。最早由美国卡耐基梅隆大学软件工程研究所（CMU/SEI）的 Watts s. Humphrey 领导开发，并于 1995 年正式推出。PSP 以及后续的 TSP（Team Software Process，小组软件过程）的提出，很好地弥补了 CMM（Capability Maturity Model，能力成熟度模型）的缺陷，形成了个体软件工程师、小组再到组织的完整的过程改进体系。

PSP 是包括了数据记录表格、过程操作指南和规程在内的结构化框架。如图 4-6 所示，一个基本的 PSP 流程包括策划、设计、编码、编译、单元测试以及总结几个主要阶段。在每个阶段，都有相应的过程操作指南，也称过程脚本，用以指导该阶段的开发活动，而所有的开发活动都需要记录相应的时间日志与缺陷日志。这些真实日志的记录，为在最后制作计划总结提供了数据依据。

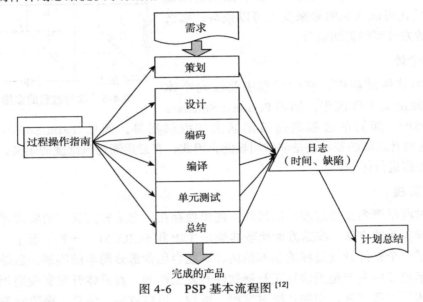

图 4-6　PSP 基本流程图 [12]

4.2.1　PSP 过程基本原则

PSP 的提出是基于如下一些简单的事实：

❑ 软件系统的整体质量由该系统中质量最差的某些组件所决定。

❑ 软件组件的质量取决于开发这些组件的软件工程师，更加确切地说，是由这些工程师所使用的开发过程所决定。

❑ 作为合格的软件工程师，应当自己度量、跟踪自己的工作，应当自己管理软件组件的质量。

❑ 作为合格的软件工程师，应当从自己开发过程的偏差中学习、总结，并将这些经验教训整合到自己的开发实践中，也就是说，应当建立持续的自我改进机制。

上述基本原理除了继续肯定"过程质量决定最终产品质量"这一软件过程改进的基

石之外，更加突出了个体软件工程师在管理和改进自身过程中的能动性。这也就形成了
PSP 的理论基础。

4.2.2　PSP 过程度量

过程度量在过程管理和改进中起着极为重要的作用。度量帮助过程的实践者了解过
程状态，理解过程偏差。可以说，没有度量就没有办法管理软件过程。然而，动辄数十
个度量目标的传统过程度量方案往往给软件工程师带来额外的工作负担。因此，PSP 在选
择过程度量的时候，仅仅考虑最基本的三个度量项，即时间、缺陷和规模。并由这三个
基本度量项衍生出数个统计指标，如 PQI、A/FR 等。这些度量目标已经可以基本满足过
程管理和改进的需要。

1. 度量时间

PSP 对于时间的度量采用了时间日志的方式。一个典型的时间日志包括所属阶段、
开始时间、结束时间、中断时间、净时间以及备注信息等基本信息。

2. 度量缺陷

PSP 中另外一个非常重要的度量项是缺陷的度量。从严格意义上讲，缺陷是任何会
引起交付产物变化所必要的修改。从缺陷这个的定义来看，文档描述错误、拼写错误、
语法错误、逻辑错误等都是典型的缺陷。PSP 中使用缺陷日志记录表来记录各个阶段发现
的缺陷。一个典型的缺陷日志记录信息包括发现日期、注入阶段、消除阶段、消除时间、
关联缺陷和简要描述等内容。

3. 度量规模

不管是时间度量结果还是缺陷度量结果，都需要有另外一个数据来做规格化，否则，
度量数据之间就是失去了相互参考的价值。这个度量项就是对产品规模的度量。举个简
单的例子，例如，A 系统验收测试中总共发现了 10 个缺陷，B 系统验收测试中总共有 15
个缺陷。仅仅考察缺陷数目并不能完全代表着两个系统的质量水平。但是如果加上规模
数据，比如 A 系统有 10 万行代码，B 系统有 5 万行代码，那么很显然，A 系统的质量状
况明显好于 B 系统。

PSP 中对于规模度量没有明确的定义，可以定义并且使用任何合适的规模度量方式。
不过，PSP 中对于规模度量方式的选择提供了参考的标准，即：

❑ 选择的规模度量方式必须反映开发成本；

❑ 选择的度量方式必须精确；

❑ 选择的度量方式必须能用自动化方法来统计；

❑ 选择的度量方式必须有助于早期规划。

然而，这样的选择并不容易。特别是精确与有助于早期规划这两项内容一般情况下
是矛盾的。精确的度量方式往往不利于项目早期规划，有利于项目早期规划的度量方式

往往不会很精确。以目前常用的代码行（LOC）和功能点（FP）这两种规模度量方式为例，前者可以很精确地度量软件产品规模，也方便开发相应的规模统计工具，但是，在项目初始阶段，往往很难估算程序的代码行；后者在项目早期容易识别，但是，功能点的度量往往比较粗略，而且几乎不存在可以对功能点进行自动化统计的方法。因此，大部分使用 PSP 的软件工程师都选择代码行作为规模的度量方式。从图 4-7 中也可以看出，代码行这种规模的度量方式可以很好地反映实际开发成本。

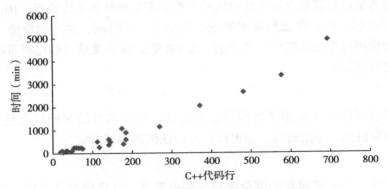

图 4-7　C++ 代码行与开发时间的相关性统计图

剩下唯一需要解决的问题只有早期规划一项。PSP 中采取了一种称为代理（Proxy）的方式来解决，即寻找一种便于早期规划的规模度量的代理，建立这种代理与精确度量之间的关联关系。这就是 PROBE（PROxy Based Estimation）方法的由来。本章下一节将详细介绍这一方法。

4.2.3　PROBE 估算原理

考察一个实际的例子。某人打算盖一栋房子，并且给所有地面铺上地板，现在需要估算地板的成本。在这个例子中，地板的成本显然跟地面面积有关，然而现在房子还没有盖，不能直接度量地面的面积。通常的做法往往是从统计不同用途的房间数目以及这些房间的相对大小入手，如表 4-1 所示。

表 4-1　不同类型的房间以及相对大小

序　号	用　途	相对大小及数量
1	厨房	1 个中等大小
2	卧室	1 个大卧室，2 个小卧室
3	卫生间	1 个中等大小，1 个小型
4	书房	1 个中等大小
5	客厅	1 个大客厅

根据经验，可以建立一个相对大小矩阵，用以描述不同类型房间的相对大小与面积之间的关系。如表 4-2 所示。结合表 4-1 和表 4-2，很容易估算出该房子地面的面积为：130+200+90×2+60+25+240+400 = 1235（平方尺⊖）。

表 4-2　房间相对大小矩阵

类型　　　　相对大小	小型 （平方尺）	中等 （平方尺）	大型 （平方尺）
卧室	90	140	200
卫生间	25	60	120
厨房	100	130	160
客厅	150	250	400
书房	150	240	340

在这个例子当中，房间就充当了代理（Proxy）的角色。这样一来，一方面，房间对于工程师而言是一个非常直观的概念，可以在一开始就较为方便地进行规划；另外一方面，通过相对大小矩阵，每个不同大小、不同类型的房间面积又可以对应到一种精确的度量单位——平方尺。从而完全满足规模度量的基本要求。

对于软件开发而言，规模的估算可以采取类似的方法。模块、对象甚至方法都是潜在的理想代理。类似，相对大小矩阵则描述了这些代理和代码行（LOC）之间的对应关系。

4.2.4　PROBE 估算流程

PROBE 估算方法主要用来估算待开发程序的规模和所需资源。为了指导操作，PSP 中提供了更加详细的 PROBE 估算流程。如图 4-8 所示，一个典型的 PROBE 流程包括概要设计、代理识别、估算并调整规模（时间）、计算预测区间等步骤。

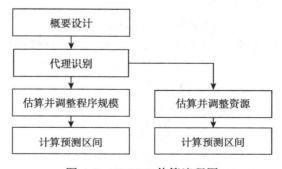

图 4-8　PROBE 估算流程图

⊖　1 尺＝3.3m。

1. 概要设计

概要设计是一种组件和模块的划分手段，其目的是建立起对开发系统范围的理解，并在此基础上支持规模估算，因此，概要设计不必和系统最终的设计完全一致。

2. 代理识别

代理识别是指根据概要设计的结果，为每一块"积木"指定合适的类型，定义合适的相对大小，从而确定其规模。为了完成该工作，首先得选择一个合适的代理（Proxy）作为估算的基础。这样的代理需要满足：

- ☐ 与软件开发所需资源有着很好的相关性；
- ☐ 在项目的早期便于建立直观的概念。

面向对象的软件工程方法中往往选择类（Class）作为代理。一般情况下，类的数量与开发所需资源有着较好的相关性；类的规模与开发所需资源也有较好的相关性；类的规模估算往往也有较多的历史数据进行参考；此外，在面向对象的设计与分析方法中，类的类型、规模以及数量在项目的早期都可以被识别出来，类的数量也可以通过工具自动统计。上述这些优点使得类成为极好的代理。其他代理的候选包括方法（Function）、例程（Procedure）、数据库表格（Table）等。

选定代理之后，就可以根据概要设计的结果开展估算工作了。将识别出来的所有代理的规模相加，即可获得代理规模。

3. 估算并调整程序规模

代理规模与程序规模往往不一样。以面向对象程序设计语言为例，一般情况下，除了类以及类中的方法之外，往往还有一些代码在类的外部或者方法的外部，估算的时候也需要考虑这些代码。此外，由于估算本质上是一种主观判断，因此难免出现偏差，而且，这种偏差不能简单地根据上一次的偏差进行补偿修正。在 PSP 当中，采取了线性回归的方法来对估算的结果进行调整，使得估算结果尽可能准确。以字母 E 表示代理的规模，那么程序的规模的估算值就为：

$$\text{Plan Size} = \beta_{0\,\text{size}} + \beta_{1\,\text{size}}(E)$$

其中 $\beta_{0\,\text{size}}$ 和 $\beta_{1\,\text{size}}$ 是对已有的历史数据中代理规模估算值与程序规模实际值采用最小二乘法计算出来的系数。以 $n(n \geq 3)$ 组历史数据为例，$\beta_{0\,\text{size}}$ 和 $\beta_{1\,\text{size}}$ 的计算方法如下：

$$\beta_{1\,\text{size}} = \frac{\left(\sum_{i=1}^{n} x_i y_i\right) - (n x_{\text{avg}} y_{\text{avg}})}{\left(\sum_{i=1}^{n} x_i^2\right) - (n x_{\text{avg}}^2)} \tag{4-1}$$

$$\beta_{0\,\text{size}} = y_{\text{avg}} - \beta_{1\,\text{size}} x_{\text{avg}} \tag{4-2}$$

其中 x_{avg} 和 y_{avg} 分别表示平均值。

4. 估算并调整资源

类似，对于项目所需资源的估算也是由代理规模通过线性回归的方法进行调整计算而得。计算方法如下：

$$\text{Plan Time} = \beta_{0\,\text{time}} + \beta_{1\,\text{time}}(E)$$

其中 $\beta_{0\,\text{time}}$ 和 $\beta_{1\,\text{time}}$ 是对已有的历史数据中代理规模估算值与程序开发所需资源实际值采用最小二乘法计算出来的系数。以 $n(n \geqslant 3)$ 组历史数据为例，$\beta_{0\,\text{time}}$ 和 $\beta_{1\,\text{time}}$ 的计算方法如下：

$$\beta_{1\,\text{time}} \quad \frac{\left(\sum\limits_{i=1}^{n} x_i y_i\right) - (n x_{\text{avg}} y_{\text{avg}})}{\left(\sum\limits_{i=1}^{n} x_i^2\right) - (n x_{\text{avg}}^2)} \tag{4-3}$$

$$\beta_{0\,\text{time}} = y_{\text{avg}} - \beta_{1\,\text{time}} x_{\text{avg}} \tag{4-4}$$

同样，x_{avg} 和 y_{avg} 分别表示平均值。

5. 计算预测区间

在获得了调整后的估算结果之后，我们还需要对估算结果进行评价。通常采取的方法就是计算置信区间。

$$\text{Range} = t(p,\,\text{df})\sigma \sqrt{1 + \frac{1}{n} + \frac{(x_k - x_{\text{avg}})^2}{\sum\limits_{i=1}^{n}(x_i - x_{\text{avg}})^2}} \tag{4-5}$$

其中，$t(p,\,\text{df})$ 表示自由度为 df，概率为 p 的 t 分布。为了平衡过大的范围与估算结果的可靠性，一般情况下，p 取 70%，也就是说，估算的结果有 70% 的可能在该公式计算出来的范围之内。自由度 df 取值 $n-2$。σ 的计算参考公式（4-6）。

$$\text{Variance} = \sigma^2 = \frac{1}{n-2} \sum\limits_{i=1}^{n}(y_i - \beta_0 - \beta_1 x_i)^2 \tag{4-6}$$

获得了范围 Range 之后，那么该项估算的上限 UPI=Plan Size(Time)＋Range，类似，下限 LPI=Plan Size(Time)－Range。

4.2.5 通用计划框架

准确的项目计划离不开准确的项目估算。图 4-9 描述了一个项目计划基本流程。从客户需求开始，逐步制定出合理的项目计划。在整个过程当中，PROBE 方法是核心。以下分别介绍各个步骤的任务。

1. 定义需求

从客户的需求出发，分析客户期望和限制，尽可能定义出完整的、一致的需求。需要指出的是，这里所说的定义需求并不是真正的需求分析阶段，实际需求分析阶段往往需要定义出详细的产品需求和产品组件需要，并且设计相关的功能。而这里的需求定义仅仅是为了可以了解客户意图，从而可以规划产品的范围。

2. 概要设计

参见上一节，此处略。

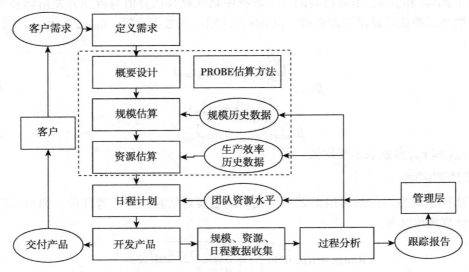

图 4-9　项目计划基本框架 [12]

3. 规模估算

参考历史数据库中的规模数据或者估算者的最好猜测，对开发产品的规模做出估算。在估算的时候要注意使用合适的方法，具体讨论参见本章后面的内容。

4. 资源估算

这里所谓的资源主要是指人力资源，视待开发产品的规模以及历史数据库中生产效率数据的内容，往往用人月、人天或者人时这样的单位。然而《人月神话》中，Brooks指出，人月这个单位作为衡量一项工作的规模是一个危险和带有欺骗性的神话。它暗示着人员数量和时间是可以相互替换的 [23]。事实上，由于软件工程师每个月能够提供的有效资源也有着显著差异，人月会带来一些额外的不确定性，因此，建议使用人天和人时这样的单位来描述项目的人力资源需求。

5. 日程计划

假设资源估算的结果用人时来表示，那么还需要根据整个开发小组的资源水平，将这些资源需求投影到一个实际的日程计划上来。实际工作中，人们发现，软件工程师提供的有效工作时间远远低于想象。事实上，在一周 40 个小时的工作制下，软件工程师能够投入到与项目开发直接相关的任务中不足 20 个小时。也就是说，对于 40 个人时的资源需求来说，一个软件工程师往往需要 2 周以上的时间来提供。忽视了这一点，造成的结果就是，大部分的开发计划都过于乐观，从而使得项目延期。当然，如果小组的历史数据中有足够的小组资源水平数据，那么可以使用这些数据来做这种资源水平到日程规划的映射。

6. 开发产品

开发的具体方法视项目不同有显著的差别。这里需要讨论的是在开发过程中的数据记录。从前面的讨论我们可以看出，在这个计划框架中，规模历史数据和时间历史数据是支持 PROBE 方法的基础。当然，如果需要开发质量规划，那么还需要度量质量相关的数据。这些数据既可以作为历史数据供参考，同时也是进行项目跟踪与管理决策的依据。

4.2.6　PSP 质量与质量策略

对于究竟什么是软件质量，业界存在着很多定义。给出一个大家都能接受和认同的软件质量的定义是一个挑战。简要列出一些定义如下：

- ❑ ANSI/IEEE STd 定义软件质量为"与软件产品满足规定的和隐含的需求能力有关的特征或者特性的全体"[13]。
- ❑ Steve McConnell 在《代码大全》一书中定义软件质量为内外两部分的特性：其外部质量特性面向软件产品的最终用户，其内部质量特性则不直接面向最终用户[14]。
- ❑ Tom Demarco 定义软件质量为"软件产品可以改变世界，使世界更加美好的程度"[15]。这是从用户的角度考察软件质量，认为用户满意度是最为重要的判断标准。
- ❑ Gerald Weinberg 在《软件质量管理：系统化思维》一书中定义软件质量为对人（用户）的价值[16]。这一定义强调了质量的主观性，即对同一款软件而言，不同的用户对其质量有不同的体验，促使开发团队必须仔细考虑"用户是谁？"以及"他们的期望是什么？"等问题。

在上述这些定义中，我们发现，几乎所有的定义都强调了面向用户的质量观。PSP 中也采用了面向用户的视图，定义质量为满足用户需求的程度。在这个定义中，就需要进一步明确①用户究竟是谁？②用户需求的优先级是什么？③这种用户的优先级对软件产品的开发过程产生什么样的影响？④怎样来度量这种质量观下的质量水平？

为了弄清上述问题，我们简单就用户对于一款软件产品的期望进行分析，用户往往希望一款软件产品满足如下要求：

- ❑ 这款软件产品必须能够工作。
- ❑ 这款软件产品最好有较快的执行速度。
- ❑ 这款软件产品最好在安全性、保密性、可用性、可靠性、兼容性、可维护性、可移植性等方面表现优异。

这样的列表可以一直列举下去，列表中各项内容的顺序也可以变化，这取决于用户期望、开发环境和应用环境等因素。但是，相信几乎在任何一个列表中，都会把软件产品能够工作作为一个最基本的期望。事实上，如果软件产品本身不能工作，那么考虑其他的期望是没有意义的。而为了使一个软件产品可以工作，该产品基本没有缺陷是最基本的要求。这样一来，整个软件产品的质量目标就可以归结成首先得确保基本没有缺陷，然后再考察其他的质量目标。PSP中就采用了这样的方式，用缺陷管理来替代质量管理，这大大简化了质量管理的方法，使得质量管理更加易于操作。

按照PSP基本原则，一款软件产品的质量取决于该软件系统中质量最差的那个组件。也就是说，如果希望获得高质量产品，就必须确保组成该软件产品的各个组件都是高质量的。结合PSP中的质量管理策略，上述的高质量产品也就意味着要求组成软件产品的各个组件基本无缺陷。事实上，这样的质量策略的好处不仅仅体现在质量上，还在生产效率上得到了体现。在软件工程中有一个共识，即一个缺陷在一个开发过程中停留的时间越久，其消除的代价就越高，而且消除代价的增长方式往往是指数增长。来自Xerox公司的数据（见图4-10）进一步验证了上述结论。

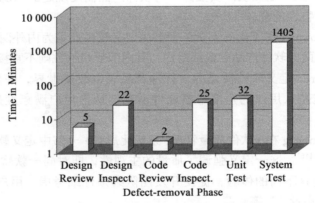

图4-10　不同缺陷消除方式消除缺陷的平均时间 [12]

从图4-10我们可以发现，缺陷消除的平均代价随着开发过程的进展会显著增加。那么很显然，如果通过关注每个组件的质量，往往可以避免在集成测试和系统测试消除大量缺陷，从而显著减少缺陷消除代价，进而提升生产效率。

4.2.7　评审与测试

为了尽可能消除软件产品中的缺陷，软件工程师往往采取评审和测试两种手段来发现和消除缺陷。假设软件产品中需要消除的缺陷总数一定，那么就有必要考察一下这两种缺陷消除手段的效率。从图4-10中我们还能发现一个事实，那就是，个人评审（Review）和团队评审（Inspection）在发现缺陷的效率上往往高于系统测试。事实上，这样的情形在很多软件组织的各类软件项目中得到了体现。在表4-3中我们汇总了一些数据，从这些数据当中可以清楚地看到，测试消除缺陷的代价显著高于评审发现缺陷的代价。为什么会这样呢？

表 4-3 评审消除缺陷代价与测试消除缺陷代价对比表

资料来源	评审消除代价	测试消除代价	应用中消除缺陷代价
IBM（文献 [24]）	1	4.1 倍于评审	
JPL（文献 [25]）	90～120 美元	10 000 美元	
文献 [26]	1 小时	2～20 小时	
文献 [27]	1 小时	2～4 小时	33 小时
文献 [28]	0.6 小时	3.05 小时	
文献 [29]	0.7 小时	6 小时	

仔细分析评审与测试消除缺陷的流程，我们就比较容易理解为何在消除缺陷的效率方面，评审往往优于测试。一个典型的测试消除缺陷往往包含了如下的步骤：

① 发现待测程序的一个异常行为。

② 理解程序的工作方式。

③ 调试程序，找出出错的位置，确定出错原因。

④ 确定修改方案，修改缺陷。

⑤ 回归测试，以确认修改有效。

在上述的步骤当中，有一些步骤极耗时间。比如步骤③，在项目的后期，往往会消耗数天甚至数周的时间。此外，在有些软件项目中，开发团队、测试团队和正式发布团队往往分开。那么如果用户在使用软件的过程中发现缺陷，再通过正式沟通渠道将信息反馈到开发团队，然后等待修改和发布，重新安装补丁，这一流程消耗数月时间也是常事。

而如果通过评审的方式来发现并消除缺陷，其操作步骤与测试有很大的差异，典型评审消除缺陷步骤如下：

① 遵循评审者的逻辑来理解程序流程。

② 发现缺陷的同时也知道了缺陷的位置和原因。

③ 修正缺陷。

在上述的步骤中，每一步消耗的时间都不会太多。尽管评审的技能因人而异，但是，通过适当培训和积累，有经验的评审者可以发现 80% 左右的缺陷。

4.2.8 评审过程质量

尽管在消除缺陷的效率方面，评审往往优于测试。然而为了通过评审发现足够多的缺陷，评审过程本身的质量也不容忽视。PSP 提供了一些质量保障机制以确保评审过程的质量。

1. 评审检查表

PSP 中的评审活动的开展往往离不开评审检查表。评审检查表是一份个性化的用于有效指导软件工程师开展评审活动的表格。在该表格中，每个软件工程师都应该根据自身情况，列出最适合自己使用的评审检查表。

2. 评审检查表的建立和维护

评审检查表的个性化主要体现在表格的内容与每个软件工程师记录的缺陷日志相符。软件工程师应当从自身错误中不断总结和学习。缺陷日志中可以记录每个缺陷的类型、注入阶段、消除阶段和缺陷描述等信息。将这些缺陷进行分类，再按照每个类型缺陷总数从高到低排列，可以构建一个称之为 Pareto 分布的列表。图 4-11 给出了缺陷按照类型进行分类统计的 Pareto 分布图。选择排列在前的缺陷类型，分析其原因，就可以建立最初版本的缺陷检查列表。

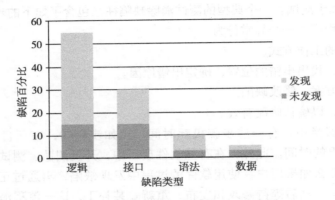

图 4-11　缺陷分类统计的 Pareto 分布图

对于建立好的评审检查表还需要定期维护。定期汇总软件工程师所记录的缺陷日志，应用 Pareto 统计，可以找到那些频繁出现的缺陷，仔细分析这些缺陷的根本原因，确定可以在评审中排除的方法，把这些内容更新到每个软件工程师自己的检查表中。在进行更新的时候，要尤其注意那些没能在评审中发现，而遗留到测试才发现的缺陷。如果将这些缺陷的消除方式从测试转变成评审，往往可以提高缺陷消除效率，节省缺陷消除代价。因此，如何实现这样的转变往往是过程改进重点要考虑的地方。

3. 评审检查表的使用

在使用评审检查表的时候，建议逐项检查，而不用同时考察多项内容。比如在评审的时候，同时考察命名错误和逻辑错误，往往会导致评审者关注其中一类错误而忽视另外一类。此外，结合评审检查表，对缺陷日志中记录的信息进行统计，往往还可以帮助评审者更加有效地分配时间和精力。比如，统计评审检查表中每一项发现的缺陷个数和未发现的缺陷个数，就可以有效地判断自身在发现某类缺陷方面的效率，一旦发现有较多的缺陷，尽管在检查表中已经有了相应检查项，但是仍然未被发现，那么就应该考虑做出某些调整，以更加有效地发现缺陷。

4. 质量指标

为了保证评审过程的质量，PSP 中定义了一些过程质量的度量数据，典型的度量数据包括 Yield、A/FR、PQI 以及 Review Rate 等。下面分别加以介绍。

（1）Yield

Yield 指标用以度量每个阶段在消除缺陷方面的效率。PSP 中定义了两个不同的 Yield，分别为 Phase Yield 和 Process Yield。其中 Phase Yield 表示某个阶段缺陷消除的效率，计算方法如下：

$$Phase\ Yield = 100 \times （某阶段发现的缺陷个数）/（某阶段注入的缺陷个数 + 进入该阶段前遗留的缺陷个数）$$

表 4-4 给出了计算 Phase Yield 的例子，我们可以看到，对于编码阶段来说，注入缺陷 16 个，消除缺陷 2 个，进入编码阶段遗留缺陷 4 个，那么该阶段的 Phase Yield 就是 10。

表 4-4　Phase Yield 计算方法示例

阶段名称	注入缺陷数	消除缺陷数	遗留缺陷数	Phase Yield
设计	10	0	10	0
设计评审	0	6	4	60
编码	16	2	18	10
编码评审	0	9	9	50
编译	0	5	4	55.6
单元测试	1	5	0	100

缺陷往往都是在软件开发过程中由软件工程师注入，然后通过一些缺陷消除的手段，如评审、编译以及测试加以消除。在 PSP 中，典型的缺陷注入阶段为设计阶段和编码阶段；典型的缺陷消除阶段有设计评审、代码评审、编译以及单元测试。此外，软件工程师在修改缺陷的过程中也有可能引入新的缺陷，在编码过程中也可能消除设计中的缺陷。在实际软件项目当中，也可以将 Yield 指标的计算扩展至从需求开发开始到验收测试结束的全过程。

PSP 中的 Process Yield 表示在第一次编译之前消除缺陷的效率，因此，其计算方法如下：

$$Process\ Yield = 100 \times （第一次编译前发现的缺陷个数）/（第一次编译前注入的缺陷个数）$$

仍然以上述表 4-4 为例，那么 Process Yield = $100 \times 17 \div 26 = 65.4$。如果采取的开发环境不需要编译阶段，那么 Process Yield 的计算方法就修改成第一次单元测试前发现的缺陷数占第一次单元测试前注入缺陷数的比例来计算。图 4-12 分别给出了 Phase Yield 和

Process Yield 在一个软件过程中的示例。

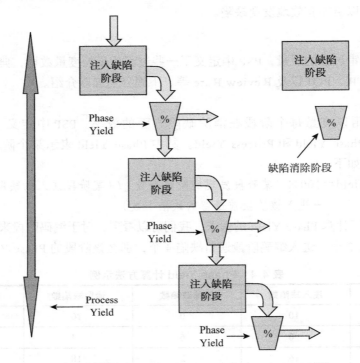

图 4-12　缺陷在开发过程中注入和消除的示意图 [12]

在之前介绍缺陷日志的时候，我们要求对于每个缺陷都需要记录其注入阶段和消除阶段，因此，Yield 这个质量指标可以直接通过缺陷日志统计而得。参考 Yield 这个质量指标，我们就可以很清楚地了解缺陷在整个开发过程中被注入和消除的状况。很显然，Yield 指标越高越好，结合 PSP 的质量策略，我们往往期望在评审阶段获得较高的 Yield 数据。而对于整个过程的 Process Yield，我们期望在 80 以上。

Yield 的计算是一种事后的质量控制手段，而且除非发现了所有的缺陷，否则很难非常准确地进行计算。而一个软件系统中的缺陷总数往往是无法计算的。例如在表 4-4 中，设计阶段注入的 10 个缺陷仅仅是指被发现的缺陷中有 10 个是设计阶段注入的；设计评审阶段发现的 6 个缺陷仅仅是已经发现的缺陷中，有 6 个是通过设计评审发现。如果考虑还有相当一部分缺陷未被发现，那么设计评审阶段的 Phase Yield 往往会小于目前的 60。

为了更好地指导质量管理，在很多时候，我们往往还需要对 Yield 进行估算。在进行 Yield 估算的时候，如果有历史数据，那么应当充分使用历史数据。此处介绍一种不使用历史数据的计算方法。仍以表 4-4 中的数据为例。我们在进行各个阶段 Yield 值的估算时，可以将单元测试阶段的 Phase Yield 设定为 50。事实上，这也比较符合经验数据，即有资料表明，在测试中每发现一个缺陷，往往意味着还有一个缺陷没有被发现。那么也就意味着在表 4-4 的例子中，总共还有 5 个缺陷未被消除。将 5 个缺陷按照比例分配到各个缺陷的注入阶段，我们就可以重新计算 Phase Yield 的估算值如表 4-5 所示。设计阶段的注入缺陷数为 $10+5×10/（10+16+1）=11.85$ 个，而各个阶段消除的缺陷数由于是一个客观事实，因此相应的数据不会变化。

表 4-5　计算 Phase Yield 估算值实例

阶段名称	调整后注入缺陷数	调整后消除缺陷数	调整后遗留缺陷数	Phase Yield 估算值
设计	11.85	0	11.85	0
设计评审	0	6	5.85	50.6
编码	19	2	22.85	8
编码评审	0	9	13.85	41
编译	0	5	8.85	38.9
单元测试	1.15	5	5	50

（2）A/FR

在介绍 A/FR 之前，必须首先介绍质量成本（Cost Of Quality，COQ）的概念。COQ 通常用来作为量化描述质量问题影响的手段。质量成本的三个主要的组成部分如下：

❑ 失效成本：分析失效现象，查找原因，做必要的修改所消耗的成本。

❑ 质检成本：评价软件产品，确定其质量状况所消耗的成本。

❑ 预防成本：识别缺陷根本原因，采取措施预防其再次发生所消耗的成本。

为了操作方便，在 PSP 中对上述定义稍做简化，PSP 中主要关注失效成本和质检成本。而预防成本一般包含在总结阶段以及平时评审检查表的维护中，不专门进行计算。PSP 中定义的失效成本为编译时间和单元测试时间之和。PSP 中定义的质检成本为设计评审时间与代码评审时间之和。

质检失效比（Appraisal to Failure Ratio，A/FR），就是用以指导软件工程师合理安排评审和测试时间的指南。其计算方式为：

A/FR＝PSP 质检成本 /PSP 失效成本

理论上，A/FR 的值越大，往往意味着越高的质量。然而，过高的 A/FR 往往意味着做了过多的评审，反而会导致开发效率的下降。图 4-13 给出了一个 PSP 班级 12 名学员的过程数据，我们可以从中发现当 A/FR 小于 2.0 的时候，测试阶段发现的缺陷数较多，而当 A/FR 大于或者等于 2.0 的时候，测试阶段发现的缺陷数较少。事实上，作为指南，在 PSP 中 A/FR 的期望值就是 2.0。也就是说，为了确保较高的质量水平，软件工程师应当花费两倍于编译加测试的时间进行评审工作。评审的对象为设计和代码。

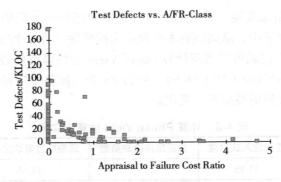

图 4-13　A/FR 与单元测试缺陷数据示意图 [12]

（3）PQI

过程质量指标（Process Quality Index，PQI）用以度量 PSP 过程的整体质量。正如在介绍 PSP 的原理中介绍的那样，软件组件的质量由开发该软件过程的质量来决定。然后对于整个软件过程的质量，单一的质量指标如 A/FR，Yield 等，往往不足以充分刻画过程的质量。因此，在 PSP 中定义了 PQI 这个过程质量指标，用来更好地刻画软件过程质量。PQI 是五个过程质量指标的乘积。这五个过程质量指标分别基于如下高质量过程的特征：

❑ 设计质量：设计的时间应该大于编码的时间。

❑ 设计评审质量：设计评审的时间应该大于设计时间的 50%。

❑ 代码评审质量：代码评审时间应该大于编码时间的 50%。

❑ 代码质量：代码的编译缺陷密度应当小于 10 个 / 千行。

❑ 程序质量：代码单元测试缺陷密度应当小于 5 个 / 千行。

通过适当的处理，可以将上述五个指标定义成范围从 0.0 到 1.0 之间的某个数值。那么 PQI 就是这五个数值的乘积，其范围也是从 0.0 到 1.0。图 4-14 给出了 PQI 与软件组件开发完成之后的缺陷密度之间的关系。从中我们可以发现，随着 PQI 的提升，软件组件的质量也相应提升。一旦 PQI 超过 0.4，那么组件的质量往往比较高。图 4-15 更是结合实际例子描述了某项目中各个组件的 PQI 与测试发现的缺陷数目之间的关系。很明显，PQI 在较高的水平，其对应的软件组件的质量也较高，而 PQI 在较低的水平，其软件组件的质量也不理想。

PQI 除了像上述通过数值暗示了软件产品的质量，还可以给软件过程的质量控制提供有价值的提示信息。仍然以图 4-15 为例，第二行中间的模块，其 PQI 值为 0.15，仔细考察，发现问题出在设计评审的质量上，那么就提醒软件工程师，应该投入更多的时间进行设计的评审工作。同样，对于第二行最右边一个模块，其 PQI 值为 0.04，通过数据检查，我们可以发现设计质量和代码评审质量这两个指标较低，那么也就提醒软件工程师，应该投入更多的时间进行设计以及代码评审的工作。

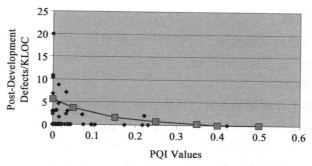

图 4-14　PQI 与开发完成之后软件缺陷密度的关系 [12]

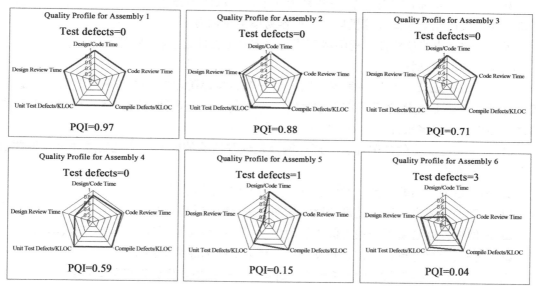

图 4-15　PQI 与测试中发现缺陷数的关系 [12]

（4）Review Rate

评审的速度（Review Rate）是一个用以指导软件工程师开展有效评审的指标。从前面的讨论可以知道，为了获得较高的 Process Yield，往往需要高质量的评审。而高质量的评审又需要软件工程师投入足够的时间进行评审。然而如果不计成本地投入大量时间进行评审，尽管可能发现较多的缺陷，但是又会影响到整个软件过程的生产效率。因此，应当为评审设置一个恰当的速度。

在 PSP 的实践中，一般代码规模采用代码行（LOC）为单位，文档采用页（Page）为单位，而时间度量一般采用小时为单位。那么评审速度的单位就是 LOC/ 小时以及 Page/ 小时。大量的统计数据表明 [12]，代码评审速度小于 200 LOC/ 小时，文档评审速度小于 4 Page/ 小时的时候，已经可以保证软件工程师有效地发现足够多的缺陷。因此，在 PSP 中，也建议用上述两个数据作为 Review Rate 的参考值。

5. 评审的其他考虑因素

为了提升评审发现缺陷的效率，即评审过程的质量，对于评审活动的开展还有一些其他需要考虑的因素。这里重点讨论如下内容。

（1）打印后评审

尽管直接在屏幕上评审更加方便，然而很多实践经验却表明，将评审对象打印出来，可以获得更好的评审效率。这主要是由于如下一些原因。

首先，单个屏幕可以展现的内容比较有限，当评审对象比较复杂的时候，单个屏幕往往不能体现评审对象的整体结构、整体安全、整体性能以及其他整体属性。

其次，基于屏幕的评审，往往容易受到干扰，从而不易集中注意力。而打印之后的评审，评审人员完全脱离计算机环境，更容易集中注意力。

因此，PSP 中建议软件工程师尽可能将评审对象打印之后再进行评审。

（2）评审时机选择

评审的时机选择一直颇多争议。比如在一个有编译阶段的 PSP 过程中，究竟应该在编译之前评审还是编译之后评审，这是需要考虑的。应该说两种选择各有优势。对于先编译后评审的支持者来说，如下一些事实是其理由：

- 对于某些类型的缺陷而言，通过编译发现并消除的效率往往是通过评审发现并消除的数倍。
- 越来越强大的编译器一般可以发现超过 90% 的拼写错误。
- 不管怎样努力，评审还是会遗漏约 20%~50% 的语法错误。
- 即便编译器遗漏了一些类似语法的错误，这些错误也不难通过单元测试消除。
- 一些基于解释执行的集成开发环境，可以实时消除编译错误。

而对于先评审后编译的支持者来说，则有如下一些事实作为选择的理由：

- 为了确保评审的效率，不管在评审之前有没有编译，评审的速度是一定的，也就意味着评审所需时间是一定的，那么如果先评审后编译，在编译阶段就可以节省较多的时间。
- 编译器大概会遗漏 9% 左右的缺陷，从前面讨论可知，为了有较高的质量，这些缺陷仍然期望通过评审加以消除。
- 有数据表明，编译过程中缺陷较多，往往意味着单元测试中缺陷也较多。
- 即便单元测试也可以发现一些类似语法的错误，但是，毕竟还有些很难发现，而单元测试之后的一些缺陷消除环节的 Phase Yield 往往还低于单元测试。
- 编译之前评审也是一种自我学习的好机会。
- 干净的编译，即编译过程没有缺陷对于软件工程师来说，也有极大的成就感。

建议软件工程师参考自己的历史数据，仔细考虑软件开发的上下文环境，以确定最适合自己的时机选择策略。

（3）个人评审和小组评审

在 PSP 中有两种评审的组织形式。一种是个人评审（Review），一种是小组评审（Inspection）。个人评审的时机选择在前文已经有了较为详细的介绍，此处就小组评审的时机选择与组织形式进行介绍。

小组评审一般安排在个人评审之后进行。比如在典型 PSP 的过程中，需要对详细设计和代码需要开展个人的评审活动。如果希望获得更高的 Process Yield，在个人评审之后，安排相应的小组评审是一种有效的手段。此外，在个人评审之后安排小组评审，也有利于提升个人的技能。特别是那些个人评审未发现而小组评审发现的缺陷，往往都需要引起足够的注意。软件工程师通过对这些缺陷的分析，往往可以学到很多东西。

典型小组评审往往分为两个阶段，分别为准备阶段和评审阶段。在准备阶段，主要的工作是由评审的组织者召集评审活动参与人员开一个准备会议。在会议上，需要由评审对象（文档或者代码）的作者向评审参与人员简要介绍评审对象的内容。然后，会议的组织者向评审参与人员介绍评审的目标、标准以及其他注意事项。等所有人员都了解评审对象和目标之后，由评审的组织者总结会议并确定下次评审阶段会议的时间。评审参与人员在会议之后自行开展评审活动，要求必须记录评审发现事项。在评审阶段，由评审的组织先行确认所有评审参与人员已经各自完成了评审活动。然后召集所有评审参与人员开会，讨论交流各自评审过程中发现的缺陷，确定修改责任人和修改期限。

小组评审除了有效提升 Process Yield，从而提升整个产品的质量之外，还有一个很重要的功能是帮助项目小组判断评审产物的质量状况。我们采取了一种称之为 Catch and Re-Catch 的方法来评价评审对象的质量状况。其基本思想来自于统计学中经典的估算池塘鱼总数的方法。即先捕一网，对所有捕获的鱼进行标注，再将鱼放回池塘。过一段时间，再捕一网，那么通过该网中被标注的鱼的数目和未被标注的鱼的数目的比例，即可大致测算整个池塘的鱼的总数。我们参考上述思想，讨论两种情形下估算小组评估之后，评估对象遗留缺陷数的计算方法。

❏ 小组评估只有两个人参加

假设评估人员 A 和 B 分别发现了 a 个缺陷和 b 个缺陷，其中 c 个缺陷两人同时发现。利用上述思想，选择 $a-c$ 和 $b-c$ 中较大值，如果相等则可以任选一值。假设 $a-c$ 是选定的值，那么就可以把 a 当成上述第一网被标记的鱼，c 是第二网中被标记的鱼。简单计算我们就可以估算出评审对象经过小组评审之后，还遗留 $a\times(b-c)/c$ 个缺陷。有兴趣的读者可以分析一下，为什么要选择 $a-c$ 和 $b-c$ 中较大值对应的缺陷数作为第一网。

❏ 小组评估有多人参加

小组评估如果有多人参与，那么情况就相对复杂。我们采取了一个简化的计算方法。即选择某个独立发现缺陷最多的人作为 A，而其他所有参与人员的整体作为 B。那么我们仍然可以以上述相同的方式来估算小组评审之后，评审对象中遗留的缺陷数。

（4）缺陷预防

在前文的介绍中，我们已经提到了一些缺陷预防方面的活动。比如软件工程师可以通过汇总缺陷日志记录，分析缺陷原因，在评审检查表中添加相应条目来改进评审过程，达到缺陷预防的效果。当然这里所谓的缺陷预防仅仅是消除了缺陷导致的失效成本。

事实上，PSP 中给出了一种系统化的缺陷预防策略。该策略有两个主要的环节，分别为**缺陷数据选择和根本原因分析**。在选择缺陷数据的时候，使用 Pareto 方法尽管可以找出缺陷数最多的缺陷类型，但是由于仅仅从缺陷类型着手，通常很难找到缺陷预防的方法。因此，建议软件工程师采用如下一些策略来选择缺陷数据：

① 选择那些在系统测试、验收测试以及应用环节出现的缺陷，特别是验收测试和应用环节中的缺陷，这些缺陷往往意味着软件开发过程本身有不足之处。

② 选择那些出现频率较高或者消除代价较高的缺陷。如果可以预防这些缺陷，往往可以节省较多开发的代价，从而体现缺陷预防的优势。

③ 选择那些预防方法容易识别和实现的缺陷。这样的策略容易让软件工程师迅速看到缺陷预防的好处，坚定使用缺陷预防策略的信心。

缺陷数据选定之后，就需要针对缺陷内容开展系统化的分析方法，找出缺陷的根本原因，从而形成改进方案，预防缺陷再次被引入软件开发过程。目前最流行的根本原因分析方法称为**石川图**（也称鱼骨图）的方法。图 4-16 给出了一个应用石川图进行缺陷根本原因的分析。使用该方法的时候，对于根本原因的追溯一般以找出明确的解决方案或者确定不存在可行的解决方案为止。在图 4-16 的例子中，对于导致编程中寄存器分配错误的根本原因分析，其中一个原因是寄存器误用，更深层次的原因是开发人员缺乏相应知识，此时，相应的解决方案已经相当明显了，那么就可以终止继续深入分析该分支根本原因了。而对于另外一个分支，即寄存器副作用的分析，确定了原因之一是架构本身的问题，此刻，由于可以基本确定不存在可行的解决方案，那么也可以终止该分支继续往更深层原因的分析。

4.2.9　设计与质量

实践表明，低劣的设计是导致在软件开发中返工、不易维护以及用户不满的主要原因。因此，充分的设计对于最终产品的质量有着至关重要的作用。在上一章介绍 PSP 过程质量指标（PQI）的时候，对于设计时间和编码时间就有过要求，即设计时间应为编码时间的 100% 以上。这也体现了 PSP 中对于设计的要求。充分设计带来的好处如图 4-17 所示，从对 8100 份使用 PSP 过程完成的程序的统计结果 [17] 来看，一旦某个程序中设计时间达到编码时间的 100% 以上，其最终代码的规模往往显著小于设计时间不足编码时间 25% 的程序。假定某程序员编码过程注入缺陷的密度一定，那么越少的代码规模往往意味着越少的缺陷。此外，在《人月神话》一书中，Brooks 指出，复杂性是软件的内在特性 [23]。而复杂性带来的后果则是"上述软件特有的复杂度问题造成了很多经典的软件产品开发问题。由于复杂度，团队成员之间的沟通非常困难，导致了产品瑕疵、成本超支和进度延迟；由于复杂度，列举和理解所有可能的状态十分困难，影响了产品的可靠性；

由于函数的复杂度，函数调用变得困难，导致程序难以使用；由于结构性复杂度，程序难以在不产生副作用的情况下用新函数扩充；由于结构性复杂度，造成很多安全机制状态上的不可见性。复杂度不仅仅导致技术上的困难，还引发了很多管理上的问题。它使全面理解问题变得困难，从而妨碍了概念上的完整性；它使所有离散出口难以寻找和控制；它引起了大量学习和理解上的负担，使开发慢慢演变成了一场灾难"。有理由相信，在解决相同问题的时候，程序规模的减少往往有助于缓解软件复杂性所带来的种种问题。

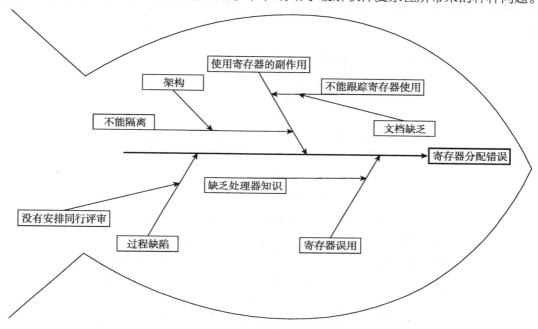

图 4-16　使用石川图进行根本原因分析示例

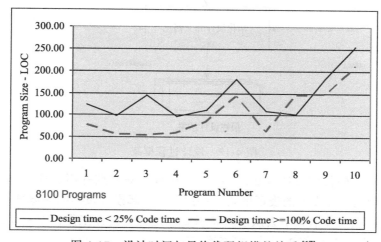

图 4-17　设计时间与最终代码规模的关系 [17]

4.2.10　设计过程

软件的设计过程本身是一个理解和探索的过程。在这个过程中，软件工程师充分发挥创造力，为一个往往无法清晰定义的问题给出准确而精巧的解决方案。为了做到这一点，软件工程师需要持续往复修改和调整设计方案，因此，关键的问题是确定何时可以冻结设计，从而开展下一步的工作。图 4-18 描述了一个典型的设计过程框架，从中我们可以看到，设计过程的每一个步骤都需要反复与需求进行验证，并不断进行修改和精化设计。

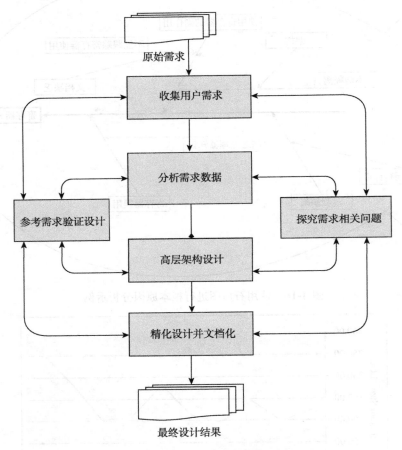

图 4-18　设计过程框架

为了尽可能支持各种设计方法，PSP 设计过程的关注点并不是具体的设计方法，而是设计的步骤定义以及设计的表现形式，并由此建立起设计过程的整体框架。这样一来，软件工程师就可以在该框架下去从事真正需要创造力的设计工作，而无须关心诸如该如何开展设计工作以及如何组织设计文档等细节。

PSP 对于设计文档的表现形式和内容有着严格的要求。具体而言，希望开发出的设计文档具备完整性和一致性。设计文档一致性的要求毋庸置疑，而完整性则具体表现在通过设计文档必须展现如下一些设计的方面：

- 设计目标程序在整个应用系统中的位置。
- 设计目标程序的使用方式。
- 设计目标程序与其他组件以及模块之间的关系。
- 设计目标程序外部可见的变量和方法。
- 设计目标程序内部运作机制。
- 设计目标程序内部静态逻辑。

仔细分析上述信息，我们可以将上述设计需要体现的内容归入如表 4-6 所示的视图中。

表 4-6　设计视图 [12]

	动 态 信 息	静 态 信 息
外部信息	交互信息（服务、消息等）	功能（继承、类结构等）
内部信息	行为信息（状态机）	结构信息（属性、业务逻辑等）

为了展现上述信息，PSP 中提供了四个设计模板，分别为操作规格模板（Operational Specification Template，OST）、功能规格模板（Functional Specification Template，FST）、状态规格模板（State Specification Template，SST）和逻辑规格模板（Logical Specification Template，LST）。

这些设计模板同样可以借鉴表 4-6 进行归类，归类的结果如表 4-7 所示。

表 4-7　PSP 中四个设计模板对应的信息内容归类 [12]

	动态信息	静态信息
外部信息	OST/FST	FST
内部信息	SST	LST

由此可见，OST 所描述的是系统与外界的交互信息，FST 所描述的是系统对外的静态接口，SST 描述的是系统的状态信息，而 LST 则描述系统的静态逻辑。下文将结合实例详细介绍各个模板。

4.2.11　设计的层次

设计的软件系统往往可以分成多个层次，需要设计的内容比较复杂。如图 4-19 所示，大型系统可以划分成若干子系统，每个子系统也可以划分成若干组件，而每个组件还可以划分成若干模块。这就要求软件工程师在不同的设计层次上开展设计工作。

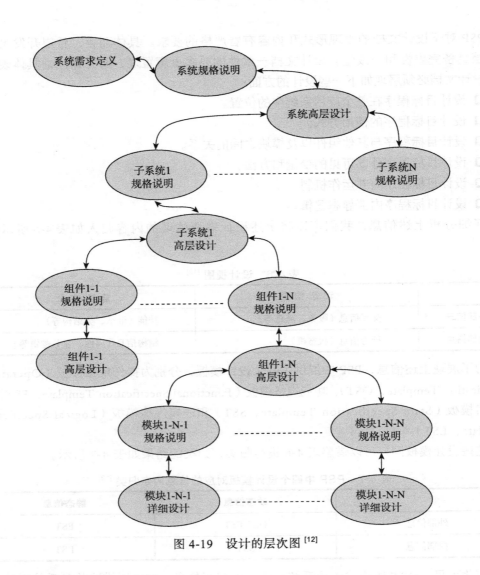

图 4-19 设计的层次图 [12]

4.3 小组过程和实践

4.3.1 XP 实践

极限编程（eXtreme Programming，XP）是敏捷过程中最负盛名的一个，其名称"极限"二字的含义是指把好的开发实践运用到极致。当前，极限编程已经成为一个典型的开发方法，广泛应用于需求模糊且经常改变的场合。

1. 极限编程的有效实践

下面简述极限编程方法所采用的有效的开发实践。

- **客户作为开发团队的成员**。必须至少有一名客户代表在项目的整个开发周期中与开发人员在一起紧密地配合工作，客户代表负责确定需求、回答开发人员的问题并且设计功能验收测试方案。
- **使用用户素材**。所谓用户素材就是正在进行的关于需求的谈话内容的助记符。根据用户素材可以合理地安排实现该项需求的时间。
- **短交付周期**。两周完成一次的迭代过程实现用户的一些需求，交付出目标系统的一个可工作的版本。通过向有关的用户演示迭代生成的系统，获得他们的反馈意见。
- **验收测试**。通过执行由客户指定的验收测试来捕获用户素材的细节。
- **结对编程**。结对编程就是由两名开发人员在同一台计算机上共同编写解决同一个问题的程序代码，通常一个人编码，另一个人对代码进行审查与测试，以保证代码的正确性与可读性。结对编程是加强开发人员相互沟通与评审的一种方式。
- **测试驱动开发**。极限编程强调"测试先行"。在编码之前，应该首先设计好测试方案，然后再编程，直至所有测试都获得通过之后才可以结束工作。
- **集体所有**。极限编程强调程序代码属于整个开发小组集体所有，小组每个成员都有更改代码的权利，每个成员都对全部代码的质量负责。
- **持续集成**。极限编程主张在一天之内多次集成系统，而且随着需求的变更，应该不断地进行回归测试。
- **可持续的开发速度**。开发人员以能够长期维持的速度努力工作。XP 规定开发人员每周工作时间不超过 40 小时，连续加班不可以超过两周，以免降低生产率。
- **开放的工作空间**。XP 项目的全体参与者（开发人员、客户等）一起在一个开放的场所中工作，项目组成员在这个场所中自由地交流和讨论。
- **及时调整计划**。计划应该是灵活的、循序渐进的。制定出项目计划之后，必须根据项目进展情况及时进行调整，没有一成不变的计划。
- **简单的设计**。开发人员应该使设计与计划与在本次迭代过程中完成的用户素材完全匹配，设计时不需要考虑未来的用户素材。在一次次的迭代过程中，项目组成员不断变更系统设计，使之相对于正在实现的用户素材而言始终处于最优状态。
- **重构**。所谓代码重构就是在不改变系统行为的前提下，重新调整和优化系统的内部结构，以降低复杂性、消除冗余、增加灵活性和提高性能。应该注意的是，在开发过程中不要过分依赖重构，特别是不能轻视设计，对于大中型系统而言，如果推迟设计或者干脆不做设计，将造成一场灾难。
- **使用隐喻**。可以将隐喻看作把整个系统联系在一起的全局视图，它描述系统如何运作，以及用何种方式把新功能加入到系统中。

2. 极限编程的整体开发过程

图 4-20 描述了极限编程的整体开发过程。首先，项目组针对客户代表提出的"用户故事"（用户故事类似于用例，但比用例更简单，通常仅仅描述功能需求）进行讨论，提出隐喻，在此项活动中可能需要对体系结构进行"试探"（所谓试探就是提出相关技术难点的试探性解决方案）。然后，项目组在隐喻和用户故事的基础上，根据客户设定的优先级制订交付计划（为了制订切实可行的交付计划，可能需要对某些技术难点进行试探）。接下来开始多个迭代过程（通常，每个迭代历时 1～3 周），在迭代周期内产生的新用户故事不在本次迭代内解决，以保证本次开发过程不受干扰。开发出的新版本软件通过验收测试之后交付用户使用。

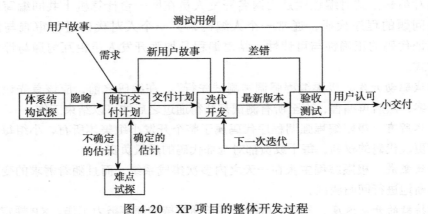

图 4-20　XP 项目的整体开发过程

3. 极限编程的迭代过程

图 4-21 描述了极限编程的迭代开发过程。项目组根据交付计划"项目速率"（即实际开发时间和估计时间的比值），选择需要优先完成的用户故事或者待消除的差错，将其分解成可在 1～2 天内完成的任务，制订出本次迭代计划。然后通过每天举行一次的"站立会议"（与会人员站着开会以缩短会议时间，提高工作效率），解决遇到的问题，调整迭代计划，会后进行代码共享式的开发工作。所开发出的新功能必须 100% 通过单元测试，并且立即进行集成，得到的新的可运行版本由客户代表进行验收测试。开发人员与客户代表交流此次代码共享式编程的情况，讨论所发现的问题，提出新的用户故事，算出新的项目速率，并把相关的信息提交给站立会议。

综上所述，以极限编程为杰出代表的敏捷过程，具有对变化和不确定性的更快速、更敏捷的反应特性，而且在快速的同时仍然能够保持可持续的开发速度。上述这些特点使得敏捷过程能够较好地适应商业竞争环境下对小型项目提出的有限资源和有限开发时间的约束。

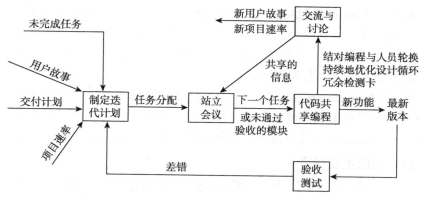

图 4-21　XP 迭代开发过程

4.3.2　Scrum 方法

1986 年，竹内弘高和野中郁次郎阐述了一种新的整体性的方法，该方法能够提高新产品开发的速度和灵活性。1991 年，DeGrace 和 Stahl 在《Wicked Problems, Righteous Solutions》一书中将这种方法称为 Scrum。1995 年，在奥斯汀举办的 OOPSLA´95 上，Sutherland 和 Schwaber 联合发表了论文，首次提出了 Scrum 概念。Sutherland 和 Schwaber 在接下的几年里合作，将上述的文章和他们的经验，以及业界的最佳实践融合起来，形成现在的 Scrum。2001 年，Schwaber 与 Beedle 联合发表《Agile Software Development with Scrum》一书，介绍了 Scrum 方法。

Scrum 是一种迭代式增量的敏捷软件开发过程，包括了一系列实践和预定义角色的过程骨架。Scrum 中的主要角色包括：同项目经理类似的 Scrum 主管角色负责维护过程和任务，产品负责人代表利益所有者，开发团队包括了所有开发人员。

1. Scrum 常用文档

（1）产品订单（product backlog）是整个项目的概要文档。它包含已划分优先等级的、项目要开发的系统或产品的需求清单，包括功能和非功能性需求及其他假设和约束条件。产品负责人和团队主要按业务和依赖性的重要程度划分优先等级，并做出预估。预估值的精确度取决于产品订单中条目的优先级和细致程度，入选下一个冲刺的最高优先等级条目的预估会非常精确。产品的需求清单是动态的，随着产品及其使用环境的变化而变化，并且只要产品存在，它就随之存在。而且，在整个产品生命周期中，管理层不断确定产品需求或对之做出改变，以保证产品适用性、实用性和竞争性。

产品订单包括所有所需特性的粗略描述。产品订单是关于将要创建什么样的产品，可以由团队成员编辑，是开放的。它包括粗略的估算，通常以天为单位，估算将帮助产品负责人衡量时间表和优先级。

（2）冲刺订单（sprint backlog）是细化了的文档，包含团队如何实现下一个冲刺的需求信息。任务被分解为以小时为单位的任务，每一个任务不超过 16 个小时，如果一个任务大于 16 个小时，将被进一步分解为更小的任务。冲刺订单上的任务不是由主管分派，而是由团队成员签名认领他们喜欢的任务。

（3）燃尽图（burn down chart）是一个公开展示的图表，显示当前冲刺中未完成的任务数目，或在冲刺订单上未完成的订单项的数目。不要把燃尽图与挣值图相混淆。燃尽图可以使"冲刺"（sprint）平稳地覆盖大部分的迭代周期，且使项目仍然在计划周期内。

2. Scrum 自适应的项目管理

客户成为开发团队中的一部分，和所有其他形式的敏捷软件过程一样，Scrum 有频繁的包含可以工作的中间可交付成果。这使得客户可以更早地得到可以工作的软件，同时可以变更项目需求以适应不断变化的需求。频繁的风险和缓解计划由开发团队自己制定，在每一个阶段根据承诺进行风险缓解、监测和管理（风险分析）。计划和模块开发的分工透明，让每一个人知道谁负责什么，以及什么时候完成。组织频繁的干系人会议以跟踪项目进展，更新平衡的（发布、客户、员工、过程）仪表板，必须拥有预警机制，例如提前了解可能的延迟或偏差。没有问题会被隐藏，认识到或说出任何没有预见到的问题并不会受到惩罚。在工作场所和工作时间内必须全身心投入，完成更多的工作并不意味着需要工作更长时间。

3. Scrum 常见活动

1）冲刺计划会议（Sprint Planning Meeting）：在每个冲刺之初，由产品负责人讲解需求，并由开发团队进行估算的计划会议。

2）每日站立式会议（Daily Standup Meeting）：团队每天进行沟通的内部短会，因一般只有 15 分钟且站立进行而得名。

3）评审会议（Review Meeting）：在冲刺结束前给产品负责人演示并接受评价的会议。

4）回顾会议（Retrospective Meeting）：在冲刺结束后召开的关于自我持续改进的会议。

5）冲刺（Sprint）：周期通常为 2～4 周，开发团队会在此期间内完成所承诺的一组订单项的开发。

4.3.3　TSP 过程

卡内基梅隆大学软件工程研究所（SEI）于 1994 年开始研究并在 1998 年召开的过程工程会议上第一次介绍了团队软件过程（Team Software Process，TSP）草案，于 1999年出版有关 TSP 的书籍，使软件过程框架形成一个包含 CMM/CMMI-PSP-TSP 的整体，即从组织、团队和个人 3 个层次进行良好的软件工程改善模式。TSP 是一个已经被良好定义并被证明的支持构建和管理团队的最佳实践，指导功能团队中的成员如何有效地规划和管理所面临的项目开发任务，告诉管理人员如何指导软件开发队伍。TSP 能够提供：①一个已经定义的团队构建过程；②一个团队作业框架；③一个有效的管理环境。TSP包括：①一个完整定义的团队作业过程；②已经定义的团队成员的角色；③一个结构化的启动与跟踪过程；④一个团队和工程师的支持工具。TSP 的最终目标在于指导开发人员如何在最短时间内以预定的成本开发出高质量的软件产品，所采用的方法是对团队开发过程的定义、度量和改善。

图 4-22 刻画了基于 PSP/TSP/CMM/CMMI 的过程改进方法，PSP 以个人为焦点，关注改进个人技能、纪律和规范；TSP 以团队和产品为焦点，关注改进团队性能；CMM/CMMI 以管理为焦点，关注改进组织的能力。

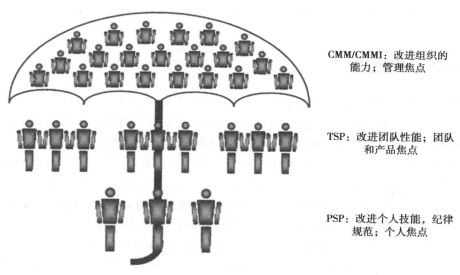

CMM/CMMI：改进组织的
　　能力；管理焦点

TSP：改进团队性能；团队
　　和产品焦点

PSP：改进个人技能，纪律
　　规范；个人焦点

图 4-22　基于 PSP/TSP/CMM/CMMI 的过程改进方法 [18]

1. TSP 的原则方法

Humphrey 在《An Introduction to TSP》中提出 TSP 的原则包括：①软件工程师尽可能地充分了解业务并能制订最好的计划；②当软件工程师计划其工作的时候，他们对计划做出承诺；③准确的项目跟踪需要详细的计划和精确的数据；④要最大限度地缩短周期时间，软件工程师必须平衡工作量；⑤要最大限度地提高生产率，首先必须聚焦质量。Humphrey 还指出，实施 TSP 的方法是：①在承担工作或者着手工作之前，首先要计划工作；②使用已定义的过程；③度量并跟踪开发的时间、工作量和缺陷；④计划、度量并跟踪项目质量；⑤从工作一开始就强调质量，分析各项工作并将分析结果用于改善过程。

2. TSP 的质量度量元素

TSP 在进行设计、制造和维护软件或提供服务的过程中，很重视对质量进行度量。在团队软件过程中，其质量重点在于无缺陷管理，包括制订质量计划，识别质量问题以及探寻和防范质量问题。在 TSP 启动准备期间，团队需要根据预估的产品规模和缺陷率的历史性材料，估算出各个阶段会产生的缺陷数。如果没有缺陷率历史数据，可以使用 TSP 质量计划纲要（TSP quality guideline），这可以协助团队制订质量目标和质量计划。质量计划制订出来以后，项目管理者需要根据质量计划，通过 TSP 质量汇总表协助团队成员跟踪绩效。如果发现问题，就需要对团队提出改善建议。在识别质量问题的时候，TSP 导入了无缺陷百分比、缺陷去除率、过程质量指标等质量度量元素来跟踪识别质量问题的来源。TSP 的设计在于对质量问题防患于未然，通过质量计划和过程跟踪，使软件开发人员对质量问题更加敏感和小心，以便开发出高质量的软件产品。

4.4 软件过程改进

事实上，过程的质量不仅仅决定了最终产品的质量。其他生产目标，如生产效率、成本、日程等都与过程有关。也就是说，企业的业务发展和目标往往驱使着企业需要不停优化过程，提升竞争能力。传统行业和软件行业都需要不断优化和改进过程。

戴明博士最早提出了 PDCA 循环的概念，所以又称其为"戴明环"。PDCA 模型揭示了质量管理改进循环框架的一般规律和方法，该模型在传统行业获得了巨大成功。在 20 世纪 80、90 年代被成功地推广应用于软件过程改进，对后来 CMM/CMMI 标准体系的发展起到重要的指导和借鉴作用。在 CMM/CMMI 的发展历史中，SEI 在 20 世纪 80 年代和 90 年代初创立了 CMM 的最初模型，然后在 90 年代中期进一步反思软件过程改进的一般规律和方法，归纳和总结出了 IDEAL 模型，IDEAL 模型是软件过程改进框架模型，可以看作 PDCA 模型在软件工程领域的延伸，SEI 后来发布的 CMMI 模型可以看作 IDEAL 模型的实例。

4.4.1 元模型

1. 适用于传统行业的 PDCA 模型

PDCA 循环是能使任何一项活动有效进行的一种合乎逻辑的工作程序，特别是在质量管理中得到了广泛的应用。PDCA 循环的程序及具体步骤如图 4-23 所示。

（1）PDCA 循环的四个阶段的含义

1）P（Plan）——计划。包括方针和目标的确定以及活动计划的制订。要通过市场调查、用户访问等，摸清用户对产品质量的要求，确定质量政策、质量目标和质量计划等。它包括现状调查、原因分析、确定要因和制订计划四个步骤。

图 4-23 戴明的 PDCA 循环示意图

2）D（Do）——执行。执行就是具体运作，实现计划中的内容。要实施上一阶段所规定的内容，如根据质量标准进行产品设计、试制、试验，其中包括计划执行前的人员培训。它只有一个步骤：执行计划。

3）C（Check）——检查。就是要总结执行计划的结果，分清哪些对了，哪些错了，明确效果，找出问题。主要是在计划执行过程之中或执行之后，检查执行情况，看是否符合计划的预期结果。该阶段也只有一个步骤：效果检查。

4）A（Action）——行动（或处理）。对总结检查的结果进行处理，成功的经验加以肯定，并予以标准化，或制定作业指导书，便于以后工作时遵循；对于失败的教训也要总结，以免重现。对于没有解决的问题，应提给下一个 PDCA 循环中去解决。

（2）PDCA 循环的四个明显特点

1）周而复始。PDCA 循环的四个过程不是运行一次就完结，而是周而复始地进行。一个循环结束了，解决了一部分问题，可能还有问题没有解决，或者又出现了新的问题，再进行下一个 PDCA 循环，依此类推。

2）大环带小环。类似行星轮系，一个公司或组织的整体运行体系与其内部各子体系的关系，是大环带动小环的有机逻辑组合体。

3）阶梯式上升。PDCA 循环不是停留在一个水平上的循环，不断解决问题的过程就是水平逐步上升的过程。

4）统计的工具。PDCA 循环应用了科学的统计观念和处理方法。作为推动工作、发现问题和解决问题的有效工具，典型的模式被称为"四个阶段""八个步骤"和"七种工具"。

（3）八个步骤

1）分析现状，找出问题；

2）分析影响质量的原因；

3）找出措施；

4）拟定措施计划包括：为什么要制定这个措施？达到什么目标？在何处执行？由谁负责完成？什么时间完成？怎样执行？

5）执行措施，执行计划；

6）检查效果，发现问题；

7）总结经验，纳入标准；

8）遗留问题转入下期 PDCA 循环。

（4）七种工具

在质量管理中广泛应用的有直方图、控制图、因果图、排列图、关系图、分层法和统计分析表等。戴明学说反映了全面质量管理的全面性，说明了质量管理与改善并不是个别部门的事，而是需要由最高管理层领导和推动才可奏效。

2. 适用于软件行业的 IDEAL 模型

软件工程研究所 SEI 已经开发了软件过程改进模型的一个基本框架，即 IDEAL 模型 [19]，它描述了实现软件过程改进所必需的阶段、活动和成功的过程改进工作所需要的资源。SEI 开发了 IDEAL 模型以解决以下问题：在被评估之后，应该做些什么来开始改进计划，计划中应该包括哪些活动 [20]。IDAEL 模型是对过程改进计划中的活动的详细描述，提供了在将 CMM 过渡到组织实践的过程中应该包括一系列观点、意见。尽管 IDEAL 模型与 CMM 规划图相关，但是 IDEAL 模型具有很强的通用性，当使用其他的过程改进规划图的时候，依旧可以使用 IDEAL 来定义 SPI 实现计划。

IDEAL 模型解决了软件组织在各种质量改进环境下的需要。它包括了软件过程改进周期中的五个阶段，IDEAL 是代表这五个阶段的单词的首字母（如表 4-8 所示）。

表 4-8 中总结了每个阶段的主要目的。

表 4-8 IDEAL 的阶段目的

缩 写	英文名称	阶 段	主要目的
I	Initiating	初始	开始改进程序
D	Diagnosing	诊断	评估当前状态
E	Establishing	建立	制订实现策略和改进的行动计划
A	Acting	执行	执行计划和推荐的改进
L	Leveraging	调整	分析得到的教训，改进工作的商业结果，进行修正

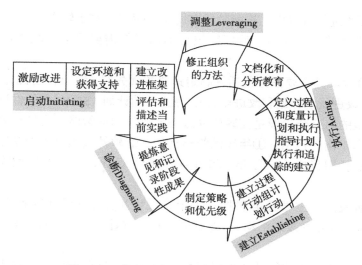

图 4-24　软件过程改进的 IDEAL 方法 [20]

如图 4-24 所示，说明了 IDEAL 的五个阶段，描述了怎样建立一个成功的过程改进计划和评估改进结果的架构，在此，我们对各个阶段做简单的描述。

（1）**初始阶段**。其主要任务包括：①促进改进（商业判断）；②明确背景并获得支持；③建立改进架构（评价小组准备就绪）。

IDEAL 模型的第一个阶段建立开展软件过程改进工作的商业基础。在这个阶段获得组织的高度关注，使得质量改进的各个方面得到促进。在改进工作的早期阶段，为了获得主管的大力支持和赞助，需要对这些关注和商业前景进行交流。

赞助不仅仅指简单地决定从事这些工作并分配相应的资源，而是意味着更多的含义。赞助也意味着领导。软件过程改进是对大多数组织的软件开发活动的巨大改变，只有当关键的领导人完全理解了什么是软件过程改进并坚信这是一件正确的事情时，软件过程改进才能实行。这种承诺会提供改变的动力，长期保持对完成改进工作所需的强有力的支持。

在初始阶段，为了启动软件过程改进过程和获得对改进的支持，需要一个启动架构。确定关键的人员、分配改进工作，随着对组织的改变可使新角色的工作变得容易，增强与改进赞助者之间的联系。为了获得对软件过程改进的赞助和支持，首先必须与其他人进行交流，在组织内的各个层次中赢得支持。

（2）**诊断阶段**。其主要任务包括：①评价当前的软件过程实践并了解它的特征（评价调查结果）；②提炼出建议和记录结果（评价建议和最终报告）。

IDEAL 模型第二个阶段的评估结果可作为组织的软件过程成熟度基线。这个基线建立对组织内当前过程的共识，尤其是对当前过程的长处和弱点的理解，同时也帮助你确定软件过程改进的优先级。

在软件过程改进的背景中，诊断阶段有助于判定组织对于软件过程改进计划的管理、支持和投资的准备情况。最后，诊断阶段会提出组织需要采取的软件过程改进的行动建议。

（3）**建立阶段**。其主要任务包括：制定策略和优先级（给出行动优先级列表），计划行动（软件过程改进行动计划和改进项目），建立行动计划（SEPG 和软件过程改进组）。

IDEAL 模型的第三个阶段是完善软件过程改进计划的策略和支持计划。它设置以后 3～5 年的方向和指南，包括：①组织的策略计划；②软件过程改进的策略计划；③软件过程改进计划的长期目标（3～5 年）和短期（1 年）目标；④软件过程改进行动的战术计划。

（4）**执行阶段**。其主要任务包括：①定义过程和度量（设计或者重新设计过程）；②计划和执行领导（领导改进活动）；③计划、执行并建立跟踪目标（通过反馈监控过程的执行）。

第四个阶段采取有效的行动实现组织系统的改进。这些改进是循序渐进的，以保证改进的延续性。

对改变提供支持并加以制度化的技术包括：①定义软件过程；②定义软件度量；③指导新过程和度量的测试；④在这个组织内建立新的过程和度量。

为了确保软件过程改进的成功，需要对改进工作进行管理和最终。另外，必须收集改进工作中的信息并进行记录，以备组织在未来实现软件过程改进时加以利用。

（5）**调整阶段**。其主要任务包括：①记录和分析教训（分析反馈）；②修正组织的步骤（定期的软件过程改进过程和架构改进）。

IDEAL 模型的第五个阶段是完成过程改进周期。来自实验项目和改进工作的教训被记录和分析，以便今后进一步地完善过程改进计划。在周期开始时确定的商业要求需要重新审视，以便判定是否达到了当初的要求。为了开始下一个软件过程改进周期，要确定新的和已有的改进计划的赞助者。

软件过程改进程序是一个发展中的计划。完成了一个过程改进周期后，软件过程改进实践已经融入到组织内。软件过程改进组获得了信任，至此，组织对过程改进工作能够保持浓厚的兴趣和授权。

4.4.2 过程改进参考模型与标准

1. CMM

软件能力成熟度模型（Capability Maturity Model, CMM）是美国卡内基梅隆大学软件工程研究所（SEI）汇集了世界各地软件过程管理者的经验和智慧而产生的软件过程改进的指导性模型。该模型经过世界各地软件组织的实际应用，证明其对软件过程改进具有建设性作用。

CMM 是专门针对软件产品研究开发的评估模型。CMM 描述了一个有效的软件过程中的关键要素，描述了成为有规律的、成熟的软件机构的改进阶段过程，包括对软件开发和维护活动进行规划、软件过程工程化和对软件过程进行管理的实践活动。通过这些实践活动，能够提高软件机构满足成本、进度、功能和质量要求的能力。CMM 提供的一套过程控制和过程管理行之有效的方法，已经收到越来越多的软件开发者、经营者、软件消费者以及软件质量评估者的高度关注和欢迎。对软件行业而言，CMM 因为专注于过程似乎有更大的吸引力。在实际使用中，CMM 主要被应用于软件过程改进、软件过程评估和软件能力评价上。CMM 可以科学地评价软件开发企业的软件能力成熟等级，同时帮助软件开发组织进行自检，不断改善和改进组织的软件开发过程，确保软件质量，提高软件开发质量和效率。

（1）成熟度级别

CMM 根据软件企业的产品开发的发展历程，提供了一个软件企业过程能力框架，将软件开发进化过程组织成五个成熟度等级，它为过程不断改进奠定了循序渐进的基础。这五个成熟度等级定义了一个有序的尺度，用以测量组织软件过程成熟度和评价其软件过程能力。CMM 描述的软件企业成熟度从 CMM1 初始级到 CMM5 优化级，前一级都是后一级的基础。

①初始级。该阶段的软件开发在一定程度上是个人行为，而软件开发过程是混乱无序的，没有一系列准则来指导开发过程的进展；项目的成功依靠的是软件开发和管理人员的个人能力，对于企业而言没有过程经验的积累，管理方式属于问题 – 解决反应式。

②可重复级。已建立基本的项目管理过程去跟踪成本、进度和功能性；建立了必要的过程纪律，能重复利用以前的成功。

③已定义级。管理活动和工程活动两方面的软件过程均已经文档化、标准化，并集成到组织的标准软件过程。项目活动是标准和一致的，不同项目采用相同的标准，从而保证稳定的性能。

④已管理级。已经采集详细的有关软件过程和产品质量的度量。无论软件过程还是产品均得到定量了解和控制，性能只在一定范围内变动，从而可以对软件过程和软件产品进行有效的预测。

⑤优化级。利用来自过程和来自新思想、新技术的先导性试验的定量反馈信息，使持续过程改进成为可能。

不同的软件企业可能会在某些方面强一些，另一方面弱一些，但是就其整体能力来说，总可以归结为其中的一个等级阶段。实施 CMM 时，企业首先确定自己目前的过程成熟等级，再参考 CMM 结构框架的阶段目标和关键过程，从而进一步决定软件过程的改进策略，最后实施改进软件过程的若干关键实践活动。

（2）关键过程域

在 CMM 中每个成熟度级（第 1 级除外）规定了不同的关键过程域（KPA），一个软件组织如果希望达到某一个成熟度级别，就必须完全满足关键过程域所规定的不同要求，即满足每个关键过程域的目标。所谓关键过程域是指一系列相互关联的操作活动，这些活动反映了一个软件组织改进软件过程时必须集中力量满足几个方面，即关键过程域标识了达到某个成熟度级别时所必须满足的条件。当这些活动在软件过程中得以实现，就意味着软件过程中对提高软件过程能力起关键作用的目标达到了。目标可以被用来判断一个组织或者项目是否有效地实现了特定的关键过程域，即目标确定了关键过程域的界限、范围、内容和关键实践。

在 CMM 中一共有 18 个关键过程域，分布于 2~5 个等级中，如表 4-9 所示。这 18 个关键过程域在实践中起到了至关重要的作用。

表 4-9　CMM 关键过程域的 5 级分类表

等级编号	等级名称	关键过程域
CMM 1 级	初始级	无
CMM 2 级	可重复级	需求管理，软件项目计划，软件项目跟踪与监控，软件转包合同管理，软件质量保证，软件配置管理
CMM 3 级	已定义级	组织过程焦点，组织过程定义，集成软件管理，软件产品工程，组织培训，组间协同，同行评审
CMM 4 级	已管理级	缺陷预防，技术改革管理，过程变更管理
CMM 5 级	优化级	定量过程管理，软件质量管理

2. CMMI

自 1991 年起，CMM 标准陆续发展应用于许多专业领域，形成了包含系统工程、软件工程、软件采购及整合的产品与流程发展（Integrated Process & Product Development, IPPD）等在内的多个模型。虽然这些模型已经在许多企业被认可，然而使用多个模型本身也是有问题的。许多组织想要将它们的改善成果扩展到组织中的其他模块中去，然而每个模块使用的特定专业领域模型的差异（包含架构、内容与方法），在很大程度上限制了这些组织改进成功的能力。此外，训练、评鉴和改善活动的成本是昂贵的。CMMI 的目的正是为了解上述使用多种能力成熟度模型的问题。CMMI 产品团队初始的任务是整合三个模型：

1）软件能力成熟度模型（SW-CMM）2.0 版草案 C。

2）系统工程能力模型（SECM）。

3）整合产品发展能力成熟度模型（IPD-CMM）0.98 版。

CMMI 承认组织之间存在着很大的差别。他们的客户不同，使用的工具不同，人员智力与专业背景不同，从事的项目属于不同的类型，规模有大有小，要求也各不相同。因而，任何实施 CMMI 的组织应当以自己的方式走向成熟。将这些模型整合成单一的改善架构，以供需要进行过程改进的企业使用。

选择这三个来源模型，是因为它们被广泛地应用于软件及系统工程企业中，以及它们对组织流程改善的不同方式。产品团队采用具普遍性且被重视的模型作为源数据，创造一组紧密结合的整合模型，此模型既能被目前使用来源模型者采用，又能被那些对能力成熟度模型概念尚生疏者所采用。因此，CMMI 是 SW-CMM、SECM 与 IPD-CMM 的演进结果，如图 4-25 所示。CMMI 把这些模型发展成为统一的整合模型，不仅是单纯地将现有的模型组合起来。CMMI 产品团队进而提升改进的流程的效率，建立可容纳多种专业领域，并有足够弹性以支持不同来源模型方法的架构。CMMI 的基础源模型包括：软件 CMM2.0 版本，EIA-731 系统工程，以及 IPD-CMM（IPD）0.98a 版本。2002 年 1 月 CMMI 1.1 版本正式发布，立即被广泛采用。

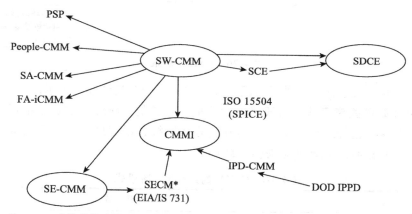

注：PSP—个体软件过程；SA—软件获取；SE—系统工程；SW—软件工程；
　　SCE—软件能力评估；SDCE—软件开发能力评估；IPD—集成产品开发；
　　IPPD—集成产品和过程开发；SECM—系统工程能力模型。

图 4-25　CMMI 的产生环境

CMMI 模型架构对 CMM 模型做了较多改进和扩充，可以支持多个群集，群集可与其成员模型间分享最佳实践方法。从两个新群集开始工作：一个是针对服务（CMMI for Service），另一个是针对采购（CMMI for Acquisition）。虽然在 CMMI for Development 中加入了服务开发模块，包含组件、消耗品与人员的组合，以满足服务需求，它仍不同于规划中专注于服务交付的 CMMI for Service。

CMMI 在 2006 年 8 月发表了 v1.2 版，这个版本应用"群集"（constellation）概念（如图 4-26），以一组核心组件的集合，提供高度共通内容给特定应用模型，将最佳执行方法扩展至新领域，包含 2006 年公布的 CMMI-DEV 开发模型（CMMI- 开发）、2007 年 11 月发表的 CMMI-ACQ 采购模型（CMMI- 获取），以及正在规划发展中的服务模型（CMMI-服务）。此重要改变的意义在于同步提升供需双方在开发、采购及服务等各方面的流程管理能力，以达到双赢的效果。CMMI v1.2 版本是经由 CMMI 使用者所提出将近 2000 余项变更请求发展而来的。变更请求中有超过 750 个是与 CMMI 的内容直接相关。

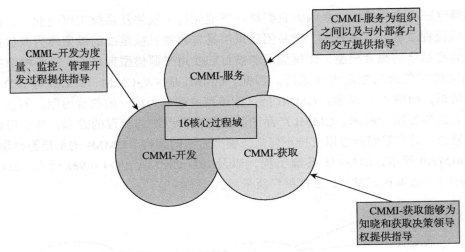

图 4-26　CMMI 群集

CMMI 有两种表示法：一种是阶段式表示法，另一个是连续式表示法。

① **CMMI 阶段式表示法**。阶段式表示法把对以往的 CMM 思想进程继承，过程域分成 5 个成熟度等级进行组织，从低到高分别初始级、已管理级、已定义级、定量管理级和优化级，如表 4-10 所示（略去初始级）。

表 4-10　CMMI 的过程域（阶段式）

等　级	过　程　域
CMMI 2 已管理级	需求管理、项目计划、项目监督和控制、供应商合同管理、产品过程质量管理、产品过程质量保证、配置管理、测量分析
CMMI 3 已定义级	需求开发、技术解决方案、产品集成、验证、确认、组织过程焦点、组织过程定义、组织培训、集成项目管理、风险管理、合成团队、决策分析和决定、组织的一体化环境
CMMI 4 定量管理级	组织过程性能、定量项目管理
CMMI 5 优化级	原因分析和解决方案、组织创新和部署

② **CMMI 连续式表示法**。连续式表示法则将过程域分为 4 大类型：它们分别是过程管理过程、项目管理过程、工程过程及支持过程，如表 4-11 所示。每类过程中的过程域又进一步分为"基础的"和"高级的"。在按照连续式表示方法实施 CMMI 的时候，一个组织可以把项目管理或者其他某类的实践一直做到最好，而其他方面的过程区域可以不必考虑。

与阶段式表示法相比，连续式表示法主要有两个方面的优势：第一，连续式模型为用户进行过程改进提供了比较宽松的环境。其次，以连续式模型为组织过程进行评估的时候，它的评估拥有更佳的可见性。

表 4-11　CMMI 过程域（连续式）

分　类	过　程　域
过程管理	组织过程定义、组织过程焦点、组织培训、组织过程性能、组织创新和部署
项目管理	项目规划、项目监控、供应商协议管理、集成项目管理、风险管理、集成化的团队建设、量化项目管理
工程	需求管理、需求开发、技术方案、产品集成、检验、有效性验证
支持	配置管理、过程和产品质量管理、度量和分析、决策分析和决议、组织的集成环境、原因分析和决议

3. SPICE

软件过程改进和能力鉴定标准（Software Process Improvement and Capability Determination，SPICE）是新兴的软件过程评估国际标准。对国际标准的需要源于软件过程评估和改进有多种模型。评估方法在数量上的增长是开发 SPICE 标准的一个关键激励因素，目的是提出一个软件过程评估的国际标准。SPICE 标准为软件过程的评估提供了一个框架，在软件过程能力鉴定和软件过程改进中起着关键作用。它允许组织了解其关键过程和相关能力，区分与其他业务目标相一致的下一步过程改进的优先级，还允许组织评估转包商的过程能力，使组织在转包商的选择上可以做出明智的决策。

SPICE 标准包括一个过程模型，这个模型是软件过程评估得以进行的基础，过程模型包括优秀的软件工程所必不可少的一组实践，模型是一般化的模型，描述的是"做什么"，而不是"怎么做"，如图 4-27 所示，过程评估是过程改进的第一步，用于确定组织的过程能力。

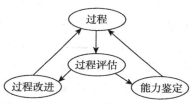

图 4-27　过程评估

SPICE 参考模型包括与软件开发、维护、获取、供应和运行相关的关键过程。参考模型的目的是充当软件过程评估的公共基础，并方便评估结果的比较。SPICE 参考模型的体系结构是二维的，包括过程维和能力维。过程维包括要评估的过程，能力维则提供过程评估的尺度。

SPICE 标准定义了 5 类过程，包括客户 – 供应商过程、工程过程、管理过程、支持过程以及组织过程。每个过程都包括对它的目的和实施结果的陈述。它包括一组对出色的软件工程来说必不可少的基本实践。能力维由能力级别构成，标准中有 6 个能力级别，具体是：①第 0 级，不完整过程；②第 1 级，已实施过程；③第 2 级，已管理过程；④第 3 级，已建立过程；⑤第 4 级，可预测过程；⑥第 5 级，优化过程。某个级别的能力度量是以一组过程属性为基础的，这些属性度量了能力的某个特定的方面。每个能力级别都是前一个能力级别的重大提升，能力级别的评定是在过程属性部件的基础上做出的，过程属性可以分为不满足、部分满足、大部分满足、完全满足几个级别。

4. ISO/IEC15504

ISO/IEC 15504（软件过程评估标准）的前身是 SPICE，是软件过程评估的一个国际标准，由 9 个部分组成[21]，如图 4-28 所示。

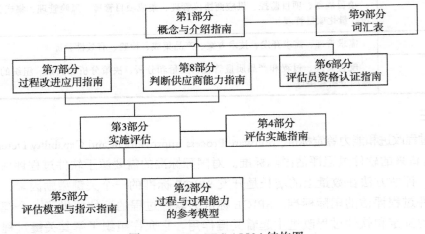

图 4-28 ISO/IEC 15504 结构图

其中第 1 部分是 ISO/IEC 15504 的入口，描述了 ISO/IEC 15504 如何把其余 8 个部分有机地组合起来，这 8 个部分的内容分别应该怎样选择使用。第 2 部分在一定的抽象层次上定义了和软件工程息息相关的工程性行为，这些行为是根据过程的成熟度级别逐渐上升的顺序描述的。第 3 部分定义了一个进行评估的框架，陈述了一个为过程能力进行评级、打分的基础。第 4 部分为评估小组提供了进行软件评估的指南。第 5 部分定义了一个评估过程必须使用的评估手段和工具的框架内容。第 6 部分描绘了评估能力、教育、培训、经验等方面所必需的背景。第 7 部分描述了如何为过程改进定义输入值，如何在软件过程改进中使用上次评估的结果。第 8 部分描述了如何为评价过程能力定义输入值，如何在过程能力评价中使用评估结果。第 9 部分定义了在 ISO/IEC 15504 标准中使用到的所有名词术语。

ISO/IEC 15504 和 CMM 的内容相关，都是为软件组织的过程能力进行评估。但是这两者之间也是有区别的。ISO/IEC 15504 在评估组织软件过程的同时，也为组织提供了一种兼容的、可重复的软件能力评估的方式，另外，ISO/IEC 15504 可以根据组织的具体情况选择软件评估的范围，可以在组织的局部范围内进行评估定级。CMM 是一种层级模型，因为它以代表能力进化阶段的成熟度等级描述组织能力，而 ISO/IEC 15504 从某种意义上是"连续"模型。ISO/IEC 15504 模型从个人过程的角度来描述软件过程成熟度，而 CMM 提供了组织提高的路标。

ISO/IEC 15504 的一个目标是创造一种测量过程能力的方法，同时避免采用 SEI 成熟度等级的具体提高方法，这样，多种不同类型的评估、模型和它们的结果，可以深刻地相互比较。选择的方法是为了测量具体过程的执行和建立；相对组织测量，更应该倾向于过程测量。成熟度等级可以看成使用了这种方法的一系列过程规范。这说明了阶段方法的一个缺点：低级成熟度等级关键过程域随着组织成熟度的提高而进化。

ISO 9000 标准适合于除了电子电气行业以外的各种生产和服务领域，它已被各国广泛采用，成为衡量各类产品质量的主要依据。该标准同样适用于软件业。ISO 9000 标准重点关注"过程质量"，强调"持续改进"。标准不仅包含产品和服务的内容，而且还需证实能有让顾客满意的能力。该标准始终站在顾客的角度上，以如何满足顾客需要为出发点来看待软件质量保证（SQA）。标准要求从软件项目的合同评审—项目开发—安装—服务—质量改进—全过程进行完善的 SQA 控制，其中包括了对人员的培训及用于质量改进的统计技术。该标准要求软件企业应建立 SQA 的定量度量方法，以便进一步改进软件质量。鉴于软件的一系列特点，标准将软件的质量认证体系从"质量保证"提高到"质量管理"新的水平。

5. ISO/IEC 12207

ISO/IEC 12207（软件生命周期过程标准）是由国际标准化组织（ISO）和国际电气委员会（IEC）共同开发完成的，它是软件生命周期过程的国际标准 [22]。该标准建立了从概念设计到终止使用的软件生命周期过程的一般框架。软件人员可以利用这个框架来管理和设计软件。它包括供应以及获得软件产品和服务的过程，也包括控制和提高那些过程的过程。它描述了软件生命周期的体系结构，但没有详细说明如何实现或者如何实施过程中的活动和任务。ISO/IEC 12207 承认软件提供者和用户的差别，适用于双方签约时涉及的软件系统的开发、维护和运作等问题。

生命周期过程包括三个过程组：

1）**基本过程**：基本过程是过程的原动力，提供生命周期中的主要功能。它们由 5 个过程组成：获得、供应、开发、操作和维护。

2）**支持过程**：支持过程是协调活动，用以支持、协调开发及生命周期的基本活动。它协助其他过程执行特定的功能。该过程由 8 个过程组成：文档化、配置管理、质量保证、验证、有效性、联合评审、审核和解决问题。

3）**组织过程**：组织过程是整个开发环境的整体管理和支持的过程。由于 4 个过程组成：管理、平台、改进和培训。

在 ISO/IEC 12207 中，每个过程按照这个过程包含的子活动来深化设计，每一个子活动又按照子活动的任务来进一步设计。

ISO/IEC 12207 运用双方都接受的术语，提供了一个过程结构，而不是仅仅给出一个独特的软件生命周期模型和软件研发模型。因为 ISO/IEC 12207 是相对高水平的文档，所以它并没有具体指定如何执行那些组成过程的活动和任务。它也没有规定文档的名称、格式和内容。因此，如果一个组织打算实施 ISO/IEC 12207，需要使用额外的标准和程序以便将细节具体化。ISO/IEC 12207 裁剪 17 个过程，删除所有不合适的活动，使其满足特定的项目范围，以此来适应特定的组织；ISO 将挑选的过程、活动和任务的执行定义为 12207 一致性。

图 4-29 表明了质量保证、过程评估和生命周期过程三种标准间的关系。在左上角，ISO 9001 代表质量保证，它处于系统水平。在右上角，SPICE 代表组织中应用的过程评估。在下方，ISO/IEC 12207 代表贯穿软件产品生命周期中的过程。如图中箭头所示，ISO 9001 为 ISO/IEC 12207 和 SPICE 提供了质量保证的基础；ISO/IEC 12207 为 SPICE 提供了生命周期过程的基线。随着这些标准在未来的演进，它们相互的连接将加强。

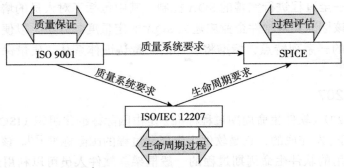

图 4-29　ISO 9001、ISO/IEC 12207 和 SPICE 的关系

我们不容易直接找到 ISO/IEC 12207 和 CMM 之间直接的关系。但是，由于 ISO/IEC 12207 与 ISO 9000 和 SPICE 都有密切关系，因此 ISO/IEC 12207 以二者为纽带，与 CMM 之间存在间接的关系。因此，ISO/IEC 12207 的软件生命周期模型为 CMM 的顺利实施提供重要的参考依据。

6. ISO 9000

ISO 9000 有许多 CMM 的特征。ISO 9000 强调用文字和图形对过程进行文档的编写，以保证一致性和可理解性。ISO 9000 的基本原理是，坚持标准不能 100% 地保证产品的质量，但能降低产品质量较差的风险。和 CMM 一样，ISO 9000 也强调度量。两种模型都强调确保过程改进所必须采取的修正行动。ISO 9000 和 CMM 之间确实有很强的相关性，例如，ISO 9000 的大部分质量管理要素都能够在 CMM 中找到对应的关键过程域。

另外，CMM 以具体实践为基础，是一个软件工程实践的纲要，以逐步演进的框架形式不断地完善软件开发和维护过程，成为软件企业变更的内在原动力，与静态的质量管理系统标准 ISO 9000 形成鲜明对比。实际上，ISO 9000 和 CMM 两者在研究范畴评估的侧重面、评审的等级、质量管理应用的程度、改进机制以及应用领域的范围等方面存在着差异。CMM 是针对软件产品的诊断、控制、评估而量身定做的模型，CMM 既可以应用于软件企业自身诊断、评审，也可以用于软件评估机构的咨询与诊断工作。相对而言，CMM 吸收了先进的管理思想，更强调过程控制，它代表了软件产品质量管理的发展方向。在软件评估、控制、诊断方面，CMM 模型是 ISO 9000 质量管理内容的必要补充。

4.5　DevOps 中的开发过程和方法

要贯彻实施 DevOps 模式，从软件的开发过程和方法的角度来看，并不意味着舍弃现有的开发过程和方法，另起炉灶定义全新的开发过程。事实上，从目前主流 DevOps 社区的动向来看，重点还是放在各类工具的研发和应用上，并不存在专门为 DevOps 所定义的开发过程和方法。因此，就软件开发这件事情而言，DevOps 模式下的开发方法并没有特殊之处。然而，由于理念相近，现有的开发方法中的精益方法（Lean Development）在 DevOps 这种模式下逐渐被很多 DevOps 的实践者认为是 DevOps 的基础方法学。本书后续章节将详细探讨精益方法，此处不赘。

本章小结

本章重点介绍了软件开发过程以及软件过程改进的参考模型和标准。DevOps 模式并不是对现有开发过程的颠覆，尤其在个体级别，必要的软件工程实践仍然是获取高质量软件产品和服务的前提。因此，本章以 PSP 为蓝本，大篇幅介绍了个体软件工程规范和实践。在此基础之上，本章以 XP、Scrum 以及 TSP 作为典型的团队级过程，介绍了以团队形式开发软件或者服务应该应用的软工实践。值得一提的是，在组织层面，我们认为并不存在一个公认的软件过程。因此，我们将以 CMMI、ISO 系列模型为代表的大量模型和规范都定位成软件过程改进的参考模型。尽管只是多了"改进"两字，其含义已经完全不一样了，这一点是需要仔细体会的。

思考题

1. 在个体和小组两个层次上，有哪些典型的软件过程和方法？试论述每种方法的特点。
2. 软件过程改进的参考模型有哪些？
3. 过程改进的元模型有哪些？
4. 试着比较 Scrum 方法和 TSP 方法，两者有什么相似之处和相异之处？
5. PSP 的估算方法是什么？这种方法有什么特点？
6. PSP 有哪些原则？
7. PSP 的质量策略是什么？对实践有哪些启发？

8. CMM/CMMI 的五个成熟度级别的特征是什么？

9. 试比较 CMMI 和 SPICE 两个模型有哪些异同。

10. DevOps 模式对现有的软件开发过程和方法可能带来哪些影响？

参考文献

[1] Barry W Boehm. A view of 20th and 21st century software engineering[C]. ICSE 2006: 12-29.

[2] Floyd C. Records and References in Algol-W[M]. Stanford University Press, 1969.

[3] Hoare C A R. An axiomatic basis for computer programming[C]. ACM, 1969, 12:576-583.

[4] Dijkstra E. Cooperating Sequential Processes[M]. Academic Press, 1968.

[5] Royce W W. Managing the Development of Large Software Systems: Concepts and Techniques[C]. Proceedings of WESCON, 1970.

[6] Boehm B. A Spiral Model of Software Development and Enhancement[J]. IEEE Computer, 1988: 61-72.

[7] Stallman R M. Free Software Free Society: Selected Essays of Richard M. Stallman[M]. GNU Press, 2002.

[8] Raymond E S. The Cathedral and the Bazaar[M]. O'Reilly, 1999.

[9] Stefan Biffl, Aybüke Aurum, Barry Boehm, et al. Value-based software engineering[M]. Springer, 2006.

[10] Barry Boehm, Richard Turner. Balancing Agility and Discipline: A Guide for the Perplexed[M]. Addison Wesley, 2003.

[11] Rong G. Are we ready for software process selection, tailoring, and composition? [C]. Proceedings of the 2014 International Conference on Software and System Process. ACM, 2014: 185-186.

[12] Watts S Humphrey. PSP (sm): A Self-Improvement Process for Software Engineers[M]. Addison-Wesley Professional, 2005.

[13] IEEE Standard Glossary of Software Engineering Terminology (IEEE Std 729-1983)[S]. Institute of Electrical and Electronics Engineers, New York, 1983.

[14] Steve McConnell. Code Complete[M]. Microsoft Press, 1993.

[15] DeMarco T. Management Can Make Quality (Im)possible[C]. Cutter IT Summit, 1999.

[16] Weinberg G. Quality Software Management, Vol. 1: Systems Thinking[M]. New York: Dorset House, 1992.

[17] SEI PSP 标准课件 [Z]. 2006.

[18] Technical Report CMU/SEI-2000-TR-023 ESC-TR-2000-023[R/OL]. http://www.sei.cmu.edu/reports/00tr023.pdf.

[19] Bob McFeeley. IDEAL: A User's Guide for Software Process Improvement[Z]. CMU/SEI-96-HB-001, 1996.

[20] Bill Peterson. Transitioning the CMM into practice[c]. Proceedings of SPI 95-The European

Conference on Software Process Improvement, 1995: 103-123.

[21]　ISO/IEC 15504 Information technology—Process assessment, Part 1~9[S].

[22]　Systems and software engineering—Software life cycle processes. ISO/IEC 12207: 2008 (E), Second edition, IEEE Std 12207-2008(Revision of IEEE/EIA 12207.0-1996)[S]. 2008.

[23]　Brooks Jr F P. The mythical man-month, anniversary edition: essays on software engineering[M]. Pearson Education, 1995.

[24]　Remus H S. Ziles. Prediction and Management of Program Quality[C]. Proceedings of the Fourth International Conference on Software Engineering, Munich, Germany, 1979.

[25]　Bush M. Improving Software Quality: the Use of Formal Inspections at the Jet Propulsion Laboratory[C]. Twelfth International Conference on Software Engineering, Nice, France, 1990.

[26]　Ackerman A F, L S Buchwald, F H Lewski. Software Inspections: An Effective Verification Process[J]. IEEE Software, 1989.

[27]　Russell G W. Experience with Inspections In Ultralarge-Scale Developments[J]. IEEE Software, 1991.

[28]　Shooman M L, M I Bolsky. Types, Distribution, and Test and Correction Times for Programming Errors[C]. Proceedings of the 1975 Conference on Reliable Software, IEEE, New York.

[29]　Weller E F. Lessons Learned from Two Years of Inspection Data[J]. IEEE Software, 1993.

第 5 章　精益思想和看板方法

5.1　从精益思想说起

　　既然是讲精益产品开发，就必须了解精益是什么。我们将从它的产生说起。

5.1.1　精益起源于丰田

　　精益的根在生产制造业，源自 20 世纪 40 年代初丰田对制造业的重新认识和成功实践。"精益"一词最早出现在 1988 年《斯隆管理评论》的一篇论文《 Triumph of the Lean Production System 》⊖中 [1]，它比较了西方的生产方式和丰田生产方式在效率和质量上的巨大差距，挑战了规模生产带来效益的神话。从此，精益开始进入西方的视野，逐渐成为现代管理学的重要组成部分。

5.1.2　精益实践的传播

　　同在 1988 年，《丰田生产方式》[2] 英文版发行。该书是丰田生产方式的缔造者大野耐一所著，介绍了丰田的制造实践，阐述了准时化和自働化等丰田制造实践的本质。

　　如图 5-1 所示，准时化和自働化被认为是丰田生产方式的两大支柱，它们与西方管理中追求规模效应的传统思维背道而驰，却在生产率、响应速度及质量方面明显领先。支持这两大支柱的是看板等具体的实践。

　　准时化又称即时生产（Just In Time，JIT），强调只在需要的时间和地点生产需要数量的东西，降低工厂的库存，从而加速流动和即时暴露问题。"看板"是实现准时化的重要工具。

　　看板（Kanban）一词来自日文，本义是可视化卡片。如图 5-2 所示，看板工具的实质是：后道工序在需要时，通过看板向前道工序发出信号——请给我需要数量的输入，前道工序只有得到看板后，才按需生产。看板信号由下游向上游传递，拉动上游的生产活动，使产品向下游流动。拉动的源头是最下游的客户价值，也就是客户订单或需求。

　　"自働化"与传统意义上的"自动化"不同，英文译作 auto-no-mation，也就是"自

⊖　参见 http://t.cn/R6mB4LD。

动的不动"，指出现问题时机器和生产线自动停止，以迫使现时现地解决问题，并发现问题根源。丰田认为，这相当于把人的智慧赋予了机器，称其为"人字旁的自动化"，所以用"働"而非"动"字。

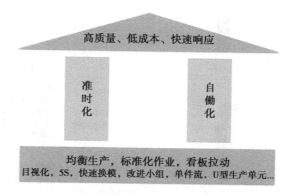

图 5-1　自働化和准时化是丰田生产方式的两大支柱

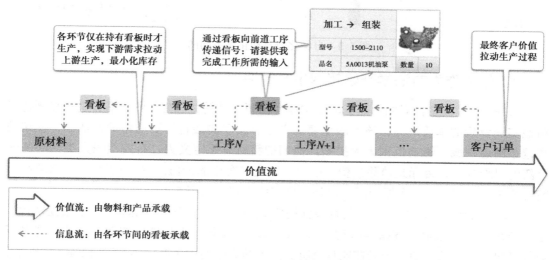

图 5-2　看板在生产制造中的工作原理

图 5-3 比较了自动化与自働化在概念和实践上的不同，自働化把质量内建于每一个制造环节，出现异常时，杜绝继续产出不合格产品，并且不把不合格产品输入到下一环节。这就是"内建质量"(build quality in)，而不是让质量依赖于最后的检测环节。它带来"停止并修正"（Stop and Fix）的文化——发生异常时，立刻停止生产，分析根本原因，并加以解决，防止问题再次发生。"停止并修正"是持续改善的基础。

1990 年麻省理工学院的两位教授 James Womack 和 Daniel T. Jones 出版了《改变世界的机器》[3] 一书，第一次由西方人全面介绍了丰田的精益生产实践，精益的概念得到了更广泛的传播，人们开始关注看板、安灯、U 型生产单元等精益制造中的实践。

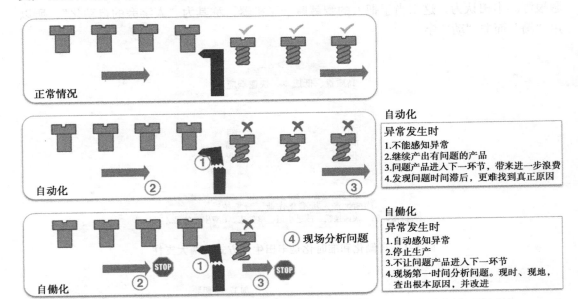

图 5-3　自働化与自动化是不同的

5.1.3　精益作为方法学开始超越生产制造

1996 年，《改变世界的机器》的两位作者出版了《精益思想》[4] 一书，进一步阐述了精益实践背后的本质思想，该书的重要意义是总结了实践背后更通用的方法学，使精益超越了制造领域，影响范围大大扩展。他们把精益思想定义为：有效组织人类活动的一个新的思维方法，目标是消除浪费，以更多地交付有用的价值。《精益思想》一书总结了精益的 5 个原则，这 5 个原则同时也是 5 个实施步骤，如图 5-4 所示。

《精益思想》中的 5 个原则既有很强的实践指导意义，又有超越精益制造的通用性，企业应用这 5 个原则步骤指导行动，就可以实现精益化，增强价值流动。从此，许多行业都兴起一场精益运动，今天在亚马逊英文站点搜索题名中带有"精益"（Lean）的图书，你会发现它涵盖的领域无所不包，如：精益政务、精益医院、精益市场、精益图书馆、精益领导力、精益出版、精益服务业、精益供应链、精益教育、精益财务等，当然也包括精益产品开发和精益创业。对精益在各行业的拓展，这本书功不可没。

5.1.4　上升至精益的价值观

精益思想的核心是什么？对此存在一定的争论。有人认为《精益思想》中的观点过于强调方法⊖，忽略了组织文化，而价值观才是核心。

⊖　参见 Lean Primer 对此书的评价：http://t.cn/RMbR9NV。

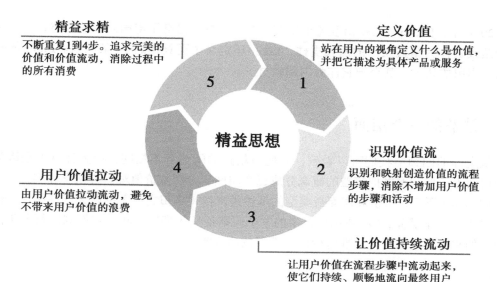

图 5-4　《精益思想》中所总结的 5 个原则步骤

关于精益的价值观，被引用最多也最权威的是 2001 年问世的 16 页的《丰田之道》，它是丰田内部的价值观宣传资料，从没有对外正式发行，却在业界广为流传，被称为"丰田之道 2001"。它申明，精益思想的两个支柱是尊重人和持续改进。如图 5-5 所示，在这两个主题下具体又包含 5 个价值观，它们分别是（归属于持续改进的）挑战现状、改善和现地现物，以及（归属于尊重人的）尊重和团队协作。

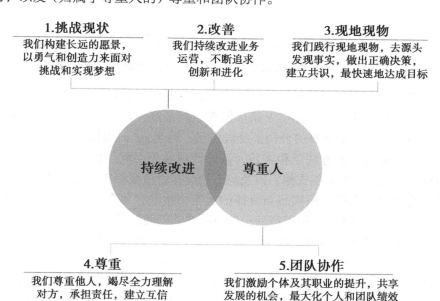

图 5-5　《丰田之道》所定义的两个支柱和 5 个价值观被广泛引用作为精益的支柱和核心

2004 年，Jeffrey Liker 出版《丰田模式》[5] 一书，沿袭了丰田内部的阐述，把尊重人和持续改进作为精益生产的两大支柱，Liker 还定义了更具体的 14 条原则。Liker 的陈述得到了丰田的认可，甚至把它作为内部教材。

5.2　精益的三个层面

从上面的回顾中我们可以看到，人们对精益的阐述各不相同，很大程度上是因为描述的层面不一样。本书把精益的概念分成三个层面，分别是价值观、方法学和实践。

如图 5-6 所示，价值观层面最典型的阐述是来自《丰田之道》的两大支柱和 5 个价值观；对于方法学层面，《精益思想》中的 5 个原则最具代表性；实践层面则因行业不同而不同，如制造业有自働化、准时生产、看板拉动等实践。

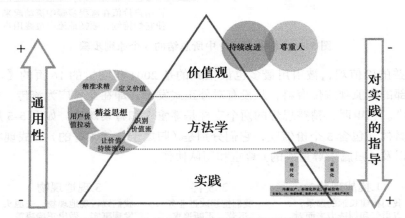

图 5-6　从价值观、方法学和实践层面分别看到的不同精益描述

这三个层次越向上通用性越好，但对实践的指导作用也越弱。价值观固然重要，但它还不能提供足够的指导。丰田的 5 条价值观当然很好，但乍看上去与其他公司的价值观也没有大的区别。几乎所有的公司都会说自己"尊重人"，但精益中的"尊重人"又有什么不同呢？脱离具体的方法学和实践，谈价值观难免空洞。真正的区别是，丰田在这些价值观背后有完整的方法学支撑，以及与方法学和价值观相吻合的实践。

底层实践最具操作性。但实践与具体的上下文相关，每个企业有自己的特点，照搬实践往往弄巧成拙。表 5-1 总结了产品开发与制造的不同特征，它决定了产品开发不可能也不应该直接套用产品制造的实践。我们必须从产品开发的特征出发，发展出与之相适应的实践。

在方法学层面，精益聚焦于用户价值，关注价值的流动并持续改进，这适用于绝大部分场景——不管是产品制造还是产品开发都不例外。另一方面，方法学相对具体，有很强的实践指导作用。《精益思想》中提出的 5 个原则就很好地平衡了实践指导作用和通用性。因此，方法学才是打开精益开发实践之门的钥匙。

表 5-1　产品制造与开发的不同特征

方　　面	产 品 制 造	产 品 开 发	影　　响
工作对象可视程度	可视 具体、可见的物理产品	不可视 抽象、不可见的信息	产品开发的价值、价值流动不可见，管理价值流更加困难。有必要采取措施，可视化价值和价值流
完成单个任务的时长	固定 完成前后两个加工任务的时间相同，且可以预测	不固定 每一个开发任务都是全新的，完成的时长不同，且不能完全预测	在生产中可以追求或逼近零库存。产品开发中，零库存可能会导致开发步骤间的等待，需要更灵活的管理方法
前后工作的关系	独立 前后两个工件的加工是独立的	可能相互影响 后面的需求可能影响已交付的需求	集成、回归测试、交付都带来成本，但自动化测试、持续交付等实践的应用可以极大改善这一问题
对可变性和错误的态度	消除可变性 制造是重复的过程，消除可变性能够提高质量，提高效率	拥抱可变性 不确定性是产品开发价值的一部分，完全消除可变性是不可能，也是不应该的	产品开发必须拥抱不确定性，并通过必要的试错来验证它们，以增加价值
资源调配的灵活程度	较低	比较高	开发中可以更多地使用流动性资源，环节间任务分配也可以重新划分

接下来从精益的方法学出发，总结和整合已有的实践，构建完整的精益产品开发实践体系。这并非说价值观不重要，它一直在背后发挥作用。介绍完实践体系后，会从中提炼出价值观，这样既便于理解，也为实践的实施提供指导。

5.3　精益产品开发实践体系

本书将从目标、方法学（或原则）和实践三个层面介绍精益产品开发实践体系。如图 5-7 所示，这三个层面共同构成精益产品开发屋 。接下来将自顶向下，逐一介绍精益产品开发屋的各个部分。

5.3.1　精益产品开发的目标

管理学之父德鲁克曾说，任何组织的绩效都只能在它的外部体现 [6]。具体到产品开发，就是体现于能够产生绩效的用户价值——有用的价值。德鲁克进一步指出，管理的作用是协调组织资源取得外部成效。对应产品开发就是：协调组织的资源，交付有用的价值。更精确地讲，精益产品开发的目标是：顺畅和高质量地交付有用的价值。这里面的三个关键词是：

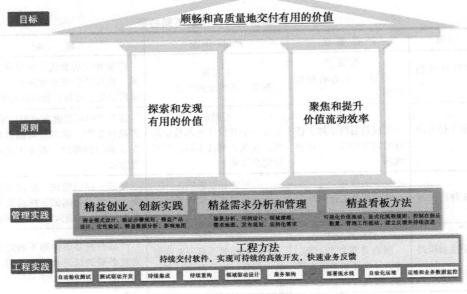

图 5-7　精益产品开发屋

①顺畅：指价值的交付过程要顺畅，用最短的时间完成用户价值的交付，而非断断续续，问题连连。

②高质量：指符合要求，避免不必要的错误。它与为了探索而进行的必要试错并不冲突。

③有用的价值：交付的价值应该符合市场和用户的要求，并能产生业务影响，促进组织绩效。

5.3.2　精益产品开发的原则

在方法学层面，精益产品开发包含两个原则，第一，找到有用的价值——探索和发现有用价值；第二，让价值顺畅流动——聚焦和提升价值流动效率。

原则一：探索和发现有用价值

做正确的事是业务成功的根本。为此，《精益思想》把"定义价值"作为第一个原则。生产制造是一个重复性的确定活动，预先定义价值是必要的，也是可行的。但产品开发则不同，它是一个开创性的活动，每一次产品开发都与上次不同，面临不确定性。

特别是今天，竞争越来越激烈，选择权早已偏向用户一侧，产品的价值不可能完全预先定义，而是一个探索和发现的过程，拥抱和应对不确定性才是移动互联时代取得竞争优势的法宝。

应对不确定性的唯一选择是承认自己的无知，并不断探索和发现真正的价值。在产品开发过程中，我们探索更准确的目标用户，他们的问题是什么，怎样建立起有效的渠道，提供怎样的解决方案，怎样才能让他们买单，如何建立起合理的成本、收入模型，怎样设计交互过程……

团队对以上的问题当然要有初始的设想，但设想只是探索的起点和初始的假设，需要被证实或证伪，过程中还会产生新的想法，发现更多的价值。通过探索和发现我们不断调整，找到可行的商业模式和有意义的产品功能，并持续优化它们。

从预先定义价值，到把探索和发现价值融入产品开发和交付过程，这是精益产品开发的一个范式转换$^{\ominus}$。

原则二：聚焦和提升价值流动效率

精益产品开发的第二个原则是聚焦和提升价值流动效率。所谓*流动效率*是指从用户的视角，审视用户价值历经各个流程步骤直至交付的过程，整个过程的时间越短、等待越少则流动效率越高。

丰田生产方式的缔造者大野耐一是这样描述的：

"我们所做的一切不过是，关注从用户下单、开始生产，再到收回现金的时间线，通过不断减少过程中不增加价值的浪费来缩短这一时间线。"

大野关注的是用户价值，以及价值流动的过程，所谓浪费也指一切从用户角度看无意义的行为和等待。这与德鲁克所说"任何组织的绩效都只能在它的外部体现"是一致的。

聚焦流动效率，就是要从外部绩效（用户的价值）出发，协调内部资源最快地交付用户价值。这并不是说流动效率是唯一的目标，而是因为它能撬动组织的有效协作，并全方位地改善组织的绩效，包括质量、效率、可预测性等。不同于传统管理方法关注内部资源效率，精益产品开发聚焦和提升价值流动效率，这是又一范式转换。

5.3.3　精益产品开发的运作实践

看完方法学，再看具体的实践，它又分为管理实践和技术实践两个层面。

1. 管理实践

管理实践处于上层，它协调和运作开发过程，帮助组织探索和发现用户价值，聚焦和提升价值流动效率。管理实践分成三个部分。

第一部分是*精益创业和创新实践*，解决的问题是探索、发现和验证价值。围绕它，业界已经形成了完善的精益创业实践体系，具体包括：商业模式设计、探索步骤的规划、精益产品设计、定性验证、精益数据分析、影响地图等。

第二部分是*精益需求分析和管理实践*，解决的问题是如何有效地拆分、规划、分析

$\ominus$　所谓范式是指一门学科所赖以运作的理论基础和实践规范，范式转换是指底层基本理论和规范的改变，比如面向对象编程相对结构化编程就是一次范式转换。而函数式编程与前两者的范式又根本不同。

和沟通需求，确保团队能够一致理解需求，避免因分析和沟通不当而带来的缺陷，并为后面的价值小批量的持续流动创造条件。具体包括：场景分析、用例（Use Case）设计、领域建模、故事地图、发布规划、实例化需求等。精益需求分析和管理为价值的顺畅流动提供输入，对精益产品开发的有效实施非常关键。

第三部分是**精益看板方法实践**。它解决的问题是如何让价值顺畅和高质量地流动，具体包括：可视化价值流动、显式化流程规则、控制在制品数量、管理工作流动、建立反馈并持续改进等。

2. 技术实践

最底层的是技术实践，它不可或缺。幸运的是，这些年敏捷开发的兴起已经为技术实践铺平了道路。敏捷和精益有很多共通之处，它们都强调小批量的持续交付，这对技术实践提出了新的要求，例如怎么维护架构和设计的一致性，如何降低验证、回归和集成的成本等。

DevOps框架是对敏捷技术实践的集大成和发展。它按价值交付的流程整合技术和管理实践，如自动验收测试、测试驱动开发、持续集成、持续重构、领域驱动设计、服务架构、部署流水线、自动化运维、运维和业数据监控等。这些实践作为一个整体，在技术层面实现软件产品的持续快速交付，其中既包含代码的部署，也包含基础设施的变更维护。DevOps与精益产品开发在目标上高度一致，它们都寻求持续、快速和可靠的交付价值；在原则上也高度契合，追求价值的端到端流动效率。

一方面，DevOps为精益产品开发提供了技术基础。另一方面，DevOps的成功有赖于组织文化的深层次变革，例如：着眼用户价值的流动而非资源的效率；打破职能之间的藩篱，围绕用户价值深入地协作，甚至融合。在这一点上，精益思想和精益实践为DevOps成功实施提供了方法学和实践的支持。

5.4 看板方法的起源

看板方法是精益产品开发的重要实践。与其他敏捷精益方法相比，它在很多方面优势明显，如：更强的可实施性、提升端到端价值交付能力、更好支持规模化实施和更系统的改进等。同样重要的是看板方法可以与持续交付、DevOps、精益设计等现代软件工程方法无缝地结合。作为一个较新的实践，看板方法经常被错误地理解，极大影响其实施效果。

5.4.1 看板的中文意思带来误解

看板的英文是"Kanban"，与汉语拼音一样，这当然不是巧合。看板的概念源自日本，其日文注音恰巧也是"Kanban"。在日文中它既可写作汉字"看板"，也可以写作假

名"かんばん"。两种写法发音相同，用法上却有细微的区别，写作"看板"更多用来指"可视化的板"；写作"かんばん"更多用来指"信号卡"。

软件开发中的看板首先指的是"信号卡"。但在国内，大家顾名思义会把看板理解为"可视化的板"，而忽略其更本质的意义，这是看板方法在国内被普遍误解的一个重要原因。在这一点上西方人没有望文生义的问题，对看板方法中用到的"可视化的板"，英语里有一个专门的称法——kanban board。为避免误会，后文中凡是指代可视化板的，也将一律称其为看板墙。

5.4.2 看板是精益制造系统的核心工具

"信号卡"的概念源自精益制造，最早出现于丰田生产系统（Toyota Production System，TPS）。尽管生产制造与产品开发有许多不同，但正本清源，理解生产制造中的看板十分必要，它帮助我们理解本质，消除误解。

图 5-8 是丰田看板系统的一个简单示意。生产过程由多个工序构成，我们截取其中的两个工序。上游工序是方向盘生产，下游工序是汽车总装，上下游工序之间是临时存放工件的货架。图中浅灰色和深灰色卡片就是看板，深灰色的是"取货看板"，浅灰色的是"生产看板"。让我们配合图解来认识看板的用途。

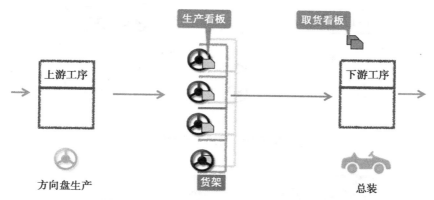

图 5-8　丰田生产系统内中的看板应用示意

第一步：如图 5-9 所示，下游工序需要某种型号的工件时，它会凭"取货看板"到货架上领取对应数量和品种的工件。工件被取走后，原先贴附在工件上的浅灰色卡片"生产看板"被留在了货架上。

第二步：如图 5-10 所示，货架上空下的生产看板被传递至上游工序⊖。

第三步：如图 5-11 所示，上游工序得到生产看板后，开始生产对应数量和品种的工件，并补充货架。

⊖　为简化起见，我们假设生产看板空出立即被传递至上游工序。而现实中会有相应的机制，让看板积累到一定数量后才传递出去，以确保适当的生产规模。

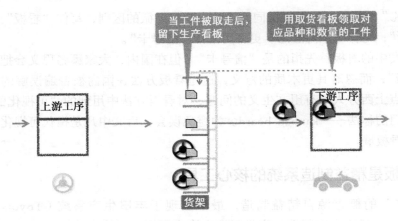

图 5-9　取货

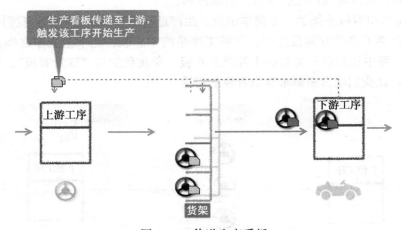

图 5-10　传递生产看板

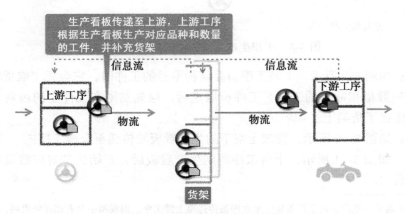

图 5-11　按看板生产和补货

看板是丰田生产方式的两个核心工具之一[一]，看板向上传递形成的信息流拉动了向下的物流，直至交付用户价值，最终拉动生产的源头是用户的需求。通过看板及其配套运作机制形成了拉动式生产系统，我们称其为看板系统。后面我们将看到，产品开发从生产中借鉴的正是看板系统的拉动思路。

5.4.3　看板形成拉式生产方式

与拉式生产对应的是传统的推式生产。在推式生产中，各工序按预先安排的计划生产，并将完成的工件推向下游，追求每个工序的产能最大利用。图 5-12 用回形针构成的链条来比喻推式生产和拉式生产带来的不同效果，一个乱象丛生，而另一个井然有序。对于拉式生产究竟能带来什么样的好处，下面做一个大致概括。

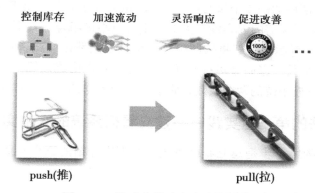

图 5-12　拉式和推式生产方式比较

1）控制库存：下游需要时上游才开始生产，有效控制了库存。库存控制水平是工厂管理的核心指标。

2）加速流动：进入生产环节的物料和半成品，很快被拉入下一环节，直至变成成品，实现了保证安全库存的前提下物料最快的流动，提高了工厂的运转效能。

3）灵活响应：用户需求的变化通过看板形成的信息流快速传递至上游各个环节，系统做出最快的响应。同时低库存水平降低了负载，让响应更加迅捷和低成本。

4）促进改善：库存的降低和流动的加速，让生产环节的问题可以在第一时间暴露，如：生产环节的质量问题很快被下一环节发现，产能不足的环节得以凸显。这为现场现地发现问题背后的根本原因和解决问题提供了便利，也提升了系统改进的动力。

提示　精益制造体系通过看板形成拉动系统，带来控制库存、加速流动、灵活响应和促进改善等好处，最终让用户价值顺畅高质量地流动。

以上我们简要介绍看板在制造领域的应用。然而，产品开发和生产制造有本质的区别。我们可以从精益制造中借鉴思想，但实践上却不能照搬，产品开发需要独立的方法

［一］　丰田生产方式的奠基人大野耐一曾说："看板和自働化是丰田生产方式的两个核心工具。"

体系，而这就是产品开发中的看板方法。

5.5　什么是产品开发中的看板方法

5.5.1　产品开发中的看板方法的诞生

2006 年在 Don Reinertsen的启发和鼓励下，David J. Anderson 最早在软件开发中借鉴和应用看板实践，并总结成为完整的方法体系——"看板方法"。

不同文献对看板方法的核心实践的组织略有区别，比如 2010 年 David 在《看板方法》一书中定义了 5 个核心实践，而近年来 David 在文章和培训中普遍使用 6 个核心实践；《看板实战》一书中使用的是 3 个核心实践，《Kanban Prime》一书把它们细分为 10 个实践。但究其本质它们所涵盖的内容没有大的区别，只不过组合方式不同。

基于可实施性的考虑，本书将按两组共五个核心实践来介绍，第一组是关于如何建立看板系统的三个实践，它们是可视化价值流动、显式化流程规则、控制在制品数目；第二组是关于运作看板系统的两个实践，它们是管理工作的流动、建立反馈和持续改进。

5.5.2　看板方法的第一组实践——建立看板系统的 3 个实践

应用看板方法的第一步是建立看板系统，接下来介绍的三个实践将帮助团队建立起看板系统。

看板方法实践一：可视化价值流动

与生产制造不同，产品开发中的价值流动是不可见的，因此也更加难以管理和优化。为此，看板方法的第一个实践就是要让工作和工作流动过程可视化。图 5-13 反映了可视化价值流动的三个重点要素。

- ❑ 首先要可视化的是用户价值。产品开发的目标是交付用户价值，看板的可视化也应该从用户的视角来组织。图中每一个深灰色的卡片代表一个用户的价值，典型的是一个可验证、可交付的用户需求。
- ❑ 接下来可视化的是用户价值端到端的流动过程，所谓端到端是指价值提出到价值交付的整个过程。它通常由多个环节构成，这其中既包括工作环节，也包括等待环节——图中灰色阴影的列。用户价值流经这些列，直至交付给用户。
- ❑ 最后，问题和瓶颈也要被可视化出来。问题是指那些阻碍用户价值流动的因素，如需求不明确、技术障碍、外部依赖等；瓶颈指价值流动不畅的环节，工作在瓶颈处积压形成队列。

[⊖]　Don 是《The Principles of Product Development Flow》一书的作者，他系统分析和总结了产品开发中流动管理的实质，发展出完整且独立于精益制造的精益产品开发理论，是精益产品开发理论体系的奠基人。

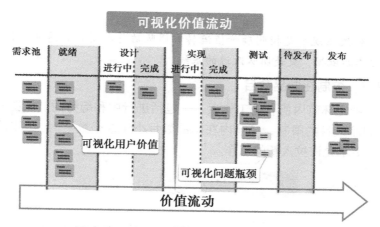

图 5-13　可视化价值流动的三个重点要素

提示　可视化价值流动是看板方法中最基础的实践，它涉及可视化用户价值、价值的流动过程，以及价值流动过程中的问题和瓶颈等方面。

现实中产品开发团队的价值流会更复杂，因目标和上下文不同而各有区别。

看板方法实践二：显式化流程规则

价值流动过程也是团队协作交付价值的过程。为了更好地协作，团队还需要明确价值流转的规则。如图 5-14 所示，流转规则是工作项从看板墙上的一列进入下一列所必须达到的标准。另外团队还应该明确其他协作规则，如：各种活动的节奏和组织方式、优先级的确定方式、问题处理的机制等。

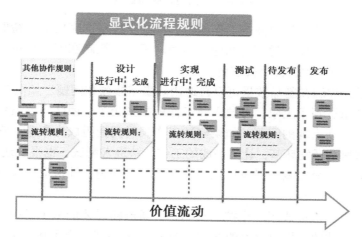

图 5-14　显式化指的是明确并达成共识，它与可视化不同

所谓显式化流程规则是指：明确以上两类规则，并在团队内达成共识。流程规则是团队协作的依据，由团队共同拥有；它更是团队改进的基线，必要时，团队应调整改进

它们。

提示　显式化流程规则是指明确价值流转和团队协作的规则并达成共识。显式化的流程规则是团队协作的依据，更是团队改进的基线。

看板方法实践三：控制在制品数目

在制品是指特定环节内所有的工作项——包括进行中和等待的。如图 5-15 所示，红色的数字是在制品数目的限制，环节内在制品数目小于这个数字时，可以从上一环节拉入新的工作，否则不允许拉入新的工作。

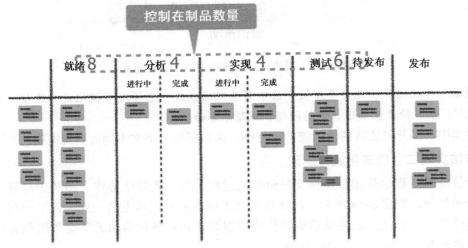

图 5-15　控制在制品数量

控制在制品数量让环节内并行工作减少，单个工作项的完成加等待时间缩短，工作项从进入看板系统到完成交付的时间随之缩短。因此，控制在制品数量加速了用户价值的流动，对产品开发的敏捷性至关重要。

更重要的是，控制在制品数量可以帮助团队暴露瓶颈和问题。如图 5-16 所示，测试环节的在制品数量达到了上限，再拉入新工作就被禁止了，团队应该聚焦于完成已经开始的工作，即时处理出现的问题。如果测试工作长时间受阻成为瓶颈，它更会影响到上游环节——在这里是开发环节，让其完成的工作无法进入测试，也很快达到在制品上限。这让瓶颈和问题更充分暴露，激发团队协作解决瓶颈问题，让流动顺畅起来再开始新的工作。

限制在制品事实上形成了一个拉动机制，下游顺畅时才能从上游拉入新的工作，最终拉动整个价值流动的是用户价值的交付。图 5-17 把制造与产品开发中的拉动机制做了一个映射，在制品限制数目大致相当于制造中的物理看板的数目，环节内工作不管处于进行中，还是处于完成状态都占用一个看板。看板方法中并没有物理的看板存在，而在制品限制起到了类似的作用，形成拉动机制，这是我们称之为看板方法的缘由，可以说没有在制品的控制就不是真正的看板方法。

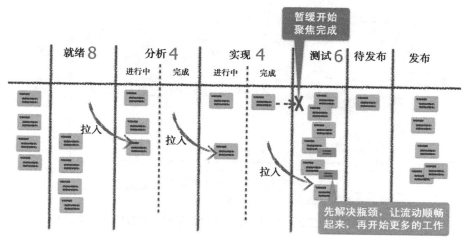

图 5-16 当测试环节达到在制品上限后，就不允许拉入新的工作

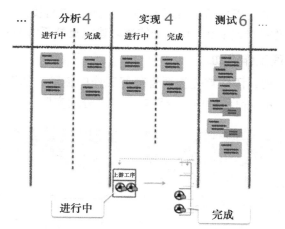

图 5-17 生产制造和产品开发中的看板表现形式不同，但机制类似

提示 看板方法通过限制在制品形成虚拟看板拉动机制，它加速了用户价值的流动，并暴露瓶颈和问题。

控制在制品是看板方法的核心，也是最容易引起争议的地方，其中一个争议就是实施过于困难。但如果方法得当、实践到位，控制在制品是一个很自然且难度并不大的实践。

如图 5-18 所示，通过以上三个实践，团队建立了看板墙和看板系统，但只有通过良好的运作它才能发挥效用。接下来介绍运作看板系统的实践。

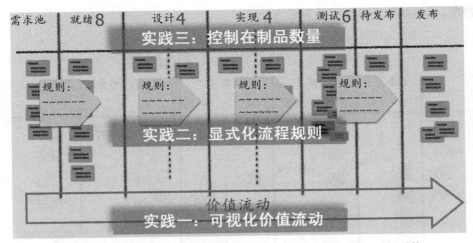

图 5-18　通过以上三个实践团队可以建立可用的看板墙和看板系统

5.5.3　看板方法的第二组实践——运作看板系统的 2 个实践

运作看板系统是为了让用户价值在看板系统中顺畅和高质量地流动，它对应两个具体的实践：1）管理工作的流动；2）基于价值流动建立反馈系统并持续改进。

看板方法实践四：管理工作流动

为了让价值顺畅流动，团队首先需要管理好工作的流动。如图 5-19 所示，它具体包括管理价值的输入、中间过程和输出，分别对应三个分项实践。

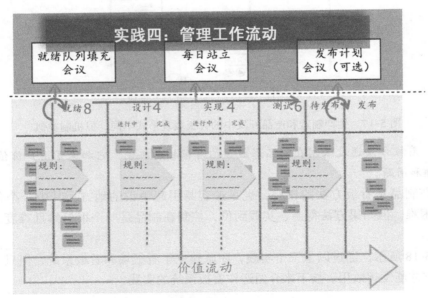

图 5-19　管理工作流动的三个分项实践

1）就绪队列填充会议。就绪队列是看板系统的输入环节和价值流动的源头，管理好就绪队列的填充对价值的顺畅流动和质量非常重要。

2）每日站立会议。站会是管理价值流动过程的活动，一个典型的看板站会发生在每个工作日、同一时间、同一地点（看板墙前），团队成员从右至左走读看板墙上的卡片，重点关注价值流动过程中的问题和阻碍，处理这些问题或提出跟踪方案。

3）发布计划会议。发布计划会议是需求发布前的计划活动，决定上线或发布哪些需求以及相关发布策略等。发布评审是一个可选的活动，如在持续交付的模式下，它很可能被例行机制所替代。

提示　管理工作的流动是为了让用户价值顺畅和高质量地流动，它包含三个分项实践，分别对应着用户价值的输入、中间过程和输出。

看板方法实践五：建立反馈和持续改进

即使我们对价值的流动做了有效的管理，现实中总会有各种问题让价值流动不畅或者带来质量问题。问题同时也是改进机会，前提是团队必须建立有效的反馈系统，从问题中发现模式和根本原因。

基于价值流动，看板方法形成了一套独特的反馈和度量体系，它们大致分为两类，一类是关于流动是否顺畅的反馈，如阻碍问题分类，影响和原因分析，再现价值流动过程的累积流图等；第二类是关于质量问题的反馈，如开发环节或测试环节遗漏缺陷的正交分类和分析。

反馈的目的是为了改善。如图 5-20 所示，团队根据反馈形成的系统认知最终必须落实

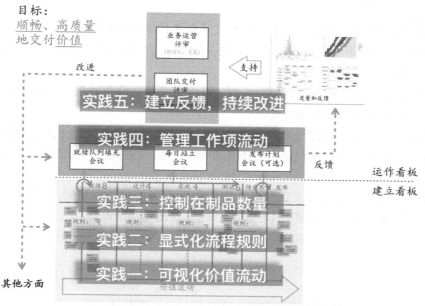

图 5-20　看板方法的 5 个实践自成体系，形成闭环

到具体的改进行动，这些改进中的一部分——如团队协作流程——可以落实到看板系统的调整当中，有一些则要落实到看板之外——如产品的设计及内部质量、团队的结构及人员能力、环境及工具的改进等。但，无论哪类改进，其效果都要通过看板系统中价值流动的状态和度量来考察，形成看板方法的改进闭环。

　　提示　建立反馈系统是为了反映和度量价值流动的状态，从中发现问题和模式，从而激发和指导团队系统性的改进，并衡量改进行动的效果，形成持续改善的闭环。

本章小结

　　本章从价值观、方法学和实践三个层面，回顾了精益的发展历程并加以总结。关于精益产品开发，我们从目标出发，基于精益方法学，构建了完整的精益开发实践体系，形成了精益产品开发屋。看板方法的核心机制是控制在制品数量的拉动系统，通过它暴露系统的问题和瓶颈，触发组织系统改进，从而提高组织的交付能力。本章要点包括：

- ❏ 精益思想起源于生产制造领域，但应用范围已经远超制造领域。
- ❏ 可以分别从价值观、方法学以及实践三个层面来阐述精益思想和方法。
- ❏ 精益的思想和原则同时适用于产品制造和产品开发。
- ❏ 由于上下文和特征不同，精益产品开发需要不同于产品制造的实践。
- ❏ 精益产品开发的目标是：顺畅和高质量地交付有用的价值。
- ❏ 探索和发现有用的价值，聚焦和提升价值流动效率。这是精益产品开发的两个支撑原则。
- ❏ 管理实践和技术实践是落实精益产品开发的具体实施和保障。
- ❏ "看板"起源于丰田生产方式，它的原始含义是"信号卡"，用来向上游传递生产的信号。
- ❏ 在精益生产中，看板形成拉动系统，从而带来控制库存、加速流动、增进灵活性、提高质量和促进改善等好处。
- ❏ 产品开发中的看板方法参考了但并不是直接照搬生产中的看板，它通过限制在制品形成虚拟看板拉动机制，目的是加速用户价值的流动，暴露瓶颈和问题，并支持和促进系统改善。
- ❏ 看板方法由 5 个核心实践构成，它们分别是可视化价值流动、显式化流程规则、控制在制品数目、管理工作的流动、建立反馈和持续改进。

思考题

　　1. 丰田生产方式（精益生产）的两大支柱是什么？并简述其作用意义。

2.《精益思想》一书中定义了精益的 5 大原则，它们分别是什么？

3. 精益产品开发的目标是什么？

4. 支持精益产品开发目标的两大原则和支柱是什么？

5. 精益产品开发相关的管理实践分为三大类，它们分别是哪三大类？

6. 在丰田生产方式中，"看板"的原始含义是什么？

7. 产品开发中的看板方法由哪五个核心实践构成？

8. 看板方法中的可视化价值流动是最基础的实践，请简要描述要可视化哪三个方面。

9. 显式化流程规则是看板方法的第二个核心实践，它是团队协作的基础，团队还应该把它看做什么？

10. 限制在制品数目是看板方法最为核心的实践，它除了加速价值的流动，还起到什么关键作用？

11. 管理工作的流动这一实践，包括管理价值的输入、中间过程和输出，在看板方法中它分别对应什么活动？

12. 反馈的目的是为了持续改善，看板方法的反馈可以分为两类，一类是关于流动是否顺畅的，另一类是什么？

参考文献

[1] Krafcik John F. Triumph of the lean production system [J]. MIT Sloan Management Review, 1988, 30(1).

[2] Ohno T. Toyota production system: beyond large-scale production [M]. CRC Press, 1988.

[3] Womack J P, Jones D T, Roos D. Machine that changed the world [M]. Simon & Schuster, 1990.

[4] Womack J P J. DT. Lean Thinking-Banish Waste and Create Wealth in Your Corporation [M]. New York: Simon & Shuster, 1996.

[5] Liker J. The Toyota way: 14 management principles from the world's greatest manufacturer [M]. McGraw-Hill, 2004(6): 2011.

[6] 彼得·德鲁克 . 21 世纪的管理挑战 [J]. 商学院，2006(11): F0001-F0002.

第 6 章　微服务软件架构

6.1　软件架构的发展

正如第 3 章软件架构演进中的介绍，随着互联网的快速发展，软件服务的用户数量越来越多，需要处理的并发量和数据量都急剧增加，同时对性能和可靠性都有了新的要求。软件架构也从经典的三层架构，发展到 SOA 架构，再发展到分布式架构以及微服务架构。那么为了更好地对比和了解微服务架构，先来回顾一下各种架构的特点。

6.1.1　单体架构

一个单体应用程序通俗来说就是应用程序的全部功能被一起打包作为单个单元或应用程序。这个单元可以是 JAR、WAR、EAR，或其他一些归档格式，但其全部集成在一个单一的单元。

例如在线购物网站通常会包括客户、产品、目录、结账等功能。在单体应用程序的情况下，所有这些功能的实现打包在一起作为一个应用程序。图 6-1 就是一个单体应用的例子。

总之，单体应用或者单体架构更多地描述了应用的部署架构，因此无论应用内部如何模块化、服务化或者采用分层架构，只要它运行时是在同一个进程中，那么我们就可以称这个应用为单体应用。

6.1.2　分层架构

分层架构是一种很常见的架构模式，它也叫 N 层架构。这种架构是大多数 Java EE 应用的实际标准，因此很多的架构师、设计师和程序员都知道它。许多传统 IT 公司的组织架构和分层模式十分相似。所以它很自然地成为大多数应用的架构模式。

分层架构模式里的组件被分成几个平行的层次，每一层都代表了应用的一个功能（展示逻辑或者业务逻辑）。尽管分层架构没有规定自身要分成几层，大多数的结构都分成四个层次：展示层、业务层、持久层和数据库层。如图 6-2 所示。有时候，业务层和

图 6-1　单体应用

持久层会合并成单独的一个业务层，尤其是持久层的逻辑绑定在业务层的组件当中。因此，有一些小的应用可能只有 3 层，一些有着更复杂的业务的大应用可能有 5 层或者更多的分层。

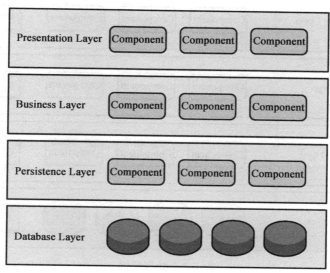

图 6-2　分层架构

简单说明：

❑ 展示层（presentation layer）：用户界面，负责视觉和用户互动。

❑ 业务层（business layer）：实现业务逻辑。

❑ 持久层（persistence layer）：提供数据访问，SQL 语句就放在这一层。

❑ 数据库层（database layer）：保存数据。

分层架构中的每一层都有着特定的角色和职能。举个例子，展示层负责处理所有的界面展示以及交互逻辑，业务层负责处理请求对应的业务。架构里的层次是具体工作的高度抽象，它们都是为了实现某种特定的业务请求。比如说展示层并不需要关心怎样得到用户数据，它只需在屏幕上以特定的格式展示信息。业务层并不关心展示在屏幕上的用户数据格式，也不关心这些用户数据从哪里来。它只需要从持久层得到数据，执行与数据有关的相应业务逻辑，然后把这些信息传递给展示层。

分层架构的一个突出特性是组件间关注点分离（separation of concern）。一个层中的组件只会处理本层的逻辑。比如说，展示层的组件只会处理展示逻辑，业务层中的组件只会去处理业务逻辑。多亏了组件分离，让我们更容易构造有效的角色和强力的模型。这样的应用变得更好开发、测试、管理和维护。

有的软件在业务层和持久层之间，加了一个服务层（service layer），提供不同业务逻辑需要的一些通用接口。用户的请求将依次通过这四层的处理，不能跳过其中任何一层，如图 6-3 所示。

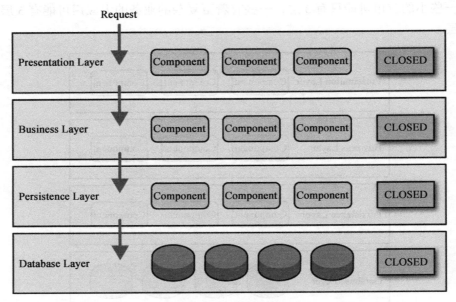

图 6-3　处理流程

分层架构的优点如下：

❑ 结构简单，容易理解和开发。

❑ 不同技能的程序员可以分工，负责不同的层，天然适合大多数软件公司的组织架构。

❑ 每一层都可以独立测试，其他层的接口通过模拟解决。

分层架构的缺点如下：

❑ 一旦环境变化，需要代码调整或增加功能时，通常比较麻烦和费时。

❑ 部署比较麻烦，即使只修改一个小地方，往往需要整个软件重新部署，不容易做持续发布。

❑ 软件升级时可能需要整个服务暂停。

❑ 扩展性差。用户请求大量增加时，必须依次扩展每一层，由于每一层内部是耦合的，扩展会很困难。

另外分层架构更多是在逻辑上进行分层，也就是之前所说在应用内部进行架构设计，软件本身仍然很大程度上属于单体架构。

6.1.3　SOA 架构

面向服务的体系结构（SOA）是构造分布式计算的应用程序的方法。它将应用程序功能作为服务发送给最终用户或者其他服务。它采用开放标准，与软件资源进行交互并采用表示的标准方式。

在某种意义上说，服务导向的架构可以被认为是一种演化，而不是革命。它捕捉到了之前体系架构的许多最佳实践或实际应用。比如在通信系统中，近年来进展有限的解决方案多采用完全静态的绑定来与网络中的其他设备沟通，但若正式采用 SOA 方式，解决方案就更能妥善定位，进而突显定义明确且可高度跨平台操作界面的重要性。

SOA 中的服务可以和我们在现实生活中服务类比。在现实生活中，服务指的是我们支付后而获得的服务内容。例如去酒店吃饭时点菜的服务内容，首先客人走到柜台点菜，然后厨房将为客人准备食物，最后服务生上菜给客人。在这个过程中，柜台点菜、厨房做菜以及服务生上菜这三个部分分别就是服务。

一个典型 SOA 架构的例子如图 6-4 所示。

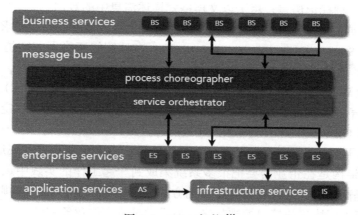

图 6-4　SOA 架构 [1]

SOA 架构中一般都会涉及企业消息总线（Enterpise Service Bus，ESB）和服务编排（Service Orchestration）。

以下是开发、维护和使用 SOA 的基本原则：

❑ 可重复使用，粒度，模组性，可组合型，物件化原件，构件化以及具交互操作性。

❑ 符合开放标准（通用的或行业的）。

❑ 服务的识别和分类，提供和发布，监控和跟踪。

下面是一些特定的体系架构原则：

❑ 服务封装。

❑ 服务松耦合（loosely coupled）：服务之间的关系最小化，只是互相知道。

❑ 服务契约：服务按照服务描述文档所定义的服务契约行事。

❑ 服务抽象：除了服务契约中所描述的内容，服务将对外部隐藏逻辑。

❑ 服务的重用性：将逻辑分布在不同的服务中，以提高服务的重用性。

❑ 服务的可组合性：一组服务可以协调工作并组合起来形成一个组合服务。

❑ 服务自治：服务对所封装的逻辑具有控制权。

❑ 服务无状态：服务将一个活动所需保存的资讯最小化。

❑ 服务的可被发现性：服务需要对外部提供描述资讯，这样可以通过现有的发现机制发现并访问这些服务。

除此以外，在定义一个 SOA 实现时，还需要考虑以下因素：

❑ 生命周期管理

❑ 有效使用系统资源

❑ 服务成熟度和性能

面向服务的架构通常被定义为通过 Web 服务协议栈暴露的服务。与 SOA 相关的 Web 服务的标准主要有：

❑ XML：一种标记语言，用于以文档格式描述消息中的数据。

❑ HTTP（或 HTTPS）：客户端和服务端之间用于传送信息而发送请求/回复的协议。

❑ SOAP（Simple Object Access Protocol）：在计算机网络上交换基于 XML 的消息的协议，通常是用 HTTP。

❑ WSDL（Web Services Description Language，Web 服务描述语言）：基于 XML 的描述语言，用于描述与服务交互所需的服务的公共接口、协议绑定、消息格式。

❑ UDDI（Universal Description, Discovery, and Integration，统一描述、发现和集成）：基于 XML 的注册协议，用于发布 WSDL 并允许第三方发现这些服务。

总之 SOA 架构是在企业需要把很多系统集成到一起工作的实践中逐步演化而来的，每个系统本身是高内聚，对外以暴露接口的方式提供服务，而 SOA 架构则会提供 ESB 以及服务编排，将不同协议的接口编排起来，最后满足特定的业务需求。

因此 SOA 强调的是系统服务化和系统之间用良好定义的接口进行交互。

6.1.4　分布式架构

分布式系统是建立在网络之上的软件系统。正是因为软件的特性，所以分布式系统具有高度的内聚性和透明性。因此，网络和分布式系统之间的区别更多的在于高层软件（特别是操作系统），而不是硬件。**内聚性**是指每一个分布节点高度自治，有本地的管理系统。**透明性**是指每一个分布节点对用户的应用来说都是透明的，看不出是本地还是远程。例如在分布式数据库系统中，用户感觉不到数据是分布的，即用户无须知道关系是否分割、有无副本、数据存于哪个站点以及事务在哪个站点上执行等。

分布式系统的核心理念是让多台服务器协同工作，完成单台服务器无法处理的任务，尤其是高并发或者大数据量的任务。分布式系统由独立的服务器通过网络松散耦合组成。每个服务器都是一台独立的 PC 机，服务器之间通过内部网络连接，内部网络速度一般比较快。因为分布式集群里的服务器是通过内部网络松散耦合，各节点之间的通信有一定的网络开销，所以分布式系统在设计上尽可能减少节点间通信。此外，因为网络传输瓶颈，单个节点的性能高低对分布式系统整体性能影响不大。比如，对分布式应用来说，采用不同编程语言开发带来的单个应用服务的性能差异，跟网络开销比起来都可以忽略不计。因此，分布式系统每个节点一般不采用高性能的服务器，而是性能相对一般的普通 PC 服务器。提升分布式系统的整体性能是要通过横向扩展（增加更多的服务器），而不是纵向扩展（提升每个节点的服务器性能）。

分布式系统最大的特点是廉价高效：由成本低廉的 PC 服务器组成的集群，在性能方面能够达到或超越大型机的处理性能，在成本上远低于大型机。这也是分布式系统最吸引人之处。成本低廉的 PC 服务器在硬件可靠性方面比大型机相去甚远，于是分布式系统由软件来对硬件进行容错，通过软件来保证整体系统的高可靠性。

分布式系统最大的好处是实现企业应用服务层面的弹性扩展。应用服务层面的弹性扩展是相对计算资源层面的弹性扩展而言的。比如，某移动互联网短视频分享应用，在晚间 11 点到凌晨 1 点是访问高峰，同时在线人数高达几十万，这时后台应用服务要扩张到数千个实例才能应付这么高并发的访问请求；过了高峰时段，后台应用服务可以收缩到几十个实例。有了分布式系统，就可以很方便地调度应用服务实例，从几十个到几百个甚至上千个，真正实现应用服务的弹性扩展。

分布式系统设计理念

（1）分布式系统对服务器硬件要求很低

这一点主要现在如下两个方面：

❑ 对服务器硬件可靠性不做要求，允许服务器硬件发生故障，硬件的故障由软件来容错。所以分布式系统的高可靠性是由软件来保证。

❑ 对服务器的性能不做要求，不要求使用高频 CPU、大容量内存、高性能存储等。因为分布式系统的性能瓶颈在于节点间通信带来的网络开销，那么单台服务器硬件性能再好，也要等待网络 IO。

一般而言，互联网公司的大型数据中心都是选用大量廉价的 PC 服务器而不是用几台高性能服务器搭建分布式集群，以此来降低数据中心成本。

（2）分布式系统强调横向可扩展性

横向可扩展性是指通过增加服务器数量来提升集群整体性能。纵向可扩展性是指提升每台服务器性能进而提升集群整体性能。纵向可扩展性的上限非常明显，单台服务器的性能不可能无限提升，而且跟服务器性能相比，网络开销才是分布式系统最大的瓶颈。横向可扩展性的上限空间比较大，集群总能很方便地增加服务器。而且分布式系统会尽可能保证横向扩展带来集群整体性能的（准）线性提升。

（3）分布式系统不允许单点失效

单点失效是指，某个应用服务只有一份实例运行在某一台服务器上，这台服务器一旦挂掉，那么这个应用服务必然也受影响而挂掉，导致整个服务不可用。

因为分布式系统的服务器都是廉价的 PC 服务器，硬件不能保证 100% 可靠，所以分布式系统默认每台服务器随时都可能发生故障挂掉。同时分布式系统必须要提供高可靠服务，不允许出现单点失效，因此分布式系统里运行的每个应用服务都有多个运行实例跑在多个节点上，每个数据点都有多个备份存在不同的节点上。

（4）分布式系统尽可能减少节点间通信开销

如前所述，分布式系统的整体性能瓶颈在于内部网络开销。目前网络传输的速度还赶不上 CPU 读取内存或硬盘的速度，所以减少网络通信开销，让 CPU 尽可能处理内存的数据或本地硬盘的数据，能显著提高分布式系统的性能。

（5）分布式系统应用服务最好做成无状态的

应用服务的状态是指运行时程序因为处理服务请求而存在内存的数据。分布式应用服务最好设计成无状态的。因为如果应用程序是有状态的，那么一旦服务器宕机就会使得应用服务程序受影响而挂掉，那存在内存的数据也就丢失了，这显然不是高可靠的服务。把应用服务设计成无状态的，让程序把需要保存的数据都保存在专门的存储上，这样应用服务程序可以任意重启而不丢失数据，方便分布式系统在服务器宕机后恢复应用服务。

总而言之，分布式系统是大数据时代企业级应用的首选架构模式，它有良好的可扩展性，尤其是横向可扩展性（Scale Out），使得分布式系统非常灵活，能应对千变万化的企业级需求，而且降低了企业客户对服务器硬件的要求，真正能做到应用服务层面的弹性扩展。

6.2　现代应用的 12 范式

如今软件通常会作为一种服务来交付，它们被称为网络应用程序或软件即服务（SaaS）。12 范式（12-Factor App）[2] 为构建如下的 SaaS 应用或者现代化应用提供了方法论：

- ❑ 使用标准化流程自动配置，从而使新的开发者花费最少的学习成本加入这个项目。
- ❑ 和操作系统之间尽可能划清界限，在各个系统中提供最大的可移植性。
- ❑ 适合部署在现代的云计算平台，从而在服务器和系统管理方面节省资源。
- ❑ 将开发环境和生产环境的差异降至最低，并使用持续交付实施敏捷开发。
- ❑ 可以在工具、架构和开发流程不发生明显变化的前提下实现扩展。

这套理论适用于任意语言和后端服务（数据库、消息队列、缓存等）开发的应用程序。12 范式具体如图 6-5 所示。

一个好的微服务应用也需要遵循这套规范。

6.3　什么是微服务架构

在过去几年中，"微服务架构"这一术语如雨后春笋般涌现出来，它描述了一种将软件应用程序设计为一组可独立部署的服务的特定方式。虽然这种架构风格没有明确的定义，但在组织、业务能力上有一些共同的特征：自动化部署，端点智能化，语言和数据的去中心化控制。

- **1. 基准代码**：一份基准代码，多份部署。基准代码和应用之间总是保持一一对应的关系。所有部署的基准代码相同，但每份部署可以使用其不同的版本。
- **2. 依赖**：显式声明依赖关系。应用程序一定通过依赖清单，确切地声明所有依赖项。
- **3. 配置**：在环境中存储配置。将应用的配置存储于环境变量中。环境变量可以非常方便地在不同的部署间做修改，却不动一行代码。
- **4. 后端服务**：把后端服务当作附加资源。应用不会区别对待本地或第三方服务。对应用程序而言，两种都是附加资源。
- **5. 构建，发布，运行**：严格区分构建、发布、运行这三个步骤。
- **6. 进程**：以一个或多个无状态进程运行应用。应用的进程必须无状态且无共享。
- **7. 端口绑定**：通过端口绑定提供服务。应用完全自我加载而不依赖任何网络服务器就可以创建一个面向网络的服务。
- **8. 并发**：通过进程模型进行扩展。开发人员可以运用这个模型去设计应用架构，将不同工作分配给不同的进程类型。
- **9. 易处理**：快速启动和优雅终止可最大化健壮性。应用的进程是可支配的，意思是说它们可以瞬间开启或停止。
- **10. 开发环境与线上环境等价**：尽可能保持开发、预发布、线上环境相同。应用想要做到持续部署就必须缩小本地与线上差异。
- **11. 日志**：把日志当作事件流。应用本身考虑存储自己的输出流。不应该试图去写或者管理日志文件。
- **12. 管理进程**：后台管理任务当作一次性进程运行。一次性管理进程应该和正常的常驻进程使用同样的环境。

图 6-5　现代应用的 12 范式

微服务这一个术语刚出现时，虽然我们自然的倾向是将它一带而过，然而我们发现这一术语描述了一种越来越吸引人的软件系统风格。我们已看到，在过去的几年中有许多项目使用了这种风格，并且到目前为止结果都还不错，以至于这已变成了我们在构建企业级应用程序时默认使用的架构风格。然而，遗憾的是并没有太多的信息来概述什么是微服务架构风格以及怎样使用这种风格。

简单来说，微服务架构风格是一种将一个单一应用程序开发为一组小型服务的方法，每个服务运行在自己的进程中，服务间通信采用轻量级通信机制（通常用 HTTP 资源 API）。这些服务围绕业务能力构建，并且可通过全自动部署机制独立部署。这些服务共用一个最小型的集中式的管理，服务可用不同的语言开发，使用不同的数据存储技术。

微服务架构本质上仍然是一种分布式架构，它从内涵和外延两个角度定义了一些原则，帮助我们设计出一种符合互联网业务特点的架构。

对于单体架构、SOA 架构和微服务架构，根据各自的特性，可以得到如图 6-6 所示的对比。

由此可见，微服务架构在带来诸多优势的时候，同时也带来了很多挑战，需要有良好的 DevOps 和底层基础架构来进行支撑。

6.4　微服务架构的特征

我们无法给出微服务架构风格的一个正式定义，但可以尝试去描述我们看到的符合该架构的一些共性。就概述共性的任何定义来说，并非所有的微服务架构风格都有这些共性，但我们期望大多数微服务架构风格展现出大多数特性。

	优势	劣势
单体	• **人所众知**：传统工具、应用和脚本都是这种结构 • **IDE友好**：Eclipse、IntelliJ等开发工具多 • **便于共享**：单个归档文件包含所有功能，便于共享 • **易于测试**：单体应用部署后，服务或特性即可展现，没有额外的依赖，测试可以立刻开始 • **容易部署**：只需将单个归档文件复制到单个目录下	• **不够灵活**：任何细微修改需要将整个应用重新构建/部署，这降低了团队的灵活性和功能交付频率 • **妨碍持续交付**：单体应用比较大时，构建时间比较长，不利于频繁部署，阻碍持续交付 • **受技术栈限制**：必须使用同一语言/工具、存储及消息，无法根据具体的场景做出其他选择 • **技术债务**："不坏不修"（Not broken，don't fix），系统设计/代码难以修改，耦合性高
SOA	• **服务重用性**：通过编排基本服务以用于不同的场景 • **易维护性**：单个服务的规模变小，维护相对容易 • **高可靠性**：使用消息机制及异步机制，提高了可靠性 • **高扩展和可用性**：分布式系统的特性 • **软件质量提升**：单个服务的复杂度降低 • **平台无关**：可以集成不同的系统 • **提升效率**：服务重用、降低复杂性，提升了开发效率	• **过分使用ESB**：使得系统集成过于复杂 • **使用基于SOAP协议的WS**：使得通信的额外开销很大 • **使用形式化的方式管理**：增加了服务管理的复杂度 • **需要使用可靠的ESB**：初始投资比较高
微服务	• **简单**：单个服务简单，只关注于一个业务功能 • **团队独立性**：每个微服务可以由不同的团队独立开发 • **松耦合**：微服务是松散耦合的 • **平台无关性**：微服务可以用不同的语言/工具开发 • **通信协议轻量级**：使用REST或者RPC进行服务间通信	• 运维成本过高 • 分布式系统的复杂性 • 异步、消息与并行方式使得系统的开发门槛增加 • 分布式系统的复杂性也会让系统的测试变得复杂

图 6-6　几种架构比较

Martin Fowler 在他的《Microservices》[3] 一文中，总结了如下微服务架构的特征。

6.4.1　通过服务组件化

组件是一个可独立替换和独立升级的软件单元。微服务架构将使用库，但组件化软件的主要方式是分解成服务。我们把库定义为链接到程序并使用内存函数来调用的组件，而服务是一种进程外的组件，它通过 Web 服务请求或 RPC（远程过程调用）机制通信（这和很多面向对象程序中的服务对象的概念是不同的）。

使用服务作为组件而不是使用库的一个主要原因是服务是可独立部署的。如果有一个应用程序是由单一进程里的多个库组成，任何一个组件的更改都导致必须重新部署整个应用程序。但如果应用程序可分解成多个服务，那么单个服务的变更只需要重新部署该服务即可。当然这也不是绝对的，一些变更将会改变服务接口导致一些协作，但一个好的微服务架构的目的是通过内聚服务边界和按合约演进机制来最小化这些协作。

使用服务作为组件的另一个结果是一个更加明确的组件接口。大多数语言没有一个好的机制来定义一个明确的发布接口，通常只有文档和规则来预防客户端打破组件的封装，这导致组件间过于紧耦合。服务通过明确的远程调用机制可以很容易地避免这些问题。

6.4.2　围绕业务能力组织

当想要把大型应用程序拆分成部件时，通常管理层聚焦在技术层面，导致 UI 团队、服务侧逻辑团队、数据库团队的划分。当团队按这些技术线路划分时，即使是简单的更改也会导致跨团队的时间和预算审批。一个聪明的团队将围绕这些优化，两害取其轻——只把业务逻辑强制放在它们会访问的应用程序中。换句话说，逻辑无处不在。这是康威（Conway）法则在起作用的一个例子。

　　微服务采用不同的分割方法，划分成围绕业务能力组织的服务。这些服务采取该业务领域软件的宽栈实现，包括用户接口、持久化存储和任何外部协作。因此，团队都是跨职能的，包括开发需要的全方位技能：用户体验、数据库、项目管理。

6.4.3　是产品不是项目

　　我们看到大多数应用程序开发工作使用一个项目模式：目标是交付将要完成的一些软件。完成后的软件被交接给运维团队，然后它的开发团队就解散了。

　　微服务支持者倾向于避免这种模式，而是认为一个团队应该负责产品的整个生命周期。对此一个共同的启示是亚马逊的理念"you build, you run it"，开发团队负责软件的整个产品周期。这使开发者经常接触他们的软件在生产环境如何工作，并增加与他们的用户联系，因为他们必须承担至少部分的支持工作。

　　产品思想与业务能力紧紧联系在一起。要持续关注软件如何帮助用户提升业务能力，而不是把软件看成是将要完成的一组功能。

6.4.4　智能端点和哑管道

　　当在不同进程间创建通信结构时，我们已经看到了很多的产品和方法。一个很好的例子就是企业服务总线（ESB），在 ESB 产品中通常为消息路由、编排、转化和应用业务规则引入先进的设施。

　　微服务社区主张另一种方法：智能端点和哑管道。基于微服务构建的应用程序的目标是尽可能的解耦和尽可能的内聚——它们拥有自己的领域逻辑，它们的行为更像经典 UNIX 理念中的过滤器——接收请求，应用适当的逻辑并产生响应。使用简单的 REST 风格的协议来编排它们，而不是使用像 WS-Choreography 或者 BPEL 或者通过中心工具编排等复杂的协议。

　　最常用的两种协议是使用资源 API 的 HTTP 请求 – 响应和轻量级消息传送。对第一种协议最好的表述是微服务团队使用的规则和协议，正是构建万维网的规则和协议（在更大程度上是 UNIX 的）。从开发者和运维人员的角度讲，通常使用的资源可以很容易地缓存。

　　第二种常用方法是在轻量级消息总线上传递消息。选择的基础设施是典型的哑管道（哑管道在这里只充当消息路由器）——像 RabbitMQ 或 ZeroMQ 这样简单的实现仅仅提供一个可靠的异步交换结构——在服务里，智能仍旧存活于端点中，生产和消费消息。

6.4.5　去中心化治理

集中治理的一个后果是单一技术平台的标准化发展趋势。经验表明，这种方法正在收缩——不是每个问题都是钉子，不是每个问题都是锤子。我们更喜欢使用正确的工具来完成工作，而单体应用程序在一定程度上可以利用语言的优势，这是不常见的。

把单体的组件分解成服务，在构建这些服务时可以有自己的技术栈选择。服务之间只需要约定接口，而无须关注彼此的内部实现。同样，运维只需要知道服务的部署规范，例如运行的环境、日志的位置、监控的 URL 及各式等，就可以正确部署和运维维服务了。

6.4.6　去中心化数据管理

数据管理的去中心化有许多不同的呈现方式。在最抽象的层面上，这意味着使系统间存在差异的世界概念模型。在整合一个大型企业时，客户的销售视图将不同于支持视图，这是一个常见的问题。客户的销售视图中的一些事情可能不会出现在支持视图中。它们确实可能有不同的属性和（更坏的）共同属性，这些共同属性在语义上有微妙的不同。

这个问题常见于应用程序之间，但也可能发生在应用程序内部，尤其当应用程序被划分成分离的组件时。一个有用的思维方式是**有界上下文**（Bounded Context）内的**领域驱动设计**（Domain-Driven Design，DDD）理念。DDD 把一个复杂域划分成多个有界的上下文，并且映射出它们之间的关系。这个过程对单体架构和微服务架构都是有用的，但在服务和上下文边界间有天然的相关性，边界有助于澄清和加强分离，就像业务能力部分描述的那样。

和概念模型的去中心化决策一样，微服务也去中心化数据存储决策。虽然单体应用程序更喜欢单一的逻辑数据库做持久化存储，但企业往往倾向于一系列应用程序共用一个单一的数据库——这些决定是供应商授权许可的商业模式驱动的。微服务更倾向于让每个服务管理自己的数据库，或者同一数据库技术的不同实例，或完全不同的数据库系统——这就是所谓的**混合持久化**（Polyglot Persistence）。我们可以在单体应用程序中使用混合持久化，但它更常出现在微服务里。

对跨微服务的数据来说，去中心化责任对管理升级有影响。处理更新的常用方法是在更新多个资源时使用事务来保证一致性。这个方法通常用在单体中。

像这样使用事务有助于一致性，但会产生显著的临时耦合，这在横跨多个服务时是有问题的。分布式事务众所周知难以实现，因此微服务架构强调服务间的无事务协作，对一致性可能只是最后一致性和通过补偿操作处理问题有明确的认知。

对很多开发团队来说，选择用这样的方式管理不一致性是一个新的挑战，但这通常与业务实践相匹配。通常业务处理一定程度的不一致，以快速响应需求，同时有某些类型的逆转过程来处理错误。这种权衡是值得的，只要修复错误的代价小于更大一致性下损失业务的代价。

6.4.7　基础设施自动化

在过去的几年中，基础设施自动化已经发生了巨大的变化，特别是云和 AWS 的演化已经降低了构建、部署和运维微服务的操作复杂度。

许多用微服务构建的产品或系统是由在持续部署和它的前身持续集成有丰富经验的团队构建的。团队用这种方式构建软件，广泛使用了基础设施自动化。我们希望有尽可能多的信心让软件可以正常工作，所以运行大量的自动化测试。促进工作软件沿流水线"向上"意味着我们自动化部署到每个新的环境中。

6.4.8　为失效设计

使用服务作为组件的一个结果是，应用程序需要被设计成能够容忍服务失效。任何服务调用都可能因为供应者不可用而失败，客户端必须尽可能优雅地应对这种失败。与单体应用设计相比这是一个劣势，因为它引入额外的复杂性来处理它。结果是，微服务团队不断反思服务失效如何影响用户体验。

这对微服务架构特别重要，因为微服务偏好编排和事件协作，这会带来突发行为。监测对于快速发现不良突发行为是至关重要的，所以它可以被修复。

微服务团队希望看到为每个单独的服务设置的完善的监控和日志记录，比如控制面板上显示启动／关闭状态和各种各样的运营和业务相关指标。断路器状态、当前吞吐量和时延的详细信息是我们经常遇到的其他例子。

6.4.9　进化式设计

变更控制并不一定意味着变更的减少——用正确的态度和工具，就可以频繁、快速且控制良好地改变软件。

当试图把软件系统组件化时，我们就面临着如何划分成服务的决策——决定分割应用的原则是什么？组件的关键特性是独立的更换和升级的理念——这意味着我们要找到这样的点，我们可以想象重写组件而不影响其合作者。事实上很多微服务群组通过明确地预期许多服务将被废弃而不是长期演进来进一步找到这些点。

强调可替代性是模块设计更一般原则的一个特例，它是通过变更模式来驱动模块化的。系统中很少变更的部分应该和正在经历大量扰动的部分放在不同的服务里。如果我们发现自己不断地一起改变两个服务，这是它们应该被合并的一个标志。

把组件放在服务中，为更细粒度的发布计划增加了一个机会。对单体来说，任何变更都需要完整构建和部署整个应用程序。而对微服务来说，只需要重新部署修改过的服务。这可以简化和加速发布过程。坏处是，我们必须担心一个服务的变化会阻断其消费者。传统的集成方法试图使用版本管理解决这个问题，但是微服务世界的偏好是只把版本管理作为最后的手段。通过把服务设计成对它们的提供者的变化尽可能地宽容，我们可以避免大量的版本管理。

6.5　微服务核心模式

模式语言提供了讨论问题的交流术语，它明确了特定场景、特定问题的解决方案和延伸性思考。模式语言主要的目的是帮助开发者解决在设计和编程中遇到的共同问题，即清晰的问题陈述、体现问题的解决方案以及推动解决方案的力量（Force）的清晰表述。微服务架构作为一个现在流行的服务架构，也有一套属于自己的模式。

6.5.1　服务注册与发现

用硬编码提供者地址的方式有不少问题，因此服务消费者需要一个强大的服务发现机制。服务消费者使用这种机制获取服务提供者的网络信息。不仅如此，即使服务提供者的信息发生变化，服务消费者也无须修改配置文件。

服务发现组件为我们提供这种能力。在微服务架构中，服务发现组件是一个非常关键的组件。

服务提供者、服务消费者、服务发现组件这三者之间的关系大致如下（见图6-7）：

1）各个微服务在启动时，将自己的网络地址等信息注册到服务发现组件中，服务发现组件会存储这些信息。

2）服务消费者可从服务发现组件查询服务提供者的网络地址，并使用该地址调用服务提供者的接口。

3）各个微服务与服务发现组件使用一定机制（例如心跳）通信。服务发现组件如长时间无法与某微服务实例通信，就会注销该实例。

4）微服务网络地址发生变更（例如实例增减或者IP端口发生变化等）时，会重新注册到服务发现组件。使用这种方式，服务消费者就无须人工修改提供者的网络地址了。

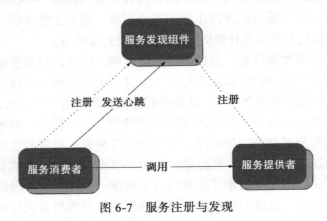

图 6-7　服务注册与发现

6.5.2　配置中心

应用通常需要在不同的环境下运行，例如测试、预发布，生产环境等，因此需要与之对应的多套配置文件。解决方法就是将应用程序所有相关的配置信息，包括数据库、网络连接等保存在外部。在应用启动时，从外部（例如操作系统环境变量）读取这些配置信息。

我们以 Spring Cloud Config 为例，Spring Cloud Config 提供了一种在分布式系统中外部化配置服务器和客户端的支持。配置服务器有一个中心位置，管理所有环境下的应用的外部属性。客户端和服务器映射到相同 Spring Eventment 和 PropertySrouce 抽象的概念，所以非常适合 Spring 应用，但也可以在任何语言开发的任何应用中使用。在一个应用从开发、测试到生产的过程中，我们可以分别地管理开发、测试、生产环境的配置，并且在迁移的时候获取相应的配置来运行。

Config Server 存储后端默认使用 git 存储配置信息，因此可以很容易支持标记配置环境的版本，同时可以用一个使用广泛的工具管理配置内容。架构及流程图如图 6-8 所示。

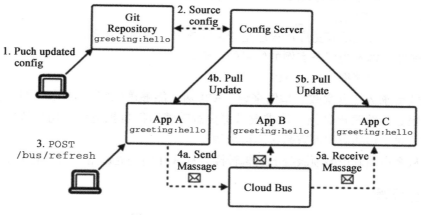

图 6-8　Spring Cloud Config

6.5.3　API 网关

微服务架构的应用客户端如何访问各项服务？这会涉及以下需求：

- 微服务提供的 API 粒度通常与客户端需要的有所不同。微服务通常提供的是细粒度 API，这意味着客户端需要同多项服务进行交互。举例来说，如之前所提到的，客户端需要从多项服务处获取数据方可获得产品详情。
- 不同客户端需要不同的数据。举例来说，有产品详情页面的桌面浏览器版本通常较移动版复杂。
- 不同客户端的网络性能亦有所区别。举例来说，移动网络通常较非移动网络速度更慢且更延迟。当然，广域网速度也必然低于局域网。这意味着原生移动客户端

所使用的网络在性能上与服务器端 Web 应用采用的局域网完全不同。服务器端
Web 应用能够向后端服务发送多条请求，
而且不会影响到用户体验，但移动客户端
则只能发送少量请求。

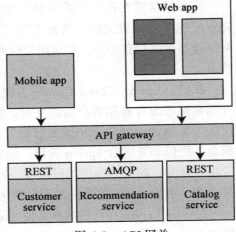

图 6-9　API 网关

- 服务实例数量与其位置（主机与端口）会
  发生动态变化。
- 服务的划分方式会随时间的推移而改变，
  且不应被客户端所感知。

使用 API 网关作为全部客户端的单一入口点。
该 API 网关通过以下两种方式之一处理请求。部
分请求会被直接代理／路由至对应的服务，另一
部分请求则需要接入多项服务。

相比提供满足所有需求的 API，API 网关可以
针对不同客户端提供不同的 API，如图 6-9 所示。

API 网关有以下优势：

- 确保客户端无法察觉应用程序是如何被拆分为多项微服务的。
- 确保客户端不受服务实例的位置的影响。
- 为每套客户端提供最优 API。
- 降低请求／往返次数。举例来说，API 网关能够确保客户端在单次往返中就从多
  项服务中检索出数据。请求数量更少意味着运行负担更低且用户体验更好。API
  网关对于移动应用而言是必不可少的。
- 将从客户端调用多项服务的逻辑转换为从 API 网关处调用，从而简化整个客户端。

6.5.4　熔断器

微服务架构的应用系统通常包含多个服务层。微服务之间通过网络进行通信，从而
支撑起整个应用系统，因此，微服务之间难免存在依赖关系。我们知道，任何微服务都
并非 100% 可用，网络往往也很脆弱，因此难免有些请求会失败。

我们常把"基础服务故障"导致"级联故障"的现象称为*雪崩效应*。雪崩效应描述
的是提供者不可用导致消费者不可用，并将不可用逐渐放大的过程。

Martin Fowler 总结的熔断器模式可以防止应用程序不断地尝试执行可能会失败的操
作，使得应用程序继续执行而不用等待修正错误，或者浪费 CPU 时间去等到长时间的超
时产生。熔断器模式也可以使应用程序能够诊断错误是否已经修正，如果已经修正，应
用程序会再次尝试调用操作。

熔断器模式就像是那些容易导致错误的操作的一种代理。这种代理能够记录最近调
用发生错误的次数，然后决定使用允许操作继续，或者立即返回错误，如图 6-10 所示。

熔断器可以使用状态机来实现，内部模拟以下几种状态。

❑ 闭合（Closed）状态：对应用程序的请求能够直接引起方法的调用。代理类维护了最近调用失败的次数，如果某次调用失败，则使失败次数加 1。如果最近失败次数超过了在给定时间内允许失败的阈值，则代理类切换到断开（Open）状态。此时代理开启了一个超时时钟，当该时钟超过了该时间，则切换到半断开（Half-Open）状态。该超时时间的设定给了系统一次机会来修正导致调用失败的错误。

❑ 断开（Open）状态：在该状态下，对应用程序的请求会立即返回错误响应。

❑ 半断开（Half-Open）状态：允许对应用程序的一定数量的请求可以去调用服务。如果这些请求对服务的调用成功，那么可以认为之前导致调用失败的错误已经修正，此时熔断器切换到闭合状态（并且将错误计数器重置）；如果这一定数量的请求有调用失败的情况，则认为导致之前调用失败的问题仍然存在，熔断器切回到断开方式，然后开始重置计时器以给系统一定的时间来修正错误。半断开状态能够有效防止正在恢复中的服务被突然而来的大量请求再次拖垮。

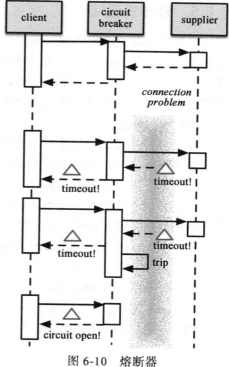

图 6-10　熔断器

各个状态之间的转换如图 6-11 所示。

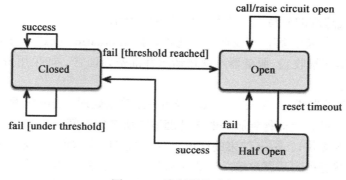

图 6-11　熔断器状态机

Netflix 的 Hystrix 就是熔断器的一种实现。

6.5.5 分布式追踪

微服务的特点决定了功能模块的部署是分布式的，以往在单应用环境下，所有的业务都在同一个服务器上，如果服务器出现错误和异常，我们只要盯住一个点，就可以快速定位和处理问题，但是在微服务的架构下，大部分功能模块都是单独部署运行的，彼此通过总线交互，都是无状态的服务，在这种架构下，前后台的业务流会经过很多个微服务的处理和传递，我们难免会遇到这样的问题：

❑ 分散在各个服务器上的日志怎么处理？

❑ 如果业务流出现了错误和异常，如何定位是哪个点出的问题？

❑ 如何跟踪业务流的处理顺序和结果？

我们发现，以前在单应用下的日志监控很简单，在微服务架构下却成为了一个大问题，如果无法跟踪业务流，无法定位问题，我们将耗费大量的时间来查找和定位问题。

我们以 Spring Cloud Sleuth 为例，它为 Spring Cloud 提供了分布式跟踪的解决方案，它大量借用了 Google Dapper、Twitter Zipkin 和 Apache HTrace 的设计。

Sleuth 借用了 Dapper 的术语。

1）span（跨度）：基本工作单元。span 用一个 64 位的 id 唯一标识。除 ID 外，span 还包含其他数据，例如描述、时间戳事件、键值对的注解（标签）、span ID、span 父 ID 等。

span 被启动和停止时，记录了时间信息。初始化 span 被称为 "root span"，该 span 的 id 和 trace 的 id 相等。

2）trace（跟踪）：一组共享 "root span" 的 span 组成的树状结构称为 trace。trace 也用一个 64 位的 ID 唯一标识，trace 中的所有 span 都共享该 trace 的 ID。

3）annotation（标注）：用来记录事件的存在，其中，核心 annotation 用来定义请求的开始和结束。

以下为分布式追踪的简易工作流程（如图 6-12 所示）：

1）cs（客户端发送）：客户端发起一个请求，该 annotation 描述了 span 的开始。

2）sr（服务器端接收）：服务器端获得请求并准备处理它。如果用 sr 减去 cs 时间戳，就能得到网络延迟。

3）ss（服务器端发送）：该 annotation 表明完成请求处理（当响应发回客户端时）。如果用 ss 减去 sr 时间戳，就能得到服务器端处理请求所需的时间。

4）cr（客户端接收）：span 结束的标识。客户端成功接收到服务器端的响应。如果 cr 减去 cs 时间戳，就能得到从客户端发送请求到服务器响应的所需的时间。

如果配合使用 Zipkin，就可以得到如图 6-13 所示的调用链路图。

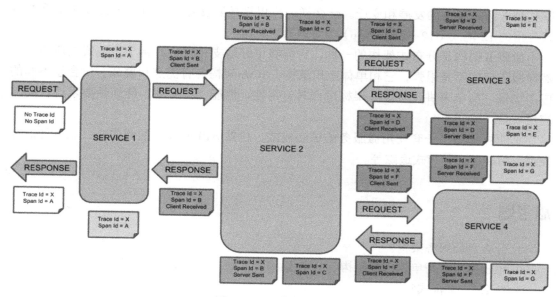

图 6-12　服务调用关系

图 6-13　调用链路图

本章小结

软件架构是有关软件整体结构与组件的抽象描述，用于指导大型软件系统各个方面的设计。随着需求的变化，软件架构也发生了变化、经历了单体架构、分层架构、SOA

架构到分布式架构的发展和变迁。什么样的应用算是云友好（Cloud Friendly）的呢？现代应用的 12 范式（12-Factor App）很好地做了总结。

微服务架构是分布式架构的一种，它能够更好地支持现代符合十二范式的应用。当然微服务架构不是银弹，它和单体应用架构、SOA 架构各有优点和挑战，适合于不同的应用场景。简单来讲，微服务架构适合对可用性、性能、扩展性、伸缩性要求比较高的应用场景。

工业界总结了一套使用微服务的核心模式，包括 API 网关、配置中心、服务注册与发现、熔断器、分布式追踪等。

思考题

    1. 什么是微服务架构？

    2. 比较微服务与单体应用架构、SOA 架构的异同。

    3. 什么是 12 范式？

    4. 微服务架构的特征有哪些？

    5. 微服务的核心模式有哪些？

参考文献

[1]   Neal Ford. Building Microservice Architectures [OL]. http://nealford.com/downloads/Building_ Microservice_Architectures_Neal_Ford.pdf.

[2]   The Twelve-Factor App [OL]. https://12factor.net/zh_cn/.

[3]   Martin Fowler, James Lewis. Microservices [OL]. https://martinfowler.com/articles/micro-services.html.

第 7 章　容器技术基础

7.1　内核基础

图 7-1 是经典的 Linux 内核图，涵盖了内核最为核心的几个模块。

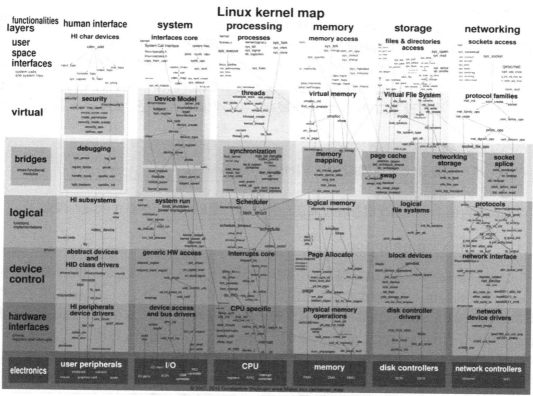

图 7-1　Linux 内核图 [1]

Linux 内核的主要子系统包括以下几个部分。

❑ 系统调用接口

SCI 层提供了某些机制执行从用户空间到内核的函数调用。

❑ 进程管理

进程管理的重点是进程的执行。在内核中，这些进程称为线程，代表单独的处理器虚拟化（线程代码、数据、堆栈和 CPU 寄存器）。在用户空间，通常使用进程这个术语，不过 Linux 实现并没有区分这两个概念（进程和线程）。内核通过 SCI 提供了一个应用程序编程接口来创建一个新进程、停止进程并在它们之间进行通信和同步。

进程管理还包括处理活动进程之间共享 CPU 的需求。内核实现了一种新型的调度算法，不管有多少个线程在竞争 CPU，这种算法都可以在固定时间内进行操作。

❑ 内存管理

内核所管理的另外一个重要资源是内存。为了提高效率，如果由硬件管理虚拟内存，内存是按照所谓的内存页方式进行管理的。Linux 包括了管理可用内存的方式，以及物理和虚拟映射所使用的硬件机制。

❑ 虚拟文件系统

虚拟文件系统（VFS）是 Linux 内核中非常有用的一个方面，它为文件系统提供通用的接口抽象。VFS 在 SCI 和内核所支持的文件系统之间提供了一个交换层。

文件系统层之下是缓冲区缓存，它为文件系统层提供了一个通用函数集（与具体文件系统无关）。这个缓存层通过将数据保留一段时间（或者随机预先读取数据以便在需要时可用）优化了对物理设备的访问。缓冲区缓存之下是设备驱动程序，它实现了特定物理设备的接口。

❑ 网络堆栈

网络堆栈在设计上遵循模拟协议本身的分层体系结构。

❑ 设备驱动程序

Linux 内核中有大量代码都在设备驱动程序中，它们能够运转特定的硬件设备。

7.1.1 Linux namespace

Linux namespace 是 Linux 提供的一种内核级别的环境隔离的方法。Unix 有一个叫 chroot 的系统调用（通过修改根目录把用户 jail 到一个特定目录下），chroot 提供了一种简单的隔离模式：chroot 内部的文件系统无法访问外部的内容。Linux namespace 在此基础上，提供了对 UTS、IPC、mount、PID、network、user 等的隔离机制。

Linux namespace 的种类见表 7-1，官方文档可以参考《Namespace in Operation》。

表 7-1　namespace 的种类

namespace	系统调用参数	隔 离 内 容
UTS	CLONE_NEWUTS	主机名与域名
IPC	CLONE_NEWIPC	信号量、消息队列和共享内存
PID	CLONE_NEWPID	进程编号

（续）

namespace	系统调用参数	隔 离 内 容
network	CLONE_NEWNET	网络设备、网络栈、端口等
mount	CLONE_NEWNS	挂载点（文件系统）
user	CLONE_NEWUSER	用户和用户组

Linux 内核实现 namespace 的主要目的就是实现轻量级虚拟化（容器）服务。在同一个 namespace 下的进程可以感知彼此的变化，而对外界的进程一无所知。这样就可以让容器中的进程产生错觉，仿佛自己置身于一个独立的系统环境中，以此达到独立和隔离的目的。

❑ 调用 namespace 的 API

namespace 的 API 包括 clone()、setns() 以及 unshare()，还有 /proc 下的部分文件。为了确定隔离的到底是哪种 namespace，在使用这些 API 时，通常需要指定以下 6 个常数的一个或多个，通过 |（位或）操作来实现。在表 7-1 中这 6 个参数分别是 CLONE_NEWIPC、CLONE_NEWNS、CLONE_NEWNET、CLONE_NEWPID、CLONE_NEWUSER 和 CLONE_NEWUTS。

❑ UTS（UNIX Time-sharing System）namespace

UTS namespace 提供了主机名和域名的隔离，这样每个容器就可以拥有独立的主机名和域名，在网络上可以被视作一个独立的节点而非宿主机上的一个进程。

❑ IPC（InterProcess Communication）namespace

容器中进程间通信采用的方法包括常见的信号量、消息队列和共享内存。然而与虚拟机不同的是，容器内部进程间通信对宿主机来说，实际上是具有相同 PID namespace 中的进程间通信，因此需要一个唯一的标识符来进行区别。申请 IPC 资源就申请了这样一个全局唯一的 32 位 ID，所以 IPC namespace 中实际上包含了系统 IPC 标识符以及实现 POSIX 消息队列的文件系统。在同一个 IPC namespace 下的进程彼此可见，而与其他的 IPC namespace 下的进程则互相不可见。

❑ PID namespace

PID namespace 隔离非常实用，它对进程 PID 重新进行标号，即两个不同 namespace 下的进程可以有同一个 PID。每个 PID namespace 都有自己的计数程序。内核为所有的 PID namespace 维护着一个树状结构，最顶层的是系统初始时创建的，我们称之为 root namespace。它创建的新 PID namespace 就称之为 child namespace（树的子节点），而原先的 PID namespace 就是新创建的 PID namespace 的 parent namespace（树的父节点）。通过这种方式，不同的 PID namespaces 会形成一个等级体系。所属的父节点可以看到子节点中的进程，并可以通过信号等方式对子节点中的进程产生影响。反过来，子节点不能看到父节点 PID namespace 中的任何内容。由此产生如下结论。

- ❑ 每个 PID namespace 中的第一个进程"PID 1"都会像传统 Linux 中的 init 进程一样拥有特权，起特殊作用。
- ❑ 一个 namespace 中的进程不可能通过 kill 或 ptrace 影响父节点或者兄弟节点中的进程，因为其他节点的 PID 在这个 namespace 中没有任何意义。
- ❑ 如果在新的 PID namespace 中重新挂载 /proc 文件系统，会发现其下只显示同属一个 PID namespace 中的其他进程。
- ❑ 在 root namespace 中可以看到所有的进程，并且递归包含所有子节点中的进程。
- ❑ mount namespaces

mount namespace 通过隔离文件系统挂载点对隔离文件系统提供支持，它是历史上第一个 Linux namespace，所以它的标识位比较特殊，就是 CLONE_NEWNS。隔离后，不同 mount namespace 中的文件结构发生变化也互不影响。可以通过 /proc/[pid]/mounts 查看所有挂载在当前 namespace 中的文件系统，还可以通过 /proc/[pid]/mountstats 看到 mount namespace 中文件设备的统计信息，包括挂载文件的名字、文件系统类型、挂载位置等。

进程在创建 mount namespace 时，会把当前的文件结构复制给新的 namespace。新 namespace 中的所有 mount 操作都只影响自身的文件系统，而对外界不会产生任何影响。这样做非常严格地实现了隔离，但是某些情况可能并不适用。比如父节点 namespace 中的进程挂载了一张 CD-ROM，这时子节点 namespace 拷贝的目录结构就无法自动挂载上这张 CD-ROM，因为这种操作会影响父节点的文件系统。

2006 年引入的挂载传播（mount propagation）解决了这个问题，挂载传播定义了挂载对象（mount object）之间的关系，系统用这些关系决定任何挂载对象中的挂载事件如何传播到其他挂载对象。所谓传播事件，是指由一个挂载对象的状态变化导致的其他挂载对象的挂载与解除挂载动作的事件。

- ❑ 共享关系（share relationship）。如果两个挂载对象具有共享关系，那么一个挂载对象中的挂载事件会传播到另一个挂载对象，反之亦然。
- ❑ 从属关系（slave relationship）。如果两个挂载对象形成从属关系，那么一个挂载对象中的挂载事件会传播到另一个挂载对象，但是反过来不行；在这种关系中，从属对象是事件的接收者。

一个挂载状态可能为如下的其中一种：
- ❑ 共享挂载（shared）
- ❑ 从属挂载（slave）
- ❑ 共享 / 从属挂载（shared and slave）
- ❑ 私有挂载（private）
- ❑ 不可绑定挂载（unbindable）

传播事件的挂载对象称为**共享挂载**（shared mount），接收传播事件的挂载对象称为从属挂载（slave mount），既不传播也不接收传播事件的挂载对象称为私有挂载（private mount）。另一种特殊的挂载对象称为不可绑定挂载（unbindable mount），它们与私有挂载相似，但是不允许执行绑定挂载，即创建 mount namespace 时这块文件对象不可被复制。mount 的各类挂载状态如图 7-2 所示。

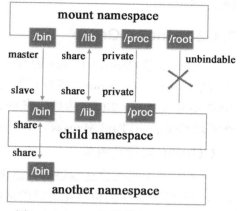

图 7-2　mount 各类挂载状态示意图 [2]

共享挂载的应用场景非常明显，就是为了文件数据的共享所必须存在的一种挂载方式；从属挂载更大的意义在于某些"只读"场景；私有挂载其实就是纯粹的隔离，作为一个独立的个体而存在；不可绑定挂载则有助于防止没有必要的文件拷贝，如某个用户数据目录，当根目录被递归式地复制时，用户目录无论从隐私还是实际用途考虑都需要有一个不可被复制的选项。

❑ network namespace

network namespace 主要提供了关于网络资源的隔离，包括网络设备、IPv4 和 IPv6 协议栈、IP 路由表、防火墙、/proc/net 目录、/sys/class/net 目录、端口（socket）等。一个物理的网络设备最多存在于一个 network namespace 中，可以通过创建 veth pair（即虚拟网络设备对，有两端，类似管道，如果数据从一端传入另一端也能接收到，反之亦然）在不同的 network namespace 间创建通道，以此达到通信的目的。

一般情况下，物理网络设备都分配在最初的 root namespace（表示系统默认的 namespace，在 PID namespace 中已经提及）中。但是如果有多块物理网卡，也可以把其中一块或多块分配给新创建的 network namespace。需要注意的是，当新创建的 network namespace 被释放时（所有内部的进程都终止并且 namespace 文件没有被挂载或打开），在这个 namespace 中的物理网卡会返回到 root namespace 而非创建该进程的父进程所在的 network namespace。

❑ user namespaces

user namespace 主要隔离了安全相关的标识符（identifier）和属性（attribute），包括用户 ID、用户组 ID、root 目录、key（指密钥）以及特殊权限。说得通俗一点，一个普通用户的进程通过 clone() 创建的新进程在新 user namespace 中可以拥有不同的用户和用户组。这意味着一个进程在容器外属于一个没有特权的普通用户，但是它创建的容器进程却属于拥有所有权限的超级用户，这个技术为容器提供了极大的自由。

user namespace 是目前 6 个 namespace 中最后一个被支持的，并且直到 Linux 内核 3.8 版本的时候还未完全实现（还有部分文件系统不支持）。因为 user namespace 实际上并不算完全成熟，很多发行版担心安全问题，在编译内核的时候并未开启 USER_NS。实际上目前 Docker 也还不支持 user namespace，但是预留了相应接口，相信在不久后就会支持这一特性。

7.1.2　Linux CGroup

CGroup 是 Control Group 的缩写，是 Linux 内核提供的一种可以限制、记录、隔离进程组（process group）所使用的物力资源（如 cpu memory i/o 等）的机制。CGroup 2007 年进入 Linux 2.6.24 内核，它不是全新创造的，它将进程管理从 cpuset 中剥离出来，作者是 Google 的 Paul Menage。CGroup 也是 LXC 为实现虚拟化所使用的资源管理手段。

1. CGroup 功能及组成

CGroup 是将任意进程进行分组化管理的 Linux 内核功能。CGroup 本身是提供将进程进行分组化管理的功能和接口的基础结构，I/O 或内存的分配控制等具体的资源管理功能是通过这个功能来实现的。这些具体的资源管理功能称为 CGroup 子系统或控制器。CGroup 子系统有控制内存的 Memory 控制器、控制进程调度的 CPU 控制器等。运行中的内核可以使用的 Cgroup 子系统由 /proc/cgroup 来确认。

CGroup 提供了一个 CGroup 虚拟文件系统，作为进行分组管理和各子系统设置的用户接口。要使用 CGroup，必须挂载 CGroup 文件系统。这时通过挂载选项指定使用哪个子系统。

2. CGroup 支持的文件种类

CGroup 支持的文件种类如表 7-2 所示。

表 7-2　CGroup 支持的文件种类

文　件　名	R/W	用　　　途
Release_agent	RW	删除分组时执行的命令，这个文件只存在于根分组
Notify_on_release	RW	设置是否执行 release_agent。为 1 时执行
Tasks	RW	属于分组的线程 TID 列表
Cgroup.procs	R	属于分组的进程 PID 列表。仅包括多线程进程的线程 leader 的 TID，这点与 tasks 不同
Cgroup.event_control	RW	监视状态变化和分组删除事件的配置文件

3. CGroup 相关概念解释

- 任务（task）：在 CGroup 中，任务就是系统的一个进程。
- 控制族群（control group）：控制族群就是一组按照某种标准划分的进程。CGroup 中的资源控制都是以控制族群为单位实现。一个进程可以加入到某个控制族群，也可以从一个进程组迁移到另一个控制族群。一个进程组的进程可以使用 CGroup 以控制族群为单位分配的资源，同时受到 CGroup 以控制族群为单位设定的限制。

❑ 层级（hierarchy）：控制族群可以组织成层级的形式，即一棵控制族群树。控制族群树上的子节点控制族群是父节点控制族群的孩子，继承父控制族群的特定属性。

❑ 子系统（subsystem）：一个子系统就是一个资源控制器，比如 CPU 子系统就是控制 CPU 时间分配的一个控制器。子系统必须附加（attach）到一个层级上才能起作用，一个子系统附加到某个层级以后，这个层级上的所有控制族群都受这个子系统的控制。

7.2 Docker 架构概览

Docker 采用 C/S 架构。Docker Client 和 Docker Daemon 通信，以创建、运行或发布容器。可以将 Docker daemon 运行在本机或远程主机，Client 和 Daemon 通过 socket 或 RESTful API 交互，如图 7-3 和图 7-4 所示。

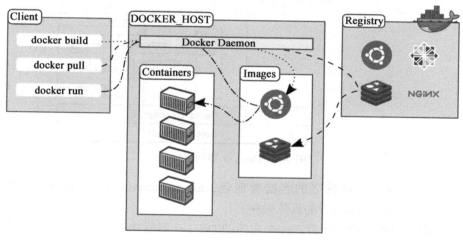

图 7-3　Docker 架构概览 [3]

不难看出，用户是使用 Docker Client 与 Docker Daemon 建立通信，并发送请求给后者。

而 Docker Daemon 作为 Docker 架构中的主体部分，首先提供 Server 的功能使其可以接受 Docker Client 的请求；而后 Engine 执行 Docker 内部的一系列工作，每一项工作都以 Job 的形式存在。

Job 的运行过程中，当需要容器镜像时，则从 Docker Registry 中下载镜像，并通过镜像管理驱动 graphdriver 将下载镜像以 Graph 的形式存储；当需要为 Docker 创建网络环境时，通过网络管理驱动 networkdriver 创建并配置 Docker 容器网络环境；当需要限制 Docker 容器运行资源或执行用户指令等操作时，则通过 execdriver 来完成。

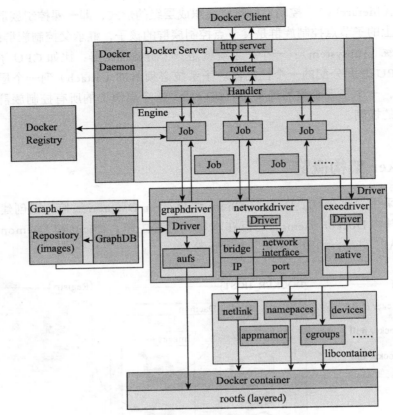

图 7-4　Docker 架构概览 [4]

而 libcontainer 是一项独立的容器管理包，networkdriver 以及 execdriver 都是通过 libcontainer 来实现对容器进行的具体操作。

当执行完运行容器的命令后，一个实际的 Docker 容器就处于运行状态，该容器拥有独立的文件系统，独立并且安全的运行环境等。

7.2.1　Client

Docker Client 是 Docker 架构中用户用来和 Docker Daemon 建立通信的客户端。用户使用的可执行文件为 docker，通过 docker 命令行工具可以发起众多管理 container 的请求。

Docker Client 可以通过以下三种方式和 Docker Daemon 建立通信：tcp://host:port，unix://path_to_socket 和 fd://socketfd。为了简单起见，我们使用第一种方式作为讲述两者通信的原型。与此同时，与 Docker Daemon 建立连接并传输请求的时候，Docker Client 可以通过设置命令行 flag 参数的形式设置安全传输层协议（TLS）的有关参数，保证传输的安全性。

Docker Client 发送容器管理请求后，由 Docker Daemon 接受并处理请求，当 Docker Client 接收到返回的请求响应并简单处理后，Docker Client 一次完整的生命周期就结束了。当需要继续发送容器管理请求时，用户必须再次通过 docker 可执行文件创建 Docker Client。

7.2.2　Docker Daemon

Docker Daemon 是 Docker 架构中一个常驻在后台的系统进程，功能是接受并处理 Docker Client 发送的请求。该守护进程在后台启动了一个 Server，Server 负责接受 Docker Client 发送的请求；接受请求后，Server 通过路由与分发调度，找到相应的 Handler 来执行请求。

Docker Daemon 启动所使用的可执行文件也是 docker，与 Docker Client 启动所使用的可执行文件 docker 相同。在 docker 命令执行时，通过传入的参数来判别 Docker Daemon 与 Docker Client。

Docker Daemon 的架构大致可以分为以下三部分：Docker Server、Engine 和 job。Daemon 的架构如图 7-5 所示。

❑ Docker Server

Docker Server 在 Docker 架构中是专门服务于 Docker Client 的 server。该 server 的功能是接受并调度分发 Docker Client 发送的请求。Docker Server 的架构如图 7-6 所示。

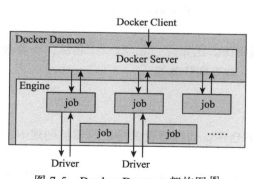

图 7-5　Docker Daemon 架构图 [5]

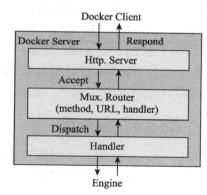

图 7-6　Docker Server 架构图 [6]

在 Docker 的启动过程中，通过包 gorilla/mux 创建了一个 mux.Router，提供请求的路由功能。在 Golang 中，gorilla/mux 是一个强大的 URL 路由器以及调度分发器。该 mux.Router 中添加了众多的路由项，每一个路由项由 HTTP 请求方法（PUT、POST、GET 或 DELETE）、URL、Handler 三部分组成。

若 Docker Client 通过 HTTP 的形式访问 Docker Daemon，创建完 mux.Router 之后，Docker 将 Server 的监听地址以及 mux.Router 作为参数，创建一个 httpSrv=http.

Server{}，最终执行 httpSrv.Serve() 为请求服务。

在 Server 的服务过程中，Server 在 listener 上接受 Docker Client 的访问请求，并创建一个全新的 goroutine 来服务该请求。在 goroutine 中，首先读取请求内容，然后做解析工作，接着找到相应的路由项，随后调用相应的 Handler 来处理该请求，最后 Handler 处理完请求之后回复该请求。

需要注意的是：Docker Server 运行在 Docker 的启动过程中，是靠一个名为 "serveapi" 的 job 的运行来完成的。原则上，Docker Server 的运行是众多 job 中的一个，但是为了强调 Docker Server 的重要性以及为后续 job 服务的重要特性，将该 "serveapi" 的 job 单独抽离出来分析，理解为 Docker Server。

❑ Engine

Engine 是 Docker 架构中的运行引擎，同时也 Docker 运行的核心模块。它扮演着 Docker container 存储仓库的角色，并且通过执行 job 的方式来操纵管理这些容器。

在 Engine 数据结构的设计与实现过程中，有一个 handler 对象。该 handler 对象存储的都是关于众多特定 job 的 handler 处理访问。举例说明，Engine 的 handler 对象中有一项为 {"create": daemon.ContainerCreate,}，则说明当名为 "create" 的 job 在运行时，执行的是 daemon.ContainerCreate 的 handler。

❑ job

一个 job 可以认为是 Docker 架构中 Engine 内部最基本的工作执行单元。Docker 可以做的每一项工作都可以抽象为一个 job。例如：在容器内部运行一个进程；创建一个新的容器；从 Internet 上下载一个文档；包括之前在 Docker Server 部分介绍过的，创建 Server 服务于 HTTP 的 API，等等。

job 的设计者把 job 设计得与 Unix 进程相仿。比如说：job 有一个名称，有参数，有环境变量，有标准的输入输出，有错误处理，有返回状态等。

7.2.3 Docker Registry

Docker Registry 是一个存储容器镜像的仓库。而容器镜像是在容器被创建时，被加载用来初始化容器的文件架构与目录。

在 Docker 的运行过程中，Docker Daemon 会与 Docker Registry 通信，并实现搜索镜像、下载镜像、上传镜像三个功能，这三个功能对应的 job 名称分别为 "search"、"pull" 与 "push"。

其中，在 Docker 架构中，Docker 可以使用公有的 Docker Registry，即大家熟知的 Docker Hub，如此一来，Docker 获取容器镜像文件时，必须通过互联网访问 Docker Hub；同时 Docker 也允许用户构建本地私有的 Docker Registry，这样可以保证容器镜像的获取在内网完成。

7.2.4　Graph

Graph 在 Docker 架构中扮演已下载容器镜像的保管者，以及已下载容器镜像之间关系的记录者。一方面，Graph 存储着本地具有版本信息的文件系统镜像，另一方面也通过 GraphDB 记录着所有文件系统镜像彼此之间的关系。

其中，GraphDB 是一个构建在 SQLite 之上的小型图数据库，实现了节点的命名以及节点之间关联关系的记录。它仅仅实现了大多数图数据库所拥有的一个小的子集，但是提供了简单的接口表示节点之间的关系。

同时在 Graph 的本地目录中，关于每一个的容器镜像，具体存储的信息有：该容器镜像的元数据，容器镜像的大小信息，以及该容器镜像所代表的具体 rootfs。

7.2.5　Driver

Driver 是 Docker 架构中的驱动模块。通过 Driver 驱动，Docker 可以实现对 Docker 容器执行环境的定制。由于在 Docker 运行的生命周期中，并非用户所有的操作都是针对 Docker 容器的管理，另外还有关于 Docker 运行信息的获取，Graph 的存储与记录等。因此，为了将 Docker 容器的管理从 Docker Daemon 内部业务逻辑中区分开来，设计了 Driver 层驱动来接管所有这部分请求。

在 Docker Driver 的实现中，可以分为以下三类驱动：graphdriver、networkdriver 和 execdriver。

graphdriver 主要用于完成容器镜像的管理，包括存储与获取。即当用户需要下载指定的容器镜像时，graphdriver 将容器镜像存储在本地的指定目录；同时当用户需要使用指定的容器镜像来创建容器的 rootfs 时，graphdriver 从本地镜像存储目录中获取指定的容器镜像。

在 graphdriver 的初始化过程之前，有 4 种文件系统或类文件系统在其内部注册，它们分别是 aufs、btrfs、vfs 和 devmapper。而 Docker 在初始化之时，通过获取系统环境变量 "DOCKER_DRIVER" 来提取所使用 Driver 的指定类型。而之后所有的 Graph 操作，都使用该 Driver 来执行。

7.2.6　libcontainer

libcontainer 是 Docker 架构中一个使用 Go 语言设计实现的库，设计初衷是希望该库可以不依靠任何依赖，直接访问内核中与容器相关的 API。

正是由于 libcontainer 的存在，Docker 可以直接调用 libcontainer，而最终操纵容器的 namespace、CGroup、apparmor、网络设备以及防火墙规则等。这一系列操作的完成都不需要依赖 LXC 或者其他包。

7.3 镜像管理

操作系统分为内核和用户空间。对于 Linux 而言，内核启动后，会挂载 root 文件系统为其提供用户空间支持。而 Docker 镜像（Image）就相当于是一个 root 文件系统。

Docker 镜像是一个特殊的文件系统，除了提供容器运行时所需的程序、库、资源、配置等文件外，还包含了为运行时准备的一些配置参数（如匿名卷、环境变量、用户等）。镜像不包含任何动态数据，其内容在构建之后也不会被改变。

7.3.1 什么是 Docker 镜像

在 Docker 的架构中，Docker 镜像类似于"Ubuntu 操作系统发行版"，可以在任何满足要求的 Linux 内核之上运行。简单一点的有"Debian 操作系统发行版"Docker 镜像、"Ubuntu 操作系统发行版"Docker 镜像；如果在 Debian 镜像中安装 MySQL 5.6，那我们可以将其命名为 mysql:5.6 镜像；如果在 Debian 镜像中安装有 Golang 1.3，那我们可以将其命名为 golang:1.3 镜像；以此类推，大家可以根据自己安装的软件，得到任何自己想要的镜像。

那么镜像最后的作用是什么呢？很好理解，即回到 Linux 内核上来运行，通过镜像来运行时我们常常将提供的环境称为容器。

以上内容是从宏观的角度看看 Docker 镜像是什么，我们再从微观的角度进一步深入理解 Docker 镜像。刚才提到了"Debian 镜像中安装 MySQL 5.6，就成了 mysql:5.6 镜像"，其实在此时 Docker 镜像的层级概念就体现出来了。底层一个 Debian 操作系统镜像，上面叠加一个 mysql 层，就完成了一个 mysql 镜像的构建。这样层级概念就不难理解了，此时我们一般把 Debian 操作系统镜像称为 mysql 镜像层的父镜像。层级管理的方式大大便捷了 Docker 镜像的分发与存储。

7.3.2 Dockerfile、Docker 镜像和 Docker 容器的关系

Dockerfile 是软件的原材料，Docker 镜像是软件的交付品，而 Docker 容器则可以认为是软件的运行态。从应用软件的角度来看，Dockerfile、Docker 镜像与 Docker 容器分别代表软件的三个不同阶段，Dockerfile 面向开发，Docker 镜像成为交付标准，Docker 容器则涉及部署与运维，三者缺一不可，合力充当 Docker 体系的基石。

简单来讲，Dockerfile 构建出 Docker 镜像，通过 Docker 镜像运行 Docker 容器。三者关系如图 7-7 所示。

我们假设这个容器的镜像通过以下 Dockerfile 构建而得：

```
FROM ubuntu:14.04
ADD run.sh /
VOLUME /data
```

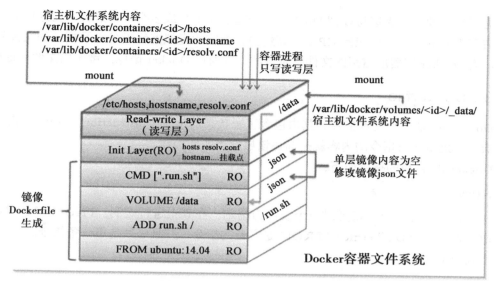

图 7-7　Docker 容器文件系统 [7]

CMD ["./run.sh"]

1. Dockerfile 与 Docker 镜像

❏ FROM ubuntu:14.04：设置基础镜像，此时会使用基础镜像 ubuntu:14.04 的所有镜像层，为简单起见，图中将其作为一个整体展示。

❏ ADD run.sh/：将 Dockerfile 所在目录的文件 run.sh 加至镜像的根目录，此时新一层的镜像只有一项内容，即根目录下的 run.sh。

❏ VOLUME /data：设定镜像的 VOLUME，此 VOLUME 在容器内部的路径为 /data。需要注意的是，此时并未在新一层的镜像中添加任何文件，即构建出的磁层镜像中文件为空，但更新了镜像的 json 文件，以便通过此镜像启动容器时获取这方面的信息。

❏ CMD ["./run.sh"]：设置镜像的默认执行入口，此命令同样不会在新建镜像中添加任何文件，仅仅在上一层镜像 json 文件的基础上更新新建镜像的 json 文件。

因此，通过以上分析，以上的 Dockerfile 可以构建出一个新的镜像，包含 4 个镜像层，每一条命令会和一个镜像层对应，镜像之间会存在父子关系。

2. Docker 镜像与 Docker 容器

Docker 镜像是 Docker 容器运行的基础，没有 Docker 镜像，就不可能有 Docker 容器，这也是 Docker 的设计原则之一。

可以理解的是：Docker 镜像毕竟是镜像，属于静态的内容；而 Docker 容器就不一样了，容器属于动态的内容。关于动态的内容，大家很容易联想到进程、内存、CPU 等之类的东西。的确，Docker 容器作为动态的内容，都会包含这些。

为了便于理解，大家可以把 Docker 容器理解为一个或多个运行进程，而这些运行进程将占有相应的内存、相应的 CPU 计算资源、相应的虚拟网络设备以及相应的文件系统资源。而 Docker 容器所占用的文件系统资源，则通过 Docker 镜像的镜像层文件来提供。

7.3.3 Dockerfile

Dockerfile 是一个文本文件，其内包含了一条条的指令（instruction），每一条指令构建一层，因此每一条指令的内容就是描述该层应当如何构建。

Dockerfile 常用的指令如下：

1. FROM

所谓定制镜像，那一定是以一个镜像为基础，在其上进行定制。FROM 就是指定基础镜像，因此一个 Dockerfile 中 FROM 是必备的指令，并且必须是第一条指令。

格式如下：

```
FROM nginx:latest
```

2. RUN

RUN 指令是用来执行命令行命令的。由于命令行的强大能力，RUN 指令在定制镜像时是最常用的指令之一。其格式有以下两种。

❑ shell 格式：RUN < 命令 >，就像直接在命令行中输入的命令一样。例如：

```
RUN echo '<h1>Hello, Docker!</h1>'
```

❑ exec 格式：RUN [" 可执行文件 "，" 参数 1"，" 参数 2"]，这更像是函数调用中的格式。

3. COPY

COPY 的格式如下：

❑ COPY < 源路径 >... < 目标路径 >
❑ COPY ["< 源路径 1>"，...，"< 目标路径 >"]

和 RUN 指令一样，也有两种格式，一种类似于命令行，一种类似于函数调用。

COPY 指令将从构建上下文目录中 < 源路径 > 的文件 / 目录复制到新的一层的镜像内的 < 目标路径 > 位置。

< 源路径 > 可以是多个，甚至可以是通配符，其通配符规则要满足 Go 的 filepath.Match 规则。

< 目标路径 > 可以是容器内的绝对路径，也可以是相对于工作目录的相对路径（工作目录可以用 WORKDIR 指令来指定）。目标路径不需要事先创建，如果目录不存在会在复制文件前先行创建缺失目录。

4. ADD

ADD 指令和 COPY 的格式和性质基本一致，但是在 COPY 的基础上增加了一些功能。

比如 < 源路径 > 可以是一个 URL，在这种情况下，Docker 引擎会试图去下载这个链接的文件放到 < 目标路径 > 去。下载后的文件权限自动设置为 600，如果这并不是想要的权限，那么还需要增加额外的一层 RUN 进行权限调整。

如果 < 源路径 > 为一个 tar 压缩文件的话，压缩格式为 gzip、bzip2 以及 xz 的情况下，ADD 指令将会自动解压缩这个压缩文件到 < 目标路径 > 去。

5. CMD

CMD 指令的格式和 RUN 相似，也是两种格式：

❑ shell 格式：CMD < 命令 >

❑ exec 格式：CMD [" 可执行文件 ", " 参数 1", " 参数 2", ...]

参数列表格式为 CMD [" 参数 1", " 参数 2", ...]。在指定了 ENTRYPOINT 指令后，用 CMD 指定具体的参数。

之前介绍容器的时候曾经说过，Docker 不是虚拟机，容器就是进程。既然是进程，那么在启动容器的时候，需要指定所运行的程序及参数。CMD 指令就是用于指定默认的容器主进程的启动命令的。

在运行时可以指定新的命令来替代镜像设置中的这个默认命令，比如，Ubuntu 镜像默认的 CMD 是 /bin/bash，如果我们直接 docker run -it ubuntu 的话，会直接进入 bash。我们也可以在运行时指定运行别的命令，如 docker run -it ubuntu cat /etc/os-release。这就是用 cat /etc/os-release 命令替换了默认的 /bin/bash 命令了，输出了系统版本信息。

在指令格式上，一般推荐使用 exec 格式，这类格式在解析时会被解析为 JSON 数组，因此一定要使用双引号 ("),而不要使用单引号。

6. ENTRYPOINT

ENTRYPOINT 的格式和 RUN 指令格式一样，分为 exec 格式和 shell 格式。

ENTRYPOINT 的目的和 CMD 一样，都是在指定容器启动程序及参数。ENTRY-POINT 在运行时也可以替代，不过比 CMD 要略显繁琐，需要通过 docker run 的参数 --entrypoint 来指定。

当指定了 ENTRYPOINT 后，CMD 的含义就发生了改变，不再是直接地运行其命令，而是将 CMD 的内容作为参数传给 ENTRYPOINT 指令，换句话说实际执行时，将变为：

```
<ENTRYPOINT> "<CMD>"
```

7. EXPOSE

EXPOSE 的格式为 EXPOSE < 端口 1> [< 端口 2>...]。

EXPOSE 指令是声明运行时容器提供服务端口，这只是一个声明，在运行时并不会因为这个声明应用就会开启这个端口的服务。在 Dockerfile 中写入这样的声明有两个好处，一个是帮助镜像使用者理解这个镜像服务的守护端口，以方便配置映射；另一个用处则是在运行时使用随机端口映射时，也就是 docker run -P 时，会自动随机映射 EXPOSE 的端口。

此外，在早期 Docker 版本中还有一个特殊的用处。以前所有容器都运行于默认桥接网络中，因此所有容器互相之间都可以直接访问，这样存在一定的安全性问题。于是有了一个 Docker 引擎参数 --icc=false，当指定该参数后，容器间将默认无法互访，除非互相间使用了 --links 参数的容器才可以互通，并且只有镜像中 EXPOSE 所声明的端口才可以被访问。这个 --icc=false 的用法，在引入了 docker network 后已经基本不用了，通过自定义网络可以很轻松地实现容器间的互联与隔离。

要将 EXPOSE 和在运行时使用"-p < 宿主端口 >:< 容器端口 >"区分开来。-p 是映射宿主端口和容器端口，换句话说，就是将容器的对应端口服务公开给外界访问，而 EXPOSE 仅仅是声明容器打算使用什么端口而已，并不会自动在宿主进行端口映射。

其他指令还包括：

- ❏ ENV：设置环境变量。
- ❏ ARG：构建参数。
- ❏ VOLUME：定义存储券。
- ❏ WORKDIR：指定工作目录。
- ❏ USER：指定工作目录。
- ❏ HEALTHCHECK：健康检查。
- ❏ ONBUILD：让指令延迟执行。

7.4 Docker 网络管理

7.4.1 Docker 网络模式

我们在使用 docker run 创建 Docker 容器时，可以用 --net 选项指定容器的网络模式，Docker 有以下 4 种网络模式：

- ❏ host 模式，使用 --net=host 指定。
- ❏ container 模式，使用 --net=container:NAME_or_ID 指定。
- ❏ none 模式，使用 --net=none 指定。
- ❏ bridge 模式，使用 --net=bridge 指定，默认设置。

下面分别介绍 Docker 的各个网络模式。

1. host 模式

一个 Docker 容器一般会分配一个独立的 Network namespace。但如果启动容器的时候使用 host 模式，那么这个容器将不会获得一个独立的 Network namespace，而是和宿主机共用一个 Network namespace。容器将不会虚拟出自己的网卡，配置自己的 IP 等，而是使用宿主机的 IP 和端口。

2. container 模式

这个模式指定新创建的容器和已经存在的一个容器共享一个 Network namespace，而不是和宿主机共享。新创建的容器不会创建自己的网卡，配置自己的 IP，而是和一个指定的容器共享 IP、端口范围等。同样，两个容器除了网络方面，其他如文件系统、进程列表等还是隔离的。两个容器的进程可以通过 lo 网卡设备通信。

3. none 模式

在这种模式下，Docker 容器拥有自己的 Network namespace，但是，并不为 Docker 容器进行任何网络配置。也就是说，这个 Docker 容器没有网卡、IP、路由等信息，需要我们自己为 Docker 容器添加网卡、配置 IP 等。

4. bridge 模式

bridge 模式是 Docker 默认的网络设置，此模式会为每一个容器分配 Network namespace、设置 IP 等，并将一个主机上的 Docker 容器连接到一个虚拟网桥上。

7.4.2　libnetwork 和 Docker 网络

libnetwork 项目从 lincontainer 和 Docker 代码的分离早在 Docker 1.7 版本就已经完成了（从 Docker 1.6 版本的网络代码中抽离）。在此之后，容器的网络接口就成为了一个个可替换的插件模块。

概括来说，libnetwork 所做的最核心事情是定义了一组标准的容器网络模型（Container Network Model，CNM），只要符合这个模型的网络接口就能被用于容器之间通信，而通信的过程和细节可以完全由网络接口来实现。

Docker 的容器网络模型最初是由思科公司员工 Erik 提出的设想，比较有趣的是 Erik 本人并不是 Docker 和 libnetwork 代码的直接贡献者。最初 Erik 只是为了扩展 Docker 网络方面的能力，设计了一个 Docker 网桥的扩展原型，并将这个思路反馈给了 Docker 社区。然而他的大胆设想得到了 Docker 团队的认同，并在与 Docker 的其他合作伙伴广泛讨论之后，逐渐形成了 libnetwork 的雏形。

在这个网络模型中定义了三个术语：Sandbox、Endpoint 和 Network。

如图 7-8 所示，它们分别是容器通信中"容器网络环境"、"容器虚拟网卡"和"主机虚拟网卡 / 网桥"的抽象。

❑ Sandbox：对应一个容器中的网络环境，包括相应的网卡配置、路由表、DNS 配置等。CNM 很形象地将它表示为网络的"沙盒"，因为这样的网络环境是随着容器的创建而创建，又随着容器销毁而不复存在的。

❑ Endpoint：实际上就是一个容器中的虚拟网卡，在容器中会显示为 eth0、eth1，依次类推。

❑ Network：指的是一个能够相互通信的容器网络，加入了同一个网络的容器直接可以通过对方的名字相互连接。它的实体本质上是主机上的虚拟网卡或网桥。

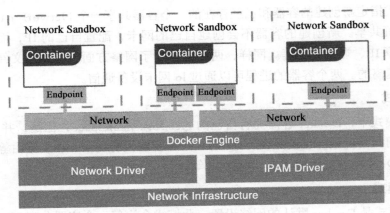

图 7-8　容器网络模型 [8]

7.4.3　Docker 的内置 Overlay 网络

内置跨主机的网络通信一直是 Docker 备受期待的功能，在 1.9 版本之前，社区中就已经有许多第三方的工具或方法尝试解决这个问题，例如 Macvlan、Pipework、Flannel、Weave 等。虽然这些方案在实现细节上存在很多差异，但其思路无非分为两种：二层 VLAN 网络和 Overlay 网络。

简单来说，二层 VLAN 网络解决跨主机通信的思路是把原先的网络架构改造为互通的大二层网络，通过特定网络设备直接路由，实现容器点到点之间的通信。这种方案在传输效率上比 Overlay 网络占优，然而它也存在以下一些固有的问题。

1）这种方法需要二层网络设备支持，通用性和灵活性不如后者。

2）由于通常交换机可用的 VLAN 数量都在 4000 个左右，这会对容器集群规模造成限制，远远不能满足公有云或大型私有云的部署需求。

3）大型数据中心部署 VLAN，会导致任何一个 VLAN 的广播数据会在整个数据中心内泛滥，大量消耗网络带宽，带来维护的困难。

相比之下，Overlay 网络是指在不改变现有网络基础设施的前提下，通过某种约定通信协议，把二层报文封装在 IP 报文之上的新的数据格式。这样不但能够充分利用成熟的 IP 路由协议进程数据分发，而且在 Overlay 技术中采用扩展的隔离标识位数，能够突破 VLAN 的 4000 数量限制，支持高达 16M 的用户，并在必要时可将广播流量转化为组播流量，避免广播数据泛滥。因此，Overlay 网络实际上是目前最主流的容器跨节点数据传输和路由方案。

在 Docker 的 1.9 中版本中正式加入了官方支持的跨节点通信解决方案，而这种内置的跨节点通信技术正是使用了 Overlay 网络的方法。

说到 Overlay 网络，许多人的第一反应便是低效，这种认识其实是带有偏见的。Overlay 网络的实现方式可以有许多种，其中 IETF（国际互联网工程任务组）制定了三种 Overlay 的实现标准，分别是虚拟可扩展 LAN（VXLAN）、采用通用路由封装的网络虚拟化（NVGRE）和无状态传输协议（SST），其中以 VXLAN 的支持厂商最为雄厚，可以说是 Overlay 网络的事实标准。

而在这三种标准以外还有许多不成标准的 Overlay 通信协议，例如 Weave、Flannel、Calico 等工具都包含了一套自定义的 Overlay 网络协议（Flannel 也支持 VXLAN 模式），这些自定义的网络协议的通信效率远远低于 IETF 的标准协议 [5]，但由于它们使用起来十分方便，一直被广泛采用而造成了大家普遍认为 Overlay 网络效率低下的印象。然而，根据网上的一些测试数据来看，采用 VXLAN 的网络的传输速率与二层 VLAN 网络是基本相当的。

Docker 内置的 Overlay 网络是采用 IETF 标准的 VXLAN 方式，并且是 VXLAN 中普遍认为最适合大规模的云计算虚拟化环境的 SDN Controller 模式。

7.5　Docker 存储

Docker 最开始采用 AUFS 作为文件系统，也得益于 AUFS 分层的概念，它实现了多个 Container 可以共享同一个 image。但由于 AUFS 未并入 Linux 内核，且只支持 Ubuntu，考虑到兼容性问题，在 Docker 0.7 版本中引入了存储驱动，目前，Docker 支持 AUFS、Btrfs、Device mapper、OverlayFS、ZFS 和 VFS 共六种存储驱动。

7.5.1　Docker 存储驱动

Docker 存储驱动的作用就是将这些分层的镜像文件堆叠起来，并且提供统一的视图，使 container 的文件系统看上去和普通的文件系统没什么区别。

当创建一个新的容器时，实际上是在镜像的分层上新添加了一层 container layer（容器层）。之后所有对容器产生的修改实际上都只影响这一层（如图 7-9）。

Docker 存储驱动的职责就是将镜像层和可写容器层管理起来，不同的驱动实现管理的方式也不一致。实现容器与镜像管理的两个关键技术就是可堆叠的镜像层和 Copy-on-Write（CoW，写时复制）。

当一个容器删除的时候，写入该容器的所有数据将被删除（除了保存在数据卷中的数据）。数据卷是挂载到容器的 Docker 宿主机上的一个目录或文件。对数据卷的文件读写是不受存储驱动控制的，接近于本地文件系统读写速度，可以挂载多个数据卷到一个容器，也可以多个容器共享一个或多个数据卷。

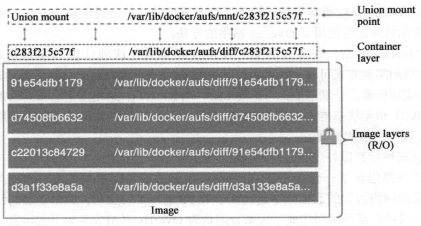

图 7-9　镜像层与容器层 [9]

7.5.2　Docker 驱动比较

　　Docker 目前支持的存储驱动有 OverlayFS、AUFS、Btrfs、Devicemapper、VFS、ZFS，见表 7-3 所示。

- ❑ Docker 目前并没有一个通用的、完美的、适用于所有环境的存储驱动，所以需要根据自己的环境来有所选择。
- ❑ 存储驱动在不断地改进与发展。
- ❑ 如果从稳定性考量，在安装 Docker 的时候会默认根据系统环境配置选择一个存储驱动。通常来说使用这个默认的驱动将减少遇到 bug 的机会。
- ❑ 如果你的团队使用过 RHEL 及其相关分支，就可能会有关于 LVM 和 Device Mapper 的经验，这时建议使用 Devicemapper 存储驱动。

表 7-3　存储驱动与宿主机文件格式

存 储 驱 动	通常被使用在（宿主机 fs 格式）	不支持的 fs 格式
Overlay	ext4 xfs	btrfs aufs overlay overlay2 zfs eCryptfs
Overlay2	ext4 xfs	btrfs aufs overlay overlay2 zfs eCryptfs
AUFS	ext4 xfs	btrfs aufs eCryptfs
Btrfs	btrfs only	N/A
Devicemapper	direct-lvm	N/A
VFS	debugging only	N/A
ZFS	zfs only	N/A

　　图 7-10 表述了每个存储驱动的优势以及不足。

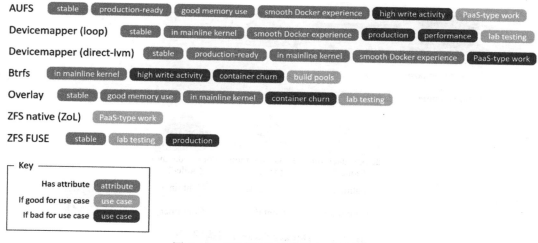

图 7-10 存储驱动的优势与不足 [10]

7.6 Docker 编排

可选的编排工具有一些共同的特征，如容器配置、发布和发现、系统监控和故障恢复、声明式系统配置以及有关容器布置和性能的规则和约束定义机制。除此之外，有些工具还提供了处理特定需求的特性。

开源编排工具包括 Docker Swarm、Kubernetes、Marathon 和 Nomad。

7.6.1 Docker Swarm

Docker Swarm 是一个由 Docker 开发的调度框架。由 Docker 自身开发的好处之一就是标准 Docker API 的使用。Swarm 的架构由两部分组成，如图 7-11 所示。

其中一个机器运行了一个 Swarm 的镜像（就像运行其他 Docker 镜像一样），它负责调度容器，在图片上鲸鱼代表这个机器。Swarm 使用了和 Docker 标准 API 一致的 API，这意味着在 Swarm 上运行一个容器和在单一主机上运行容器使用相同的命令。尽管有新的 flag 可用，但是开发者在使用 Swarm 的同时并不需要改变他的工作流程。

Swarm 由多个代理（agent）组成，把这些代理称之为节点（node）。这些节点就是主机，这些主机在启动 Docker Daemon 的时候就会打开相应的端口，以此支持 Docker 远程 API[5]。其中三个节点显示在了图上。这些机器会根据 Swarm 调度器分配给它们的任务，拉取和运行不同的镜像。

当启动 Docker Daemon 时，每一个节点都能够被贴上一些标签（label），这些标签以键值对的形式存在，通过标签就能够给予每个节点对应的细节信息。当运行一个新的容器时，这些标签就能够被用来过滤集群。

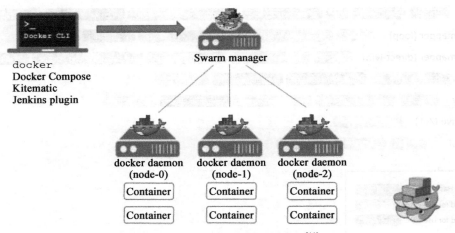

图 7-11　Docker Swarm 架构图 [11]

1. 策略

Swarm 采用了以下三个策略（比如说，策略可以是如何选择一个节点来运行容器）：

❑ spread：最少的容器，并且忽视它们的状态。

❑ binpack：最拥挤（比如说，拥有最少数量的 CPU/RAM）。

❑ random：随机选择。

如果多个节点被选中，调度器会从中随机选择一个。在启动管理器（manager）时，策略需要被定义好，否则"spread"策略会被默认使用。

2. 过滤器

为了在节点子集中调度容器，Swarm 提供了两个节点过滤器（constraint 和 health），还有三个容器配置过滤器（affinity、dependency 和 port）。

（1）约束过滤器（constraint filter）

每一个节点都关联有键值对。为了找到某一个关联多个键值对的节点，需要在 Docker Daemon 启动的时候，输入一系列的参数选项。当在实际的生产环境中运行容器时，可以指定约束来完成查找，比如说一个容器只会在带有环境变量 key=prod 的节点上运行。如果没有节点满足要求，这个容器将不会运行。

一系列的标准约束已经被设置，比如说节点的操作系统，在启动节点时，用户并不需要设置它们。

（2）健康过滤器（health filter）

健康过滤器用来防止调度不健康的节点。在翻看了 Swarm 的源代码后，只有少量关于这个概念的信息是可用的。

（3）亲和性过滤器（affinity filter）

亲和性过滤器是为了在运行一个新的容器时，创建"亲和性"。亲和性有三类，涉及容器、镜像和标签。

对容器来说，当想要运行一个新的容器时，只需要指定想要链接的容器名字（或者容器的 ID），然后这些容器就会互相链接。如果其中一个容器停止运行了，剩下的容器都会停止运行。

镜像亲和性将会把想要运行的容器调度到已经拥有该镜像的节点上。

标签亲和性会和容器的标签一起工作。如果想要将某一个新的容器紧挨着指定的容器，用户只需要指定一个 key 为 container，value 为 <container_name> 的标签就可以了。

亲和性和约束的语法接受否定和软强制（soft enforcement），即便容器不可能满足所有的需求。

（4）依赖过滤器（dependency filter）

依赖过滤器能够用来运行一个依赖于其他容器的容器。依赖意味着和其他容器共享磁盘卷，或者是链接到其他容器，或者和其他容器在同一个网络栈上。

（5）端口过滤器（port filter）

如果想要在具有特定开发端口的节点上运行容器，就可以使用端口过滤器了。如果集群中没有任何一个节点该端口可用的话，系统就会给出一个错误的提示信息。

7.6.2　Kubernetes

Kubernetes 是一个 Docker 容器的编排系统，它使用 label 和 pod 的概念来将容器划分为逻辑单元，它的架构如图 7-12 所示。pod 是同地协作（co-located）容器的集合，这些容器被共同部署和调度，形成了一个服务，这是 Kubernetes 和 Swarm、Mesos 的主要区别。相比于基于相似度的容器调度方式（就像 Swarm 和 Mesos），这个方法简化了对集群的管理。

Kubernetes 调度器的任务就是寻找那些 PodSpec.NodeName 为空的 pod，然后通过对它们赋值来调度对应集群中的容器。相比于 Swarm，Kubernetes 允许开发者通过定义 PodSpec.NodeName 来绕过调度器。调度器使用谓词（predicate）和优先级（priority）来决定一个 pod 应该运行在哪一个节点上。通过使用一个新的调度策略配置可以覆盖掉这些参数的默认值。

命令行参数 plicy-config-file 可以指定一个 JSON 文件来描述哪些 predicate 和 prioritiy 在启动 Kubernetes 时会被使用，通过这个参数，调度就能够使用管理者定义的策略了。

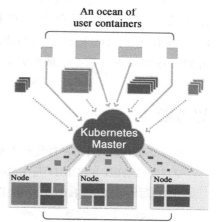

图 7-12　Kubernetes 架构 [12]

谓词

谓词是强制性的规则，它能够用来调度集群上一个新的 pod。如果没有任何机器满足该谓词，则该 pod 会处于挂起状态，直到有机器能够满足条件。可用的谓词如下所示：

- □ Predicate：节点的需求。
- □ PodFitPorts：没有任何端口冲突。
- □ PodFitsResurce：有足够的资源运行 pod。
- □ NoDiskConflict：有足够的空间来满足 pod 和链接的数据卷。
- □ MatchNodeSelector：能够匹配 pod 中的选择器查找参数。
- □ HostName：能够匹配 pod 中的 host 参数。

优先级

如果调度器发现有多个机器满足谓词的条件，那么优先级就可以用来判别哪一个才是最适合运行 pod 的机器。优先级是一个键值对，key 表示优先级的名字，value 就是该优先级的权重。可用的优先级如下：

- □ Priority：寻找最佳节点。
- □ LeastRequestdPriority：计算 pod 需要的 CPU 和内存在当前节点可用资源的百分比，具有最小百分比的节点就是最优的。
- □ BalanceResourceAllocation：拥有类似内存和 CPU 使用的节点。
- □ ServicesSpreadingPriority：优先选择拥有不同 pod 的节点。
- □ EqualPriority：给所有集群的节点同样的优先级，仅仅是为了做测试。

本章小结

本章首先介绍了容器技术的基础：Linux 内核、Linux namespace 和 Linux CGroup。接着介绍了 Docker 的架构，包括 Docker Client、Docker Daemon、Docker Registry、Docker Image、Dockerfile、Docker 网络、Docker 存储、Docker 编排，由浅入深，系统讲解了容器技术的核心组成部分。

思考题

1. Linux namespace 有几种？分别是什么？
2. Dockerfile 的 CMD 与 Entrypoint 有什么异同？
3. 编写一个运行 Java 应用的 Dockerfile。
4. Docker 网络模式有几种？分别是什么？
5. Docker Storage Driver 有几种？分别是什么？使用场景有哪些？
6. Docker 编排引擎有几种？分别是什么？

7. 使用 Docker Compose 部署一个应用。

参考文献

[1]　Linux Kernel Map [OL]. http://www.makelinux.com/kernel_map/.

[2]　Linux Mount [OL]. https://dn-linuxcn.qbox.me/data/attachment/album/201503/15/213446tqfs4r
uxrz3tx33x.png.

[3]　Docker documents [OL]. https://docs.docker.com/engine/docker-overview/.

[4]　Docker Architecture [OL]. http://blog.daocloud.io/wp-content/uploads/2014/12/001_docker_
architecture.jpg.

[5]　Docker Daemon [OL]. http://blog.daocloud.io/wp-content/uploads/2014/12/002_docker_
daemon.jpg.

[6]　Docker Server [OL]. http://blog.daocloud.io/wp-content/uploads/2014/12/003_docker_server.
jpg.

[7]　Docker 容器文件系统 [OL]. http://blog.daocloud.io/allen4/.

[8]　容器网络模型 [OL]. https://success.docker.com/@api/deki/files/526/cnm.png?revision=1.

[9]　Docker Layer [OL]. http://www.zhanggang.org/content/images/aufs/aufs_layers.jpg.

[10]　存储驱动的优势与不足 [OL]. https://i.stack.imgur.com/f4UqK.png.

[11]　Docker Swarm & Machine [OL]. https://www.slideshare.net/e2m/docker-swarm-machine.

[12]　Kubernetes Architecture [OL]. https://cdn-images-1.medium.com/max/1600/1*PfGIiTw68JLI
UyooFQY2dA.png.

第 8 章　基于容器技术的 DevOps 实践

8.1　概述

DevOps 是一种强调开发团队、运维团队以及其他团队之间增强协作与沟通，以达到软件产品快速成熟以及安全可控的文化。通过自动化软件交付和变更的流程，来使得构建、测试、发布软件能够更加地快捷、频繁和可靠。它能用最小化的代价帮助企业应用开发进入高效的协作模式和快速的迭代进程。

企业在落地 DevOps 体系过程中，自动化持续交付流水线的建设是核心挑战。要想打造高效完整的自动化持续交付流水线，开发、测试到发布等各个环节缺一不可。

容器技术最重要的一点是标准化，它的理念是"build，ship，run"。也就是说构建出来的镜像包含了依赖的第三方软件、操作系统以及代码构建后的制品，它可以在任意安装了相同版本容器服务的操作系统上执行，并具备相同的行为。

现代化应用架构，尤其是微服务应用架构，都会采用分布式的应用架构。而分布式的应用架构则会带来复杂性，从而增加交付和运维的难度。因此容器技术，包括编排、调度等能力，恰好能够很好地满足分布式应用交付的需求，因此被广泛采用。

图 8-1 表示了一个典型的 DevOps 流程会涵盖的内容。

图 8-1　DevOps 流程

本文所描述的 DevOps 流程开始于编码，结束于发布。

8.2　代码管理

简单地说，代码管理工具是一种记录代码更改历史，可以回溯，用于代码管理，多个程序员开发协作的工具。代码管理工具常见的功能有：

❑ 更新到任意一个版本

- ❏ 日志记录
- ❏ 分支，标签
- ❏ 合并，比较

目前常见的代码管理工具包括：

- ❏ CVS
- ❏ SVN（全称 Subversion）
- ❏ ClearCase（来自 IBM）
- ❏ VSS，微软的集中式版本控制工具，集成在 Visual Studio 中
- ❏ Git，最初由 Linus Torvalds 编写，用于 Linux 内核开发的版本控制工具

我们可以简单地将代码管理工具分为两类：集中式代码管理和分布式代码管理。集中式代码管理代表如 CVS、SVN（Subversion），架构如图 8-2 所示。

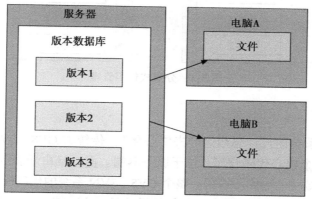

图 8-2　集中式代码管理

这种方法的优点包括：

- ❏ 适合多人团队协作开发
- ❏ 代码集中化管理

该方法的缺点：

- ❏ 单点故障
- ❏ 必须联网，无法单机工作

Git 是一个分布式版本控制工具，是目前使用最多的代码管理工具，架构如图 8-3 所示。

分布式版本控制系统的优点如下：

- ❏ 适合多人团队协作开发
- ❏ 代码集中化管理
- ❏ 可以离线工作
- ❏ 每个计算机都是一个完整仓库

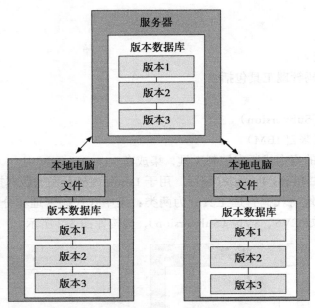

图 8-3　分布式代码管理

8.2.1　Git 介绍

Git 版本控制系统的设计思想是"去中心化"。传统的 CVS、SVN 等工具采用的是 C/S 架构，只有一个中心代码仓库，位于服务器端。而一旦由于服务器系统宕机、网络不通等各种原因造成中心仓库不可用，整个 CVS、SVN 系统的代码检入与检出就瘫痪了。

为了摆脱对中心仓库的依赖，Git 的初始设计目标之一就是分布式控制管理。即每个成员本地都是一个完整的版本库，都可以看成是中心仓库。Git 分布式的设计理念有助于减少对中心仓库的依赖，从而有效降低中心仓库的负载，改善代码提交的灵活性。

由于整个仓库都在本地，很多操作可以在不需要联网的时候进行。比如代码提交到仓库、创建合并分支、打 tag 等，只有涉及多人合作，需要将本地的改动推送给别人时，才需要联网 push 本地仓库。

GIT 的架构可以分为以下几个部分：

- 本地工作区（working directory）
- 暂存区（stage area，又称为索引区（index））
- 本地仓库（local repository）
- 远程仓库副本
- 远程仓库（remote repository）

架构如图 8-4 所示。

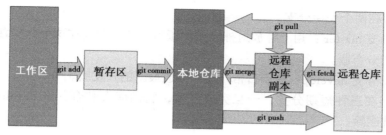

图 8-4　Git 架构

8.2.2　Git 工作流程

因为 DevOps 的关注点是从源代码如何到生产，这其中就会经历很多步骤和环境，需要对代码分支进行管理。同时作为一个源码管理系统，不可避免涉及多人协作。因此协作必须有一个规范的工作流程，让大家有效地合作，使得项目井井有条地发展下去。

目前 Git 有三种主流工作流程：

❑　Git flow

❑　Github flow

❑　Gitlab flow

这三种工作流程有一个共同点：都采用 "功能驱动式开发"（Feature-Driven Development，简称 FDD），它指的是，需求是开发的起点，先有需求再有功能分支（feature branch）或者补丁分支（hotfix branch）。完成开发后，该分支就合并到主分支，然后被删除。

1. Git flow

最早诞生并得到广泛采用的一种工作流程。基本流程如图 8-5 所示。

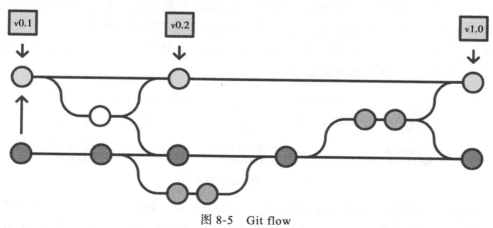

图 8-5　Git flow

它有两个主要的特点：

❑ 项目存在两个长期分支。
- 主分支 master：用于存放对外发布的版本，任何时候在这个分支拿到的都是稳定的分布版。
- 开发分支 develop：用于日常开发，存放最新的开发版。

❑ 项目存在三种短期分支，一旦完成开发，它们就会被合并进 develop 或 master，然后被删除。
- 功能分支（feature branch）
- 补丁分支（hotfix branch）
- 预发分支（release branch）

Git flow 的优点是清晰可控，缺点是相对复杂，需要同时维护两个长期分支。大多数工具都将 master 当作默认分支，可是开发是在 develop 分支进行的，这导致经常要切换分支。

更大问题在于，这个模式是基于"版本发布"的，目标是一段时间以后产出一个新版本。但是，很多网站项目是"持续发布"，代码一有变动，就部署一次。这时，master 分支和 develop 分支的差别不大，没必要维护两个长期分支。

2. Github flow

它是 Git flow 的简化版，专门配合"持续发布"，是 Github.com 使用的工作流程。它只有一个长期分支，就是 master，因此用起来非常简单。

其基本流程如下（见图 8-6）：

1）根据需求，从 master 拉出新分支，不区分功能分支或补丁分支。

2）新分支开发完成后，或者需要讨论的时候，就向 master 发起一个 Pull Request（简称 PR）。

3）Pull Request 既是一个通知，让别人注意到我们的请求，又是一种对话机制，大家一起评审和讨论我们的代码。对话过程中，我们还可以不断提交代码。

4）我们的 Pull Request 被接受，合并进 master，重新部署后，原来我们拉出来的那个分支就被删除。（先部署再合并也可。）

图 8-6　Github flow[1]

Github flow 的最大优点就是简单，对于"持续发布"的产品，可以说是最合适的流程。问题在于它的假设：master 分支的更新与产品的发布是一致的。也就是说，master 分支的最新代码默认就是当前的线上代码。

可是，有些时候并非如此，代码合并进入 master 分支，并不代表它就能立刻发布。比如，苹果商店的 APP 提交审核以后，等一段时间才能上架。这时，如果还有新的代码提交，master 分支就会与刚发布的版本不一致。另一个例子是，有些公司有发布窗口，只有指定时间才能发布，这也会导致线上版本落后于 master 分支。对于这种情况，只有 master 一个主分支就不够用了。通常，我们不得不在 master 分支以外，另外新建一个 production 分支跟踪线上版本。

3. Gitlab flow

Gitlab flow 是 Git flow 与 Github flow 的综合。它吸取了两者的优点，既有适应不同开发环境的弹性，又有单一主分支的简单和便利。它是 Gitlab.com 推荐的做法。

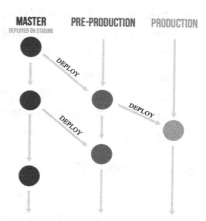

Gitlab flow 的最大原则叫做"上游优先"（upsteam first），即只存在一个主分支 master，它是所有其他分支的"上游"。只有上游分支采纳的代码变化，才能应用到其他分支。

Gitlab flow 分成两种情况，适应不同的开发流程。

如图 8-7 所示，对于"持续发布"的项目，它建议在 master 分支以外，再建立不同的环境分支。比如，"开发环境"的分支是 master，"预发环境"的分支是 pre-production，"生产环境"的分支是 production。

图 8-7　持续发布分支管理 [2]

开发分支是预发分支的"上游"，预发分支又是生产分支的"上游"。代码的变化必须由"上游"向"下游"发展。比如，生产环境出现了 bug，这时就要新建一个功能分支，先把它合并到 master，确认没有问题，再 cherry-pick 到 pre-production，这一步也没有问题，才进入 production。

只有紧急情况，才允许跳过上游，直接合并到下游分支。

对于"版本发布"的项目，建议的做法是每一个稳定版本都要从 master 分支拉出一个分支，比如 2-3-stable、2-4-stable 等。

以后，只有修补 bug，才允许将代码合并到这些分支，并且此时要更新小版本号。其基本流程如图 8-8 所示。

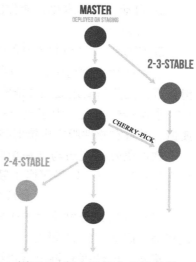

图 8-8　版本发布分支管理 [3]

8.3　持续交付流水线

持续交付是一组能够帮助软件开发团队极大提高其软件交付的速度和质量的模式和最佳实践组成。

不同于低频率发布相对较大的版本，实施持续交付的团队希望比通常更频繁地将更小批量的变更投入生产，例如每周、每天或同一天都可能发布多个版本。

这种软件交付方式可以带来许多的好处，正如 Facebook、LinkedIn 和 Twitter 等市场领导者所证明的那样，他们频繁地以迭代方式发布软件，并取得了巨大成功。然而，要达到那样的结果，需要对开发和交付方式进行一些潜在的重大变革。

持续交付将在以下方面提供帮助：

- ❏ 尽可能快地交付软件，尽可能早地将有价值的新功能运用于生产；
- ❏ 提高软件质量、系统正常运行时间和稳定性；
- ❏ 降低发布风险，避免同时在测试和生产环境部署失败；
- ❏ 减少浪费，提高开发和交付过程的效率；
- ❏ 使软件始终处于生产就绪状态，以便可以随时部署。

8.3.1　预备步骤

为了达到目的，首先需要有以下基础：

- ❏ 自动化测试等开发实践；
- ❏ 软件架构和组件设计，可帮助做更频繁的发布，而不影响用户，包括功能标志；
- ❏ 工具如源代码管理、持续集成、配置管理和应用自动化发布软件；
- ❏ 自动化和脚本化，使你能够以有限的人为干预重复构建、打包、测试、部署和监控软件；
- ❏ 组织、文化和业务流程的变化，以支持持续交付。

听到持续交付这个词，有些人的第一个担忧就是这是否意味着软件质量标准将会下滑，否则团队需要走捷径才能实现软件的频繁发布。

事实恰恰相反，为了支持持续交付而采取的措施和体系几乎肯定会提高软件发布的质量，并且在软件版本出错时将给予额外的安全防护。

软件仍然会经历与现在相同的严格测试阶段，可能包括手动质量检查测试阶段。持续交付只是让软件以最严格和最有效的方式在设计的流程中流转，从开发一直到生产。

持续交付的关键构建模块：自动化！

尽管在持续交付流程中采取手动步骤是非常有效和现实的，但自动化是加快交付步伐和缩短周期时间的关键。

毕竟，即使拥有再丰富资源的团队，手工构建、打包、编译、测试和部署软件也是不可行的，尤其是软件很大或者复杂的情况下。

因此，最重要的目标应该是使开发者和生产环境之间的大部分路径自动化。以下是应该专注于自动化工作的一些主要领域。

1. 自动化构建和打包

需要实现自动化的第一件事就是将开发人员的源代码转换为部署就绪制品的这个过程。

虽然大多数软件开发人员使用诸如 Make、Ant、Maven、NuGet、npm 等工具来管理其构建和打包，但是许多团队在制作好准备发布的制品之前仍需执行一些手动步骤。

这些步骤是实现持续交付的重大障碍的代表。例如，如果每三个月发布一次，手动构建与安装就显得不那么繁杂。但是，如果希望每天或每周发布多次，那么这个任务完全可靠地自动化会更合适。

目标：实现单个脚本或命令，使你能够将版本控制的源代码转换为单个可部署的制品。

2. 自动化持续集成

持续集成是持续交付的基本组成部分。它涉及整合多个开发人员的代码，并不断编译和测试集成的代码库，以便尽可能早地识别错误。

理想情况下，此过程将利用自动化构建，从而使持续集成服务器不断地发布包含开发团队集成工作的部署制品，每个构建的结果都是可行的发布候选。

通常，你将建立一个持续集成服务器或相关云服务（如 Jenkins[4]、TeamCity[5] 或 Team Foundation Server[6]），每天可能会执行多次集成，很可能在每次提交时触发。

第三方持续集成服务如 DaoCloud Service[7]，CloudBees DEV@cloud，Travis CI[8] 或 CircleCI[9] 可以加快持续集成进度。通过外包持续交付平台，可以自由地专注于持续交付的目标，而不是管理工具和基础架构。

目标：

❑ 实现持续集成过程就是持续输出一组可用于部署的制品。

❑ 评估基于云的持续集成产品，以加快持续交付进程。

❑ 通过发布跟踪软件（如 Jira）的集成，整合对每个构建所发生变化的详细审计跟踪。

持续集成工具可能对持续交付工作至关重要。例如，它可以超越构建并进入测试和部署。因此，持续集成是持续交付战略的关键要素。

3. 自动化测试

虽然持续交付可以（并且经常）包括由质量保证团队执行的手动测试阶段或最终用户验收测试，但是自动化测试几乎肯定将是加快交付周期并提高质量的关键功能。

通常，持续集成服务器将负责执行大多数的自动化测试，以验证每个开发人员提交的代码。

然而，当系统部署到测试环境中时，某些自动化测试可能需要被执行，因此还应该尽可能多地实现自动化测试。自动化测试应该是详尽的，能够覆盖测试应用程序的多个方面（见表 8-1）。

表 8-1　不同的测试类型

测 试 类 型	工 作 内 容
单元测试	底层函数和类在不同输入条件下按照预期工作
集成测试	集成模块与消息队列及数据库等基础设施协同工作
验收测试	通过用户界面测试关键用户操作流程，并将应用程序作为一个完整的黑盒子
负载测试	测试应用程序在模拟的真实用户负载下是否运行良好
性能测试	该应用程序在实际负载情况下满足性能要求和响应时间要求
模拟测试	应用程序在设备仿真环境中工作。这在移动端尤其重要，你需要在各种模拟的移动设备上测试软件
冒烟测试	验证新部署环境的状态和完整性
质量测试	应用代码是高质量的——通过静态分析、代码风格指南、代码覆盖度等技术来识别

理想情况下，这些测试可以分布在部署流水线中，随着流水线中的测试越来越详细且价值越来越高，在生产环境中，这些发布候选制品看起来越来越可靠。其目标应该是尽早确定有问题的构建，以避免返工，尽快缩短周期时间和获得反馈。

目标：

□ 让测试尽可能多地实现自动化。

□ 提供针对代码部件和部署系统的多级抽象的良好测试覆盖。

□ 在部署流水线中分发不同类别的测试，模拟日后的生产环境并进行更加详细的测试，同时避免人力返工。

在微服务架构风格的环境中，跨部署组件的集成和协同测试越来越重要。在这样的环境中，自动化部署所有必需的应用程序的功能成为高优先级的任务。

自动化测试是发布高质量软件的主要防线，投资这些测试可能是昂贵的，但这一系列的自动化测试将在应用的整个生命周期内提供持续帮助。

4. 自动化部署

软件团队通常需要将发布后续推送到不同部署环境来进行上述讨论的不同类别的测试。

例如，常见的情况是将软件部署到测试环境进行人为的质量检查测试，然后部署到性能测试环境，进行自动化负载测试。如果构建通过该测试阶段，则应用程序可能稍后部署到用于 UAT 或 beta 测试的独立环境中。

理想情况下，将任意发布候选制品以及与之通信的其他系统可靠地部署到任意环境中的这个过程应尽可能实现自动化。

如果希望按照计划的速度持续交付，那可能需要每天或每周多次执行，因此它的工作速度和可靠性至关重要。

用自动化方式在环境之间移动软件是作为持续交付的团队的主要特性之一，因此这也是持续交付的关键重点。

目标：

❑ 能够简单地在任意环境中部署发布某任意特定版本。

❑ 使用冒烟测试确保部署系统的可用性。

❑ 加强部署过程，使其永远不会让环境处于断开或部分部署状态。

❑ 将自助服务功能纳入此过程，因此质量保证人员或业务用户可以选择软件版本，并方便部署。在较大的组织中，此过程应包含业务规则，使特定用户具有特定环境的部署权限。

❑ 评估应用的版本自动化工具，以加快持续部署能力。

5.受管理的基础架构和云服务

在持续的交付环境中，可能希望具有更多灵活性和敏捷性来应对环境的创建和删除，应对项目不断变化的需求。

如果要启动新的环境并添加到部署流水线中，那么该过程需要花费几个月的时间去购买硬件，配置操作系统，配置中间件并将其正确部署，因此敏捷性受到了严重限制，交付能力同时也受到了限制。

利用虚拟化和基于云的产品可以帮助你。考虑像 Amazon EC2、Microsoft Azure 或 Google Cloud Platform 这样的云端主机，你可以根据项目的要求灵活地开发新的环境和新的基础架构。

云也可以为生产应用程序做出最佳选择，使你在开发和生产环境中实现高度的一致性。

目标：

❑ 为持续交付流程提供更多灵活性，以便可以按需伸缩流水线。

❑ 在云中实施持续的交付基础设施，能够快速推出新环境，并在需求减少的情况下暂停或删除这些环境。

6.基础架构即代码

当配置不一致时，例如当开发环境与测试不一致时，或当测试环境与生产环境不一致时，非常可能会导致一系列生产事故，对业务产生影响。

配置管理工具（如 Puppet[10]、Chef[11]、Ansible[12] 或 Salt）和环境建模工具（如 Vagrant[13] 或 Terraform）可以通过向基础架构和平台提供版本控制代码来避免这种情况，然后将环境自动构建成一致和可重复的状态。

结合云和外包基础设施，这种鸡尾酒（混合模式）可以让你轻松部署准确配置的环境，从而为交付速度带来真正的提升。

Vagrant 和 Terraform 也可以为开发人员提供非常一致和可重复的开发环境，使之可以在自己的机器上进行虚拟化和运行。容器是实现此目的的另一个常用选项。

这些工具都非常重要，因为环境的一致性是允许软件以一致和可靠的方式流过流水线的巨大推动力。

目标：

❑ 实施配置管理化，更加全面地控制构建环境，特别是与云结合使用。

❑ Vagrant、Terraform 和容器框架，以此为开发者提供非常一致的本地开发环境。

7. 容器技术

容器在持续交付准备中的多个时刻都可能会出现：无论是生产环境的首次运行，或者创建可重复本地设置的更轻量级手段，还是简单的跟踪技术的未来潜能。

如果决定尝试将应用程序容器化，请确保已经了解了容器及容器集群管理等相关技术，如 Docker Swarm、Mesos 或 Kubernetes[14]，这将帮助你将相关容器组定义并控制为单个版本化实体。

如果计划在容器上运行生产环境，请确保选择的集群管理软件也可用于本地开发。否则，会存在容器在开发机器上"链接"的方式与生产环境中不一致的风险。

8. 自动化生产部署

虽然大多数软件团队的构建和测试都具有一定程度的自动化，但是在生产服务器上部署的实际行为仍然是典型软件团队最为手动的过程之一。

例如，团队可能会将多个二进制文件推送到多个服务器上，一些手动执行的数据库升级脚本，然后是一些手动安装步骤来将它们连接在一起。他们通常也会执行系统启动的手动步骤和冒烟测试。

由于这种复杂性，发布经常发生在业务工作时间之外。事实上，一些不幸的软件团队必须在星期天早上凌晨 3 点进行升级和定期维护，以免对客户群造成影响！

要实现持续交付，需要解决这一痛苦，实现悠闲地编写脚本并自动从生产发布过程中代替手动执行步骤，以便可以重复和一致地运行。理想情况下，需要做到能够在机器还在使用的业务时间内完成以上过程。这可能会对系统的体系结构产生重大影响。

为了实现在运行的生产系统能够每天生产部署多次，要确保该过程也经过了测试和加固，以免由于部署失败而使生产应用程序处于断开状态。

目标：

❑ 完全自动化生产部署过程，使其可以从单个命令或脚本执行。

❑ 在生产系统生效的同时，可以部署软件的下一个版本，并切换到新版本，而不会降低服务质量。

❑ 能够使用完全相同的部署到其他环境的流程来部署到生产。

❑ 实施后文描述的最佳实践，例如金丝雀测试、回滚和监控，以提高生产系统的稳定性。

8.3.2　实现持续交付流水线

交付流水线是一个简单但关键的模式，为你提供实现持续交付的框架。

流水线的描述如下：

❑ 软件在从源代码控制到生产的路径之间的显式阶段。

❑ 确定哪些阶段是自动化的，哪些阶段有手动步骤。

❑ 确定在流水线阶段之间移动的标准是什么，捕获哪些网关是自动化的，哪些是手动的。

❑ 确定哪些步骤可以并行。

重要的是，交付流水线的概念让我们了解发布候选人的生产准备情况。例如，如果知道在 UAT 中有发布候选，以及有即将通过测试的具有附加功能的发布候选，可以使用它来决定如何、何时以及将哪个版本发布到生产。

步骤 1：流水线建模

建立交付流水线的第一步就是识别出从源码控制到生产部署之间的各个阶段。典型的软件开发团队有一些选项可供选择，其中一些是自动化的，另一些是手动的，如图 8-9 所示。

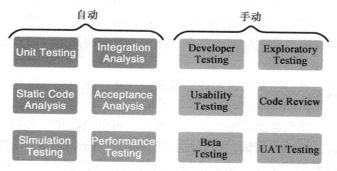

图 8-9　识别自动与手动阶段

在实施持续交付的同时，可能希望借此机会添加一些更有帮助的内容。例如，也许增加自动验收测试将减少所需的手动测试的范围，加快开发周期并增加持续交付的能力。也许添加自动性能测试或手动用户测试可以缩短周期时间，进一步实现更频繁的发布。

确定了哪些阶段很重要，然后应该考虑如何将阶段安排到有序的流程中，并衡量每个阶段的投入和产出。流水线的一个非常简单的例子可能如图 8-10 所示。

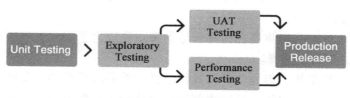

图 8-10　流水线例子

流水线各个阶段的定义并不那么明显，需要权衡很多方面，如表 8-2 所示。

表 8-2　流水线权衡

理 想 情 况	折 中 考 虑
所有阶段和网关都将自动化	需要大量投资自动化测试和发布自动化
始终避免昂贵的人工返工	如果测试阶段较慢且手动，则需要将测试阶段并行化，从而降低在流水线的另一个阶段出现失败候选的风险
始终执行自动化测试	详细的自动测试在诸如测试环境中也是昂贵的
准备大量环境来支持各测试阶段	维护环境具有相关的管理和财务成本

无论对各种权衡采取何种立场，交付流水线建模的输出应该是一个基本的流程图，记录了软件从源代码到生产的路径。

步骤 2：识别非自动化的活动和网关

在这个理想的世界中，开发者将要提交代码，然后通过流水线将发布候选者发布出去，每个步骤和各阶段之间的每个网关都自动化。合格的发布候选版本将被放在流水线的末端以备部署，而我们会对每个人都抱有信心。但是，由于各种各样的原因，这并不总是行得通。例如，常见的问题是要求手动用户验收、beta 测试的自动化测试或业务需求量不足。即使在高度自动化测试的地方，许多企业在构建通过流水线到达生产之前都需要人工签字。

因为这些原因，我们的交付流水线的确需要通知、建模，以及在过程中允许人为和手工操作。

在某些情况下，我们会发现各个阶段的网关也可以自动化。比如，如果软件在持续集成服务器中通过了自动化测试，我们将会允许它进入一个开发 – 性能测试自动化的环境。但是我们可能希望由 QA 同事去掌控测试环境发布的探索性，这种方式是人工的，甚至是自我服务的步骤。

对于自动化和人工化两个途径，我们都希望去确定通过它们的标准。如果有一个标准没有被满足，那么系统就应该从交付流水线中去阻止候选者的发布。

步骤 3：实现流水线

一旦为流水线建立了模型，我们将在之后的实际实现中感到乐趣。如果能使编译、测试和发布都变得自动化，那么我们就会在一个发布流水线上下文中很好地把它们变得紧密。

❑　软件和工具

为了管理流水线，我们将要在构建合适的脚本和致力于实现过程的现成的应用发布自动化工具二者之间做出选择。

不要在工具上打折扣，因为这种工具将会潜在地解放优秀的开发者和系统管理员的时间，省下的时间或者可以用于管理内部基础设施或者开发发布自动化胶水代码。这种优秀的软件将会：

- 标准化流水线各阶段和流程；
- 定义发布候选者在流水线中流转的标准；
- 在合适的地方让你在流水线并行；
- 为管理和操作提供部署的报告和审计；
- 让我们能监视到流水线，构建进度以及各个发布候选者之间显著的改变；
- 给我们的团队自服务的基础设施，比如让操作者发布产品以及在其就绪的时候让 QA 把版本放置于他们的测试环境。
- 可以进行权限管理，以便只有某些授权人员具有部署权限。

8.3.3　持续交付最佳实践

一旦基础就绪并建立好交付流水线，我们很可能已经从迭代时间以及快速发布中收益。自动化会取代很多人工任务，环境和发布会变得一致，发布候选者将使用自动路由和自助服务工具在各个流水线阶段中流动。

我们的软件应该近似于时刻处在生产就绪状态，伴随着发布候选人最后从流水线出来的频率远大于从传统途径的频率。每个发布候选者应该增加一批相对较小的改动。

一旦处于这个阶段，那么常常会有更多机会去提升和推进更快的发布周期，而这会使系统的稳定性更强。

下面列举了一些最佳实践。

1. 实现监控

尽管我们讨论的所有事情是描述一个严格的过程去帮助我们避免在发布产品的时候出现 bug，但是一旦发布结果显示系统出现了某种故障，那么收到告急同样显得非常重要。

举个例子，如果我们的应用在部署结束之后开始抛出告警和异常，那么被直接告之就显得极其重要，这意味着我们可以问题调查和排错。

理想情况下，这种警示将会以仪表盘或者监控终端的途径传递，比如邮件、短信、微信或者功能类似的其他途径。

我们可能会需要更加深入而不仅仅是简单地检查错误日志，并且开始监视应用程序正在打印出的日志。

比如，如果购物车在一个新的发布后使用率下降了 20%，这可能预示着这个发布存在不容易发现却很严重的错误。诸如 StatsD 和 Graphite 之类的开源工具以及通信和浏览分析工具 Google Analytics 会在此帮助到我们。

同样，这些指标应该在可能的情况下加入到我们的监视和警告的仪表盘当中。

有许多有价值的开源和商业工具可以帮助我们智能监控应用。这些都是评估是否快速和符合成本效益的手段，以支持我们的持续交付项目。

目标：

❑ 为了实时监控应用，最理想的方法应该是通过可视化的仪表盘。

❑ 追踪应用的关键度量，如果部署出现负面的影响就使其发出警报。

2. 实现回滚

使我们的生产环境具备快速可靠的回滚是最后的安全网。

如果一个 bug 在所有手动和自动的测试中通过，那么回滚将使应用在许多用户受到影响之前快速回到之前可用版本。

如果有一个可靠的回滚方式，我们可以更加放心地使用自动持续交付流水线。

这种信心会带来更快速度的发布，在发布流程中加入自动化会让我们变得更有信心。

如果发布流水线实现得非常好，我们应该不用花费额外代价就能得到这种回滚能力。如果版本 9 发生了故障，部署版本 8 就好了，它应该同样可用。

目标：

❑ 为快速重复地回滚任何软件提供一种机制。

❑ 将其构建在流水线流程中，以减少开发者显式地为回滚编码。

❑ 测试我们的回滚机制，作为测试流水线的一部分，以保持我们对流程的信心。

3. 提取特异于环境的配置

在流水线中正确并且一致地使用二进制包和产品是很重要的。如果 QA 和 UAT 在开展工作的过程中使用不同的二进制包，那么我们的测试完全是无效的。

基于这个理由，我们需要获得将同样的应用二进制包推进任意环境的能力，接着分开发布环境特异的配置。这种配置应该像其他任何代码一样进行版本控制，这使得我们获得更多的复用和更好的审计。

确实，这样做最大的阻碍是拥有环境特异的配置会和实际的二进制包紧密地耦合在一起。

将这些环境特异的配置提取出来，放到额外的属性文件或者其他配置源会使我们获得对待此类阻碍更大的敏捷性。

目标：

❑ 在交付流水线中使用同样的二进制包。避免重新构建源或者以任何方式处理二进制文件，即便我们觉得这样做是安全的。

❑ 将环境特异的信息提取到版本控制的配置，这会使其从主要的发布产品中分开。

4. 执行金丝雀发布⊖

一个增加产品环境稳定性的有用的技术是金丝雀发布。这个概念涉及将软件的下个版本发布到生产中，但是只将其暴露给用户的一小部分。这可以做到，例如，使用一个

⊖ 金丝雀发布（Canary Deployment）是增量发布的一种类型，它的执行方式是在原有软件生产版本可用的情况下，同时部署一个新的版本。

负载均衡器仅仅将一小部分比例的信号量定向到新的版本。

尽管我们的目的从来都不是将任何 bug 引入到生产环境中，很明显，我们更愿意将大部分用户与任何问题隔离起来。

当我们在发布过程中建立了信心，随后可以增加新版本对用户的暴露的数量，直到完全取代旧版本。

金丝雀发布是持续交付的一个重大胜利，但它需要更多额外的工作和应用架构上的变化。

目标：

❑ 进行金丝雀发布，同时不影响生产版本被用户正常使用。

5. 记录审计信息

理想情况下，持续发布流水线应该会带来一个清晰的途径，涉及关于每个发布候选者的变更。手动测试可以特定关注改变过的区域，在知道每个发布的实际范围后我们会更有自信地前进。

通过在持续集成服务器上集成问题追踪软件诸如 Jira 和 Pivotal Tracker，我们可以开发高度自动化的系统，发布说明可以被构建和链接回到个别问题或缺陷。

我们应该确保为了可追踪性和可调查性去捕捉被发布到某个环境的所有二进制文件，仓库管理工具诸如 Nexus 和 Artifactory 在此非常有用。

目标：

❑ 集成问题追踪软件或者变更管理软件将会为每个发布候选者定位到详细的问题审计信息。

❑ 变更控制所有相关的代码以及归档所有发布过的二进制文件。

6. 实现功能开关

功能开关是开发者构建进软件的一个设施，以获得在一个特定粒度上切换不同特性的能力。这项简单的技术可以通过加大控制如何使新的特性投入生产使用以增加系统的可靠性。

一个优秀的功能开关将会：

❑ 在运行时被管理而不需要重启或者中断用户。

❑ 良好测试，这意味着我们应该确保测试覆盖了所有将要计划在生产使用的新特性的组合。

❑ 运行时识别，允许我们识别哪个特性在什么场景下被激活，以及它们与系统用量之间的关系。

功能开关高级功能还包括：历史比较、审计跟踪和基于角色的访问控制等。

目标：

❑ 实施功能开关，充分了解对质量检查和生产操作的影响。

7. 使用基于云的基础架构

我们已经多次提及云和基础管理提供商。这是因为他们代表了一种快速和成本效益的方式，可以加快持续交付。

云和基础设施即服务对于在构建和发布基础设施时有诸多需求的团队时显得格外有用。比如我们可能会发现在进行发布时需要暂时提升容量。

云和自动化基础设施管理的结合是处理 CI 中变化的理想选择。基于这个理由，云托管业务诸如 DaoCloud Service、DEV@cloud、Travis CI、CircleCi 是外包连续交付基础设施的理想候选 SaaS。

目标：

❑ 减少基础设施管理投入，并通过部署到云或基础设施服务使其支持变化的需求。

8.3.4 检查列表

在实施自动化持续交付的过程中，根据上述的工作，我们可以总结出如下检查列表。

1）基础原理——发布自动化：

❑ 自动化构建和打包

❑ 自动化持续集成

❑ 自动化测试

❑ 自动化部署

❑ 受管理的基础架构和云服务

❑ 基础架构即代码

❑ 容器框架

❑ 自动化生产部署

2）实现一个持续交付流水线：

❑ 流水线建模

❑ 识别非自动化的活动和网关

❑ 实现流水线

3）最佳实践：

❑ 实现监测

❑ 实现回滚

❑ 提取特定于环境的配置（配置与代码分离）

❑ 执行金丝雀发布

❑ 记录审计信息

　　❑ 实现功能开关
　　❑ 使用基于云的基础架构

8.4　持续集成工具

　　作为 DevOps 流程中的一个重要组成部分，持续集成（CI）的目标是对开发团队的代码进行集成，包括代码的构建、单元测试与集成测试的执行，以及生成执行结果的报表等。CI 使开发团队无须将时间浪费在处理代码冲突的问题上，因此很多人将其视为敏捷软件开发的奠基石。

　　CI 与持续部署（CD）过程通常是紧密联系在一起的。CD 过程通过在流水线中定义的步骤将由 CI 过程所生成的结果部署至集成、预发布乃至生产环境中。由于整个 CD 过程是"持续的"，因此一旦有代码签入源代码控制系统，后续过程就会自动进行测试、对代码进行构建并将构建结果部署至目标环境中。它的优点显而易见：一方面，开发者可快速地收到 bug 与故障的通知，形成快速的反馈循环。另一方面，客户也将更快地使用我们的新特性。

8.4.1　传统的 CI 工具

　　第一个正规的持续集成工具是于 2001 年所推出的 CruiseControl，这是一个基于 Java 开发的开源软件。除了持续构建流程之外，它还提供了邮件通知、Ant 以及对各种源代码控制系统的支持，并推出了支持 .NET 与 Ruby 的移植版本。尽管 Jenkins 后来居上，成为第一个得到广泛应用的 CI 工具，但 CruiseControl 已经具备了一个 CI 工具的基本功能，为 CI 过程的推广做出了很大的贡献。

　　Jenkins 的出现与发展颇有传奇色彩，它的前身是由一位来自 Sun 公司的开发者川口浩介（Kohsuke Kawaguchi）于 2004 年开发的一个基于 Java 的 CI 工具 Hudson。经过三到四年的发展后，它逐渐超越 CruiseControl 成为了最流行的 CI 工具。但自从 Oracle 收购了 Sun 之后，希望将 Hudson 作为收费的商业工具进行开发。以川口为首的开发者社区则决定以 Jenkins 的名义继续免费版本的开发。有趣的是，Hudson 与 Jenkins 的开发者各自将对方视为自己的分支版本，而将自身视为正统。在 2013 年后，Jenkins 的发展势头已有超越之势，它的每日提交次数远远地超越了 Hudson，如今已成为市面上最流行的 CI 工具。

　　早期的 Jenkins 与其他传统 CI 一样，只支持本地托管。而现在已经有一些云计算平台推出了基于 Jenkins 的 SaaS 方案。这方面比较突出的有 CloudBees，它所提供的方案是一种集成了 CI 与 CD 的混合方案，可通过 Docker Pipeline 插件提供对 Docker 容器的支持。

除了 Jenkins 之外，其他一些流行的 CI 工具还包括由 JetBrains 推出的 TeamCity，以及由 Atlassian 推出的 Bamboo 等。这些 CI 工具基本都提供了以下功能。

对源代码控制系统的支持，例如 Git、Subversion、TFS 等。可以在代码控制的主线发生代码提交时自动触发后续的一系列步骤，例如构建、测试与部署等。

对依赖管理工具的支持，如 Java 的 Maven、NodeJS 的 NPM、Ruby 的 Gem，以及 .NET 的 Nuget 等。

对各种类型测试的支持。早期的 CI 只支持单元测试，即单个对象或组件的功能验证。随后加入了对集成测试的支持，即对组件之间的通信与交互进行测试。尽管如此，这还不足以验证系统确实按照用户期望的方式进行工作。因此现代化的 CI 工具开始支持功能性测试，将原先的手工测试替代为基于 Selenium 等工具的自动化测试。

8.4.2　云计算环境中的 CI 工具

曾在大规模企业中尝试过 CI 实践的开发者非常了解：代码的构建与测试的执行是一种非常消耗资源的操作，如果有多个团队使用同一个 CI 平台，那么这种情况将进一步加剧。近几年来，软件团队逐渐厌倦了本地托管的 CI 系统对时间与精力的要求。而基于云计算平台的 SaaS 解决方案的出现快速地弥补了这方面市场的缺失。

Travis CI 是一个基于 GitHub API 所打造的托管 CI 服务，使用 Travis CI 有一个先决条件，即源代码需要在 GitHub 进行托管。Travis CI 通过 webhook 对 GitHub 代码仓库中的各种变化进行响应，例如代码提交或 pull request 等。Travis CI 也依赖 GitHub 提供的服务对用户和组织进行认证。

使用基于云环境的 CI 系统让开发者得以从对本地 CI 系统的安装、配置过程中解脱，不必再关注于基础设施和用户认证与授权方面的问题。此外，由于大多数 SaaS 方案都提供了对应的 API，因此整个工作流都可以实现 API 驱动。

基于云环境的 CI 系统还有另一大优势，它们通常会提供更多的测试功能，例如对不同浏览器与操作系统组合条件的测试。例如 Travis 就支持在 Linux、Mac 和 Windows 系统上的测试，并支持 PHP、NodeJS、Go 和 C 等各种语言。

8.4.3　用于移动应用的 CI 工具

随着智能手机的日益普及，移动应用的数量也在不断增长。但由于移动应用与 Web 应用相比有一些特别之处，例如它的测试与发布方式以及完全不同的依赖管理机制，因此移动应用对于构建、测试及部署流程提出了完全不同的要求，这是传统的 CI 工具力所不及的。好在如今已经有几家主流的 CI 提供商实现了支持移动应用的 CI 工具，例如 CircleCI 已经提供了对 iOS 应用的支持。

移动应用的测试与 Web 应用具有很大的差别，Web 应用的客户端多数集中在一些主流的浏览器与操作系统上，而移动应用的客户端往往是千差万别的，特别是在 Android

平台上。某些测试框架，例如 Espresso 以及 Appium 能够自动替我们解决许多困难。而像 Crashlytics 与 HockeyApp 这样的工具除了内置的 CI 功能之外，还能够自动生成应用崩溃的报告，为开发者进行问题诊断提供充分的上下文。

而由于移动客户端的多样性，以集中化的方式进行所有测试的方式是不太实际的。因此，移动开发社区更推崇 beta 测试的方式，通过 TestFairy 或 TestFlight 等工具将潜在的新版本发布给 beta 测试人员。

移动应用的另一个独特之处在于它的发布方式，通常需要经过漫长而繁琐的审核流程才可发布至对应的应用商店。这不仅降低了持续交付的速度，还不得不在流程中引入各种人工步骤，使全自动化的流程无法实现。

为此，像 Fastlane 这样的工具可实现将应用审核流程中的大部分元素自动化，例如为新应用进行屏幕截图及处理认证等信息。可结合 Jenkins 等 CI 工具以完善整个工作流。

8.4.4　使用 Docker 的 CI 工具

CI 过程目前所面临的一个挑战在于在开发环境中执行的自动化测试与生产环境之间总是存在着或多或少的差别。随着近年来以 Docker 为代表的容器化技术在（微）服务系统中的广泛应用，CI 过程也从容器的使用中受益匪浅。Docker 的高可移植性使多个 CI 提供商开始拥抱 Docker。举例来说，CircleCI 就支持基于容器的应用，而 CodeShip 近期也推出了 Jet，这是一个对 Docker 应用进行测试与部署的解决方案。

8.5　Java 应用持续交付实践举例

Java 应用一般会使用 Maven 或者 Gradle 做依赖管理，同时也会使用 Maven 或者 Gradle 作为构建工具。构建出来的 war 包或者 jar 包有些时候需要发布到 Maven 或者 Gradle 仓库中，有些时候则直接进行发布。运行的时候需要依赖 Web 容器，例如 Tomcat 以及 JVM。

同时在微服务时代，一个系统会包含若干个服务，每个服务对应一个项目，因此我们需要有能力去描述服务之间的关系，并自动按照顺序去启动或者更新服务。

8.5.1　持续集成

业界普遍认同的持续集成的原则包括：

1）需要版本控制软件保障团队成员提交的代码不会导致集成失败。常用的版本控制软件有 Git 等。

2）开发人员必须及时向版本控制库中提交代码，也必须经常性地从版本控制库中更新代码到本地。

3）需要有专门的集成服务器来执行集成构建。根据项目的具体实际，集成构建可以被软件的修改来直接触发，也可以定时启动，如每半个小时构建一次。同时持续集成必须和代码管理流程自动结合。

4）必须保证构建的成功。如果出现构建失败，则必须进行通知，让相应责任人进行修改。

由此可见，一个完整的构建系统必须包括：

❑ 一个自动构建过程（流水线），包括自动编译、分发、部署和测试等。

❑ 一个代码仓库，即需要版本控制软件来保障代码的可维护性，同时作为构建过程的素材库。同时该代码仓库支持代码管理流程如 Git flow。

❑ 一个持续集成服务器。能够和容器集成，用于保证每次构建的环境是标准化的。

❑ Maven 或者 Gradle 仓库，用于存放依赖的包。

❑ Mock Server，用于降低单元测试的难度。

❑ 静态代码分析工具，例如 SonarQube，对代码质量进行分析。

一个可行的持续集成流程如图 8-11 所示。

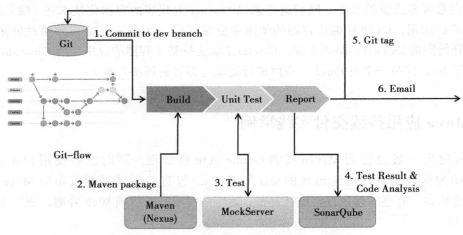

图 8-11　持续集成流程

具体流程如下：

❑ 代码提交触发持续集成流程，通常这样的规则可以设定为代码提交到 dev 分支。

❑ 代码构建，这里是用 Maven 进行代码构建。

❑ 单元测试，这里可以使用类似 MockServer 这样的 Mock 服务来降低单元测试的难度。

❑ 测试结果及代码检查。

❑ 结果反馈到代码仓库。

❑ 结果通过邮件反馈到相应同事。

8.5.2　持续部署

持续部署首先要解决部署的问题，借助于容器化技术，我们可以使用 Docker Compose/Swarm 做部署及环境管理工作，当然也可以使用 Kubernetes。

1. 部署工作

Docker Compose 支持 YAML 格式的服务编排文件，可以大大提高服务编排的效率。编排过程如图 8-12 所示。

图 8-12　服务编排

2. 多环境管理

我们需要一个如图 8-13 所示的统一应用运行平台来管理多套运行环境。在此基础之上，一个可行的持续部署流程如图 8-14 所示。其基本流程如下：

- ❑ 分支合并出发持续部署流程
- ❑ Maven 编译及打包
- ❑ 发布打包后的文件到 Maven 仓库
- ❑ 构建容器镜像
- ❑ 发布容器镜像
- ❑ 部署容器
- ❑ 集成／接口测试
- ❑ 反馈到代码仓库

由于部署到生产上，需要解决蓝绿部署、灰度发布、金丝雀发布、回滚等一系列和应用及业务场景相关的动作，因此这里的流程只到测试环境／预生产环境。

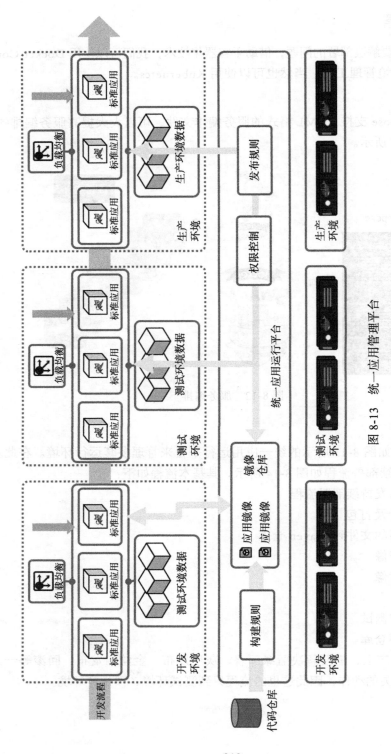

图 8-13　统一应用管理平台

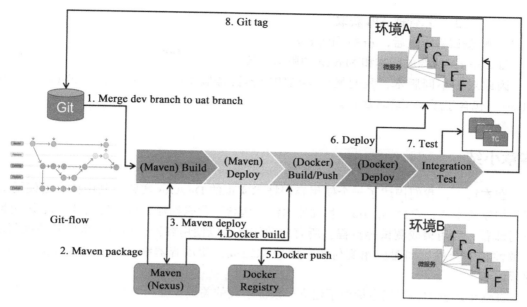

图 8-14　持续部署流程

8.5.3　版本管理

上面的持续集成、持续部署流程涉及项目的版本、代码的版本和容器镜像的版本，如图 8-15 所示。

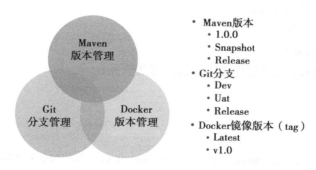

图 8-15　版本管理

那如何做到统一的版本管理呢？一种解决方法如下：

❑ 统一外部版本管理，提供 Web UI 和 API 接口，例如：

- /{service.name}/versions/latest，获取最新版本。
- /{service.name}/versions，获取版本。

❑ Maven 设置版本，与 Git 分支对应。

- mvn versions:set -DnewVersion=1.0.0-{git 分支名 }，这里的 1.0.0 需要通过上

　　　　述的版本管理 API 获取。
　　　● 测试稳定之后，git 打同名 tag。
　　□ Docker 镜像的版本和 Maven 的版本一致。
　　因此对于不同版本，我们最后得到的容器镜像版本是 1.0.0-dev、1.0.0-uat、1.0.0-release，包含了版本和环境属性。

本章小结

　　在本章中，我们描述了一个使用容器技术实现的 DevOps 实践。其中核心是使用 CI 工具构建流水线，它由 Git flow 触发流水线，包含了代码构建、自动化测试、镜像构建、应用部署、应用集成测试等流程。所有的动作都可以使用容器来执行，确保每步执行的一致性和安全性，同时应用交付由一组镜像组成，使用容器编排和调度，完成应用的部署。

　　在这个过程中，我们也探讨了建立一条流水线的关键步骤和内容。

思考题

　　1. DevOps 流程涵盖哪些节点？
　　2. 容器技术对于 DevOps 实践有哪些帮助？
　　3. 什么是持续交付流水线？
　　4. 什么是持续集成？
　　5. 什么是持续部署？
　　6. 一个典型的 Java 应用的持续集成包含哪些步骤？

参考文献

[1]　GitHub flow [OL]. https://image.slidesharecdn.com/gitandgithub-150618084615-lva1-app6892/95/intro-to-git-and-github-20-638.jpg.

[2]　GitLab Environment Branches [OL]. https://about.gitlab.com/images/git_flow/environment_branches.png.

[3]　GitLab Release Branches [OL]. https://about.gitlab.com/images/git_flow/release_branches.png.

[4]　Lars Vogel. Continuous integration with Jenkins-Tutorial [OL]. http://www.vogella.com/tutorials/Jenkins/article.html.

[5]　Julia Alexandrova. Continuous Integration with TeamCity [OL]. https://confluence.jetbrains.com/display/TCD10/Continuous+Integration+with+TeamCity.

[6]　Visual Studio. Continuous integration and deployment[OL]. https://www.visualstudio.com/en-us/docs/build/overview.

[7]　叶挺 . 基于 Docker 与 DaoCloud 创建简单够用的持续集成环境 [OL]. http://open.daocloud.io/daocloud-docker-ci/.

[8]　Jesse Antoszyk. Separating Continuous Integration from Continuous Deployment using GitHub and Travis CI [OL]. https://developer.ibm.com/recipes/tutorials/separating-continuous-integration-from-continuous-deployment-using-github-and-travis-ci/.

[9]　Upwork. Continuous Integration Development with GitHub and CircleCI: How It Works & How to Get Started [OL]. https://www.upwork.com/hiring/development/continuous-integration-development-github-circleci-works-get-started/.

[10]　Puppet. How Puppet works [OL]. https://puppet.com/product/how-puppet-works.

[11]　Chef. An Overview of Chef [OL]. https://docs.chef.io/chef_overview.html.

[12]　Ansible. How ansible works [OL]. https://www.ansible.com/how-ansible-works.

[13]　Mitchell Hashimoto. Stronger DevOps Culture with Puppet and Vagrant [OL]. https://puppet.com/blog/stronger-devops-culture-puppet-and-vagrant.

[14]　Steven Vaughan-Nichols. Container orchestration primer: Explaining Docker swarm mode, Kubernetes and Mesosphere [OL]. https://insights.hpe.com/articles/the-basics-explaining-kubernetes-mesosphere-and-docker-swarm-1702.html.

第 9 章　DevOps 工具集

9.1　概述

自 2009 年首次在比利时召开的 DevOps 日开始，DevOps 的概念和实践在世界各地开花、蓬勃发展，今天 DevOps 随着互联网独角兽公司的异军突起为大家所熟知。尽管在本书前面的论述当中，我们已经多多少少介绍了一些工具，但是 DevOps 对自动化有着极高的要求，相应地，往往需要工具集而不是单一的工具来支持。有鉴于此，本章我们会围绕 DevOps 工具生态圈，分七个领域（协同开发、持续集成、版本管理、编译、配置管理、测试和监控）展开讨论，介绍工具集的功能，方便读者在开展 DevOps 实践时挑选工具构建自己的 DevOps 工具链。DevOps 工具生态圈中七个领域（见图 9-1 的 DevOps 工具生态圈）分别对应 DevOps 的工程实践，可以结合团队的工作流程挑选合适的工具提高工作效率。

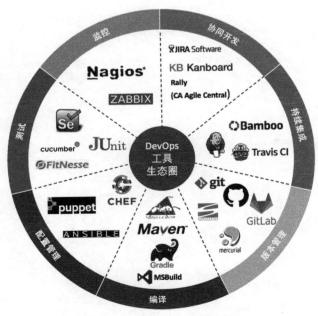

图 9-1　DevOps 工具生态圈

9.2　协同开发工具

本节讨论的工具基于敏捷开发管理框架，将企业、团队日常的开发协作可视化，加强团队的沟通协作，提供敏捷能力的数据分析功能。

9.2.1　JIRA

JIRA 是 Atlanssian 公司开发的用于敏捷团队进行项目管理的工具，它支持当下主流的敏捷项目管理方法，如 Scrum、看板和团队自定义的敏捷管理方法。通过敏捷展示板可以实现项目计划、日常敏捷项目管理和项目报告。

1. JIRA 工作流

JIRA 工作流如图 9-2 所示。

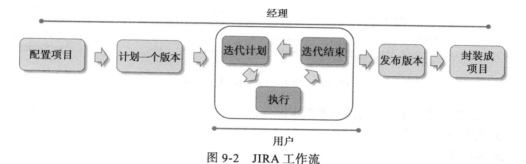

图 9-2　JIRA 工作流

Scrum Master 或项目经理在 JIRA 中创建新项目，创建用户，准备项目的待办列表，开始和结束一个项目，评估项目。

普通用户从 JIRA 中创建、获取任务，开展工作，更新任务状态。

2. 迭代计划

在 Scrum 方法下 Scrum 团队在每个迭代开始之初需要制定迭代计划，以此保障计划内的任务在迭代结束时能被正确交付。Scrum 项目的计划任务会显示在待办列表（backlog）里面，这里是每个迭代创建和开始的地方，如图 9-3 所示。

3. 执行任务

在 JIRA 中用户获取分配的任务，展开工作，同时在 JIRA 中更新记录任务的进展情况。JIRA 提供任务的查询、修改、注释、添加附件、修改状态、看板展示、权限设置等应用，方便我们使用敏捷的方法论进行日常项目管理。在敏捷展示版中支持拖拽的方式，允许任务在各个状态之间来回调整，能够给我们的敏捷团队管理提供可视化的展现方式。

4. 迭代结束

JIRA 拥有丰富的报告功能，能动态地生成各类报告方便跟踪敏捷项目的实时情况。

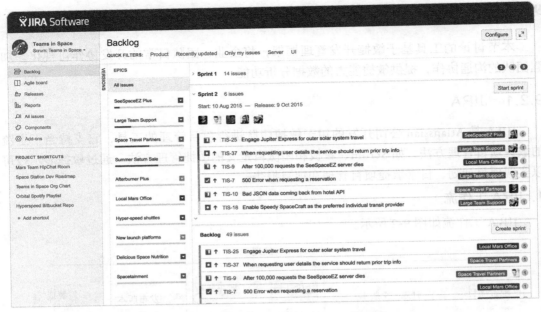

图 9-3　待办列表（backlog）[⊖]

目前最新版本的 JIRA 支持多类图表报告：

❏ 工作负载饼图
❏ 用户负载报告
❏ 版本修复跟踪报告
❏ 时间跟踪报告
❏ 团队任务报告
❏ 新建和解决的任务对比报告
❏ 任务解决时长报告
❏ 饼图报告
❏ 问题解决的平均时长报告
❏ 最近创建的任务报告
❏ 自定义时间的任务报告

9.2.2　Kanboard

　　Kanboard 工具是提供给那些想提高项目管理效率，使项目管理简单化的团队所使用的。它能够让团队的日常工作可视化，让团队的工作更高效，支持多项目拖拽式调整任务状态，支持多种浏览器，具有易学易用的特点。Kanboard 提供的典型功能

　　⊖　摘取自 https://www.atlassian.com/software/jira。

如下⊖。

1. 清晰的任务状态展示

　　Kanboard 将故事卡进行可视化，使用不同色块区分不同类型的故事卡，一目了然，方便管理。根据业务活动可以个性化地定制看板展示板，增加或减少活动列，灵活自由，如图 9-4 所示。

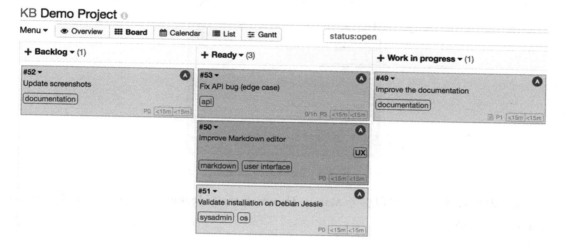

图 9-4　Kanboard 看板

2. 支持拖拽

　　日常管理中，Kanboard 支持自由拖拽，可以像物理看板一样直接拖动看板上的故事卡到目标列，如图 9-5 所示。

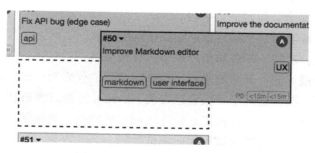

图 9-5　Kanboard 故事卡拖拽

3. 更有效地跟踪处理中的任务

　　Kanboard 提供了在制品 WIP（Work In Process）列（见图 9-6），这个功能将看板方

　　⊖　摘取自 https://kanboard.net/。

法中的在制品概念有效地引入到日常管理中，方便快捷地查看在制品项，通过设定在制品上限数量，暴露问题，解决问题，从而提升交付速率和交付质量。

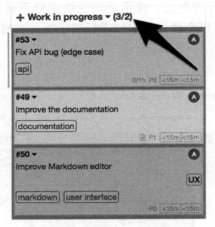

图 9-6　Kanboard 在制品

关于看板管理方法，可以参考 Marcus Hammarberg 和 Joakim Sundén 所著的《Kanban in Action》一书。

9.2.3　Rally

Rally 已经纳入 CA Technologies 旗下，当前有两个版本 Community Edition 和 Unlimited Edition 可供用户免费体验试用。

Rally Community Edition 面向使用敏捷和精益开发方法的团队，提供基于敏捷和精益的项目管理模式。免费试用版可供 10 个用户、5 个项目同时使用，它提供以下功能：

- □ SaaS 交付：安全、稳定的云平台。
- □ 迭代跟踪：能够一目了然地管理跟踪团队的进展。
- □ 工作项关联：功能、任务和用户故事具有相关性。
- □ 定制化的可视界面：灵活地添加、共享自定义的仪表板、报告和泳道。
- □ 定制化的工作流：适用于看板管理方法、Scrum 方法或者自定义的工作方法。
- □ 报告功能：能够输出过程报告，如燃尽图、燃烧图、速率图和流图。
- □ 测试管理：集成了功能测试和回归测试计划。
- □ 质量管理：跟踪管理缺陷和测试用例。
- □ 插件：使用 app 库扩展企业的 Rally 软件生态系统。

Rally Unlimited Edition 是基于云平台的 Rally，集成了权限管理、企业级应用、扩展包、协作和分析能力，用户可以无限使用，有 15 天的免费试用期。在协作开发方面为用户提供：

- ❑ 团队跟踪：可视化整个团队的工作内容。
- ❑ 敏捷管理：将敏捷工作计划和业务里程碑相互关联。
- ❑ 计划关联：发展路线图可以和规划、容量、依赖关系以及潜在风险相互关联。
- ❑ 团队聊天室：提供团队成员共享讨论、邮件、回馈和工具使用经验的地方。
- ❑ 计划容量：为容量部门提供优化的数值。
- ❑ 度量：为团队的敏捷能力提供度量的基准、数据和分析。
- ❑ 集成：连接起了企业的质量、需求和持续交付软件。
- ❑ 企业敏捷能力提升：支持 SSO、SLAs、SAFe® 框架，支持企业自定义的过程和报告需求。

9.3　持续集成工具

持续集成是 DevOps 理念中重要的一个实践环节，它经历了纯脚本驱动到持续集成工具两个发展阶段，目前正向第三个阶段流水线即代码的阶段发展。

9.3.1　Jenkins

Jenkins 是一个开源的持续集成工具，可以实现软件的自动化编译、测试和部署。Jenkins 以其易用强大的任务调度功能、丰富的插件库在持续集成工具领域占领了大片江山。Jenkins 的安装搭建非常简单，单机运行的 Jenkins 最低要求使用 Java7，推荐使用 Java8，系统内存最低要求是 512M。登录官方网站 https://jenkins.io/ 下载最新的 jenkins.war，java-jar jenkins.war 命令，就可以启动单机的 Jenkins 服务。访问 http://localhost:8080 查看 Jenkins 服务是否启动。按照页面提示输入必要的信息就可以完成 Jenkins 的基础配置，成功配置后可以看到图 9-7 所示的欢迎登录界面。

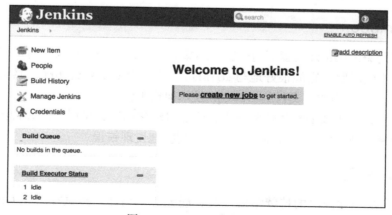

图 9-7　Jenkins 欢迎页面

自 Jenkins V2.0 以后，Jenkins 引入了 pipeline 概念，实现了工作流即代码（Pipeline-as-code），持续集成的工作流通过文本文件 Jenkinsfile 实现了像代码一样的版本管理，可以将持续集成工作流文件 Jenkinsfile 作为应用软件源代码的一部分，纳入版本库中进行版本管理和代码评审。

Jenkinsfile 示例如下[⊖]。

```
pipeline {
    agent any
    stages {
        stage ('Build'){
            steps {
                echo 'Building…'
            }
        }
        stage ('Test'){
            steps {
                echo 'Testing…'
            }
        }
        stage ('Deploy'){
            steps {
                echo 'Deploying…'
            }
        }
    }
}
```

在这段 Jenkinsfile 示例中，定义了三个阶段：编译构建（Build）、测试（Test）和部署（Deploy）。Jenkinsfile 是纯文本文件，可以加入代码的版本控制库中进行管理。如果使用该 Jenkinsfile 进行流水线的配置启动，首先要确认代码版本是否已经从远程版本管理服务器拉取到 Jenkins 执行流水线的服务器上。

9.3.2　Bamboo

Bamboo 是 atlassian 公司旗下的一款持续集成、持续部署、持续交付的工具，当前可以申请 30 天的试用版。它能很好地与 atlassian 旗下的 Bitbucket、Jira 工具进行集成，构建一套需求、开发、集成、交付的 DevOps 技术架构平台。

Bamboo 支持多步骤的构建任务安排，聚焦自动化测试，可以使用并行的自动化任务来提升团队的敏捷开发能力，帮助团队更快更便捷地发现错误。

9.3.3　Travis CI

Travis CI 是一款开源的持续集成工具，能无缝地构建、测试托管在 GitHub 上的项

⊖　摘取自 https://jenkins.io/doc/book/pipeline/jenkinsfile/。

目。Travis CI 通过 .travis.yml 文本文件实现流水线即代码（Pipeline-as-code）的管理，该 YAML 格式的文本文件必须存储在 GitHub 项目仓库的根目录下。

使用 Travis CI 的具体步骤如下[○]：

1）使用 GitHub 账号登录 Travis CI，授予 Travis CI GitHub 的访问权限。

2）授权完成后，Travis CI 会同步 GitHub 上的项目仓库，进入配置页面允许 Travis CI 构建你的项目。

3）新建一个 .travis.yml 的文件到 GitHub 项目仓库的根目录下。

```
language: ruby
rvm:
    - 2.2
    - jruby
    - rbx-2
# uncomment and edit the following line if your project needs to run
    something other than `rake`:
# script: bundle exec rspec spec
```

这是一个 .travis.yml 的文件示例。展示了一个 ruby 项目使用 rake 进行编译构建的例子。

4）将步骤 3 中的 .travis.yml 的文件提交到 GitHub 项目仓库的根目录下，驱动 Travis CI 进行构建。

5）检查 Travis 构建页面，查询构建结果。

Travis CI 按照图 9-8 所示的流程编排构建流水线。

You push your code to GitHub — GitHub triggers Travis CI to build — Hooray! Your build passes! — Travis CI deploys to Heroku — Travis CI tells the team all is well

图 9-8　Travis CI 流水线流程

9.4　版本管理工具

DevOps 实践中版本管理是最基础的概念，所有与开发发布相关的内容都需要进行版本管理。没有版本管理的基石，后续 DevOps 的实践持续集成、持续交付都会成为空中楼阁。

9.4.1　Git

Git 是一款开源的分布式版本管理系统，2005 年 Linus Torvalds 为了互相协作开发

○　摘取自 https://docs.travis-ci.com/user/getting-started/。

Linux 内核而开发了这个系统。Git 简洁易用，系统资源开销小，性能优良。Git 的设计优势使得在 Git 中创建使用分支的代价非常小，可以非常方便地建立多工作流模式。

Git 和传统的版本管理工具非常不一样，它基于数据设计存储。如图 9-9Git 文件系统所示，Git 把数据当成是一个微小的文件系统快照。每次提交或加载一次 Git 中的项目，Git 就会保存一份当前的快照。考虑到存储的有效性，如果本次和上次提交没有变化，Git 不会重复存储文件，只创建一个与前序文件的链接。Git 使用快照流的方式看待存储的数据。

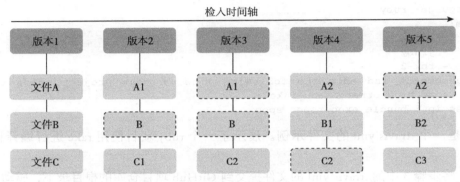

图 9-9　Git 文件系统

在 Git 中的多数操作都只依赖本地文件，当需要提交文件或获取 Git 服务器上最新版本信息时才建立本地机器和 Git 服务器的连接。

使用 Git 进行工作需要注意三个状态：已提交（committed）、已修改（modified）和已加载（staged）（见图 9-10）。已提交表示数据已经安全地被保存到本地数据库中。已修改表示对文件做了修改但还没有提交到本地的数据库中。已加载表示修改的内容的当前版本会被放入下一次提交的快照中。因为这三种状态，Git 项目可以被分为 Git 目录、工作目录和加载区。

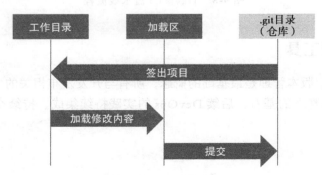

图 9-10　Git 文件状态

Git 目录是 Git 存储元数据和项目数据的地方，这个目录在你克隆 Git 仓库的时候被创建。工作目录是项目当前版本的一个单一签出副本，在这里完成对项目文件的修改操作。加载区是一个文件，下次准备提交的文件被保留在这个区域内，它很像是一个索引。

使用 Git 的方法如下：

1）在工作目录内修改文件。

2）加载文件，将文件的快照放入加载区。

3）提交，将加载区中的文件快照提交到 Git 目录。

9.4.2　GitHub

GitHub 是基于 Web 网络的 Git 仓库服务，可以为成千上万的开发者和项目提供中央协作平台。当前 GitHub 上托管了大量的项目，很多都是开源项目，它们使用 GitHub 进行开发、代码评审、缺陷跟踪等项目管理事务。与 Git 基于命令行工作模式不同，GitHub 提供了网页版图形界面和桌面集成。

9.4.3　GitLab

GitLab 是一个 Web 应用的 Git 仓库，同时提供 wiki 知识库功能和缺陷跟踪功能。GitLab 和 GitHub 很类似，只不过 GitLab 是一个开源的版本管理工具。

9.4.4　Subversion

Subversion 是 Apache 许可证下的集中式开源版本管理工具。它模式简单、易用，可以支持单一用户使用，也适用于大型企业多用户多项目场景。

Subversion 包含了 CVS 的所有功能，并加以改进。在 Subversion 中文件夹就像文件一样，也具有版本。对版本库中对象的任何操作，如复制、删除、重命名都会被记录下来。Subversion 的提交都是原子提交，修改的版本号是针对提交而不是文件，提交的记录信息被绑定到修改版本上，提交的内容要等提交操作结束后才会起作用。分支和标签在 Subversion 中可以理解为"复制"操作。Subversion 按照客户端 – 服务器架构设计，所有权限操作都在服务器端完成，客户端需要与服务器建立 http 通信，获取操作权限，从而进行操作。

9.4.5　Mercurial

Mercurial 是跨平台的分布式版本管理工具，支持当前主要的操作系统如 Windows、Unix 系统（FreeBSD、MacOS 和 Linux）。它使用 Python 语言开发，其中的二进制比较模块使用 C 语言开发。

Mercurial 的开发目的和 Git 类似，但最终 Linux 内核开发使用了 Git 作为版本管理工具。Mercurial 是一款高效轻量的版本管理系统，易于学习和使用，完美扩展收缩，支持定制化。如果有其他版本管理工具的经验，换而使用 Mercurial 会非常迅速。如果

Mercurial 内建的核心功能无法满足你的需求，Mercurial 提供了脚本任务，使用 Python
脚本可以实现扩展的功能。

9.5 编译工具

9.5.1 Ant

Apache Ant 是实现软件编译过程自动化的工具，最早来自于 2000 年 Apache Tomcat
项目开发。它替代了 Unix 的 make 编译工具，使用 Java 语言开发，因此需要 Java 平台，
对构建 Java 项目有良好的适应性。今天，Ant 已经能够支持非 Java 项目，C、C++ 项目
也可以使用 Ant 作为自动化构建工具。

Ant 使用模块扩展了 shell 命令的方式，使用 XML 格式的配置文件编排构建任务，
使用 task 模块搭建构建任务。

使用 Ant 编排自动化构建任务，需要编写一个 XML 的 buildfile 文件，所有的构建步
骤都在这个文件中定义，执行 Ant 命令将会调用这个 buildfile 进行构建。

buildfile 示例如下⊖：

```xml
<project name="MyProject" default="dist" basedir=".">
    <description>
        simple example build file
    </description>
    <!-- set global properties for this build -->
    <property name="src" location="src"/>
    <property name="build" location="build"/>
    <property name="dist" location="dist"/>
    <target name="init">
        <!-- Create the time stamp -->
        <tstamp/>
        <!-- Create the build directory structure used by compile -->
        <mkdir dir="${build}"/>
    </target>
    <target name="compile" depends="init"
            description="compile the source">
        <!-- Compile the java code from ${src} into ${build} -->
        <javac srcdir="${src}" destdir="${build}"/>
    </target>
    <target name="dist" depends="compile"
            description="generate the distribution">
        <!-- Create the distribution directory -->
        <mkdir dir="${dist}/lib"/>
        <!-- Put everything in ${build} into the MyProject-${DSTAMP}.jar file -->
        <jar jarfile="${dist}/lib/MyProject-${DSTAMP}.jar" basedir="${build}"/>
```

⊖ 摘取自 https://ant.apache.org/manual/index.html。

```
    </target>
    <target name="clean"
            description="clean up">
        <!-- Delete the ${build} and ${dist} directory trees -->
        <delete dir="${build}"/>
        <delete dir="${dist}"/>
    </target>
</project>
```

buildfile 是一个 XML 格式文件，定义项目的相关信息和构建任务编排。所有的任务按照 target 模块划分。这个 buildfile 定义了四个任务，分别是 init、compile、dist 和 clean。init、compile、dist 是三个按序执行的任务，clean 是一个独立任务。默认将会从 init 开始，依次执行 compile 和 dist 任务。

9.5.2　Maven

Maven 最早被用于 Java 项目的自动化构建，它的意思是知识的累加器，实现了构建软件的两个功能：软件如何构建和构建的依赖关系。基于项目对象模型（POM）理念，Maven 能管理项目的构建、报告和文档化。设计 Maven 的初衷如下：

- ❑ 构建过程更简洁
- ❑ 使用统一的构建系统
- ❑ 提供有效的项目信息
- ❑ 为最佳开发实践提供指导
- ❑ 为新功能提供平滑的迁移

pom 文件示例如下[一]：

```
<project xmlns="http://maven.apache.org/POM/4.0.0
    xmlns:xsi="http://www.w3.org/2001/XMLSchema-instance"
    xsi:schemaLocation="http://maven.apache.org/POM/4.0.0
                http://maven.apache.org/xsd/maven-4.0.0.xsd">
    <modelVersion>4.0.0</modelVersion>
    <groupId>com.mycompany.app</groupId>
    <artifactId>my-app</artifactId>
    <packaging>jar</packaging>
    <version>1.0-SNAPSHOT</version>
    <name>Maven Quick Start Archetype</name>
    <url>http://maven.apache.org</url>
    <dependencies>
        <dependency>
            <groupId>junit</groupId>
            <artifactId>junit</artifactId>
            <version>4.11</version>
            <scope>test</scope>
```

⊖　摘取自 https://maven.apache.org/guides/getting-started/index.html。

```
        </dependency>
    </dependencies>
</project>
```

pom 文件是 xml 格式，是 Maven 的基础文件，包含项目的重要信息，以 one-stop-shopping 的方式查找项目的信息。示例 pom 文件定义了项目的基本信息，如项目名称、版本、打包文件名、打包文件格式和依赖条件。具体 pom 文件如何创建，请参考 https://maven.apache.org/guides/introduction/introduction-to-the-pom.html。

9.5.3　Gradle

Gradle 是基于 Apache Ant 和 Apache Maven 概念的自动化构建工具，使用 Groovy 特定领域语言来声明项目编排，而不是 XML 格式文件。Ant 和 Maven 各有优缺点，Ant 无法简便地支持频繁修改依赖关系的项目，而 Maven 相对功能单一，两者都是基于 XML 格式文件，不利于设计 if、switch 等判断式语句，Gradle 改良了这些问题，今天它已经成为 Android Studio 内置的封装部署工具。

使用 Gradle 构建项目将从 init 初始化开始，使用下面的命令创建项目：

```
$ mkdir test
$ cd test
$ gradle init --type
```

Gradle build.gradle 文件示例如下[⊖]：

```
apply plugin: 'java'
apply plugin: 'application'
repositories {
    jcenter()
}
dependencies {
    compile 'com.google.guava:guava:20.0'
    testCompile 'junit:junit:4.12'
}
mainClassName = 'App'
```

这个项目文件会引入 java 和 application 两个插件，依赖 Google Guava 和 JUnit test 两个库，主程序从一个名为 App.class 文件开始。

9.5.4　MSBuild

MSBuild 又叫 Microsoft 构建引擎，是 .NET 框架下的一个构件工具。Visual Studio 依赖 MSBuild，但 MSBuild 并不依赖 Visual Studio。MSBuild 基于 XML 格式的项目文件（后缀为 .csproj），进行构建步骤操作。如果使用 Visual Studio IDE 生成项目，MSBuild 的

⊖　摘取自 https://guides.gradle.org/creating-java-applications/。

项目文件会自动生成。

MSBuild 项目文件示例如下⊖：

```
<Project xmlns="http://schemas.microsoft.com/developer/msbuild/2003">
    <ItemGroup>
        <Compile Include="helloworld.cs" />
    </ItemGroup>
    <Target Name="Build">
        <Csc Sources="@(Compile)"/>
    </Target>
</Project>
```

这是一个 HelloWorld 程序的 MSBuild 项目文件，构建任务会按顺序执行，Visual C# 编译器 Csc 任务是唯一的任务，只编译一个源文件 helloworld.cs。

9.6　配置管理工具

9.6.1　Chef

Chef 是一个配置管理工具，能对公司的服务器进行流水线式的任务配置和维护，能集成到主流云平台，如 Amazon Web Services（AWS）、Google Cloud Platform、Open-Stack、Microsoft Azure。当前 Chef 的版本支持 Red Hat Enterprise Linux 7、CentOS7、Windows Server 2012 R2 和 Ubuntu 14.04 系统。

Chef 采用 Chef Server 和 Client 的结构，执行 chef-client 将食谱（cookbook）中分配好的配置内容、策略内容应用到 Client 端，完成 Client 服务器的系统配置。

食谱定义了应用场景，包含支持该场景的所有资源：

❑ 菜单（Recipes）指定了需要使用的资源以及使用资源的顺序

❑ 属性

❑ 分配的文件

❑ 模版

❑ Chef 的扩展内容，例如定制的资源和库

Chef Server 是管理复杂、动态服务器集群的基础，它是配置数据中心，存储了配置服务器集群所使用的食谱，应用于集群服务器节点的策略，描述了 chef-client 命令管理的注册节点的元数据。通过修改食谱，执行 chef-client，将食谱中的设置应用到服务器集群中各节点，实现对服务器集群的统一配置管理。

相关的 Chef 学习资料可以登录 https://www.chef.io 官方网站查询。Chef 的官网提

⊖　摘取自 https://docs.microsoft.com/zh-cn/visualstudio/msbuild/walkthrough-creating-an-msbuild-project-file-from-scratch。

供了在线的虚拟环境，可以按照学习步骤在浏览器中进行学习，非常方便。

9.6.2 Puppet

Puppet 是一个开源的配置管理工具，可以运行在 Unix 平台系统，也可以运行在微软 Windows 平台。Puppet 提供了一套标准的操作方式实现软件的交付与维护，通过 Puppet 维护人员将不再关心软件运行在哪里。维护人员使用易读的语言部署基础架构和应用。

Puppet 提供虚拟的学习环境，可以登录官方网站 https://puppet.com 下载虚拟学习环境进行练习。

9.6.3 Ansible

Ansible 是一款开源的配置管理工具。它集成了软件多节点部署，执行 ad hoc 任务和配置管理功能。集群管理中的机器只需要预安装 Python 2.4 以上版本就能通过 SSH 或 PowerShell 进行管理。Ansible 使用 YAML 格式的 playbooks 文件统一管理配置操作。Ansible 被 Redhat 收购后，衍生出了商用版本 ANSIBLE TOWER，它能更方便地进行自动扩容、管理复杂的部署操作，同时引入了工作流将配置的步骤可视化地展现出来，非常直观，方便 DevOps 团队进行协作。

9.7 测试工具

9.7.1 JUnit

JUnit 是 JAVA 单元测试框架，在测试驱动开发的今天被越来越多的开发者引入日常开发中，用于保障代码质量。如果使用其他语言，请对应寻找相关的 xUnit 单元测试框架，创建单元测试用例。

JUnit 单元测试用例针对代码级别，如已经创建了一个 Java 文件 Calculator.java [⊖]：

```
public class Calculator {
    public int evaluate(String expression){
        int sum = 0;
        for (String summand: expression.split("\\+"))
            sum += Integer.valueOf(summand);
        return sum;
    }
}
```

编译一下这个文件，生成 Calculator.class 文件：

```
javac Calculator.java
```

⊖ 摘取自 https://github.com/junit-team/junit4/wiki/Getting-started。

对应创建一个 JUnit 单测用例 CalculatorTest.java：

```
import static org.junit.Assert.assertEquals;
import org.junit.Test;
public class CalculatorTest {
    @Test
    public void evaluatesExpression(){
        Calculator calculator = new Calculator();
        int sum = calculator.evaluate("1+2+3");
        assertEquals(6, sum);
    }
}
```

编译单测用例：

```
# On Linux or MacOS
javac -cp .:junit-4.xx.jar CalculatorTest.java
```

执行测试用例：

```
# On Linux or MacOS
java -cp .:junit-4.XX.jar:hamcrest-core-1.3.jar org.junit.runner.JUnitCore
    CalculatorTest
```

得到如下结果：

```
JUnit version 4.12
.
Time: 0,006
OK (1 test)
```

表示单元测试通过。

JUnit 可以通过插件和 IDE 环境集成，图形化地查看单元测试覆盖率，帮助验证代码逻辑。JUnit 还能通过 Ant、Maven、Gradle 的模块实现在持续集成过程中的集成，从项目层面度量代码的质量。

9.7.2　Selenium

Selenium 是基于网络应用的开源测试框架，通过录制 / 播放工具创建测试用例，同时也支持多种语言编写的测试脚本，如 JAVA、C#、Groovy、Perl、PHP、Python 和 Ruby。Selenium 实现的是基于 UI 页面的测试，对浏览器支持良好，支持当下绝大多数浏览器，通过安装驱动可以实现对 Android 和 iOS 系统 UI 界面的测试。

如何使用 Selenium 可以登录 http://docs.seleniumhq.org/ 进行查看学习。

9.7.3　Cucumber

Cucumber 是一款用于自动化验收测试的工具，用户按照行为驱动开发模式创建测试用例。Cucumber 是 Ruby 语言开发的，但可以支持其他平台。

创建一个 .feature 文件，包含特定给定的执行条件，Cucumber 将执行这个文件即完成一个测试用例。这个 .feature 文件非常易读，不需要开发背景就能读懂，采用 Given-when-then 的格式，如下所示[一]：

```
Feature: Refund item
    Scenario: Jeff returns a faulty microwave
        Given Jeff has bought a microwave for $100
        And he has a receipt
        When he returns the microwave
        Then Jeff should be refunded $100
```

通过 JUnit 的 junitreport 模块可以生成 Cucumber 的测试用例执行报告。

9.7.4　FitNesse

FitNesse 不仅是一款自动化验收测试工具，还是一个 Web 服务器和 wiki。在软件交付过程中 FitNesse 起到了干系人之间的桥梁作用。自带的 wiki 功能记录了软件的文档。要使用 FitNesse，测试者需要从业务需求层面开始定义，从而准确展现理解干系人的需求。如果需求足够清晰，它们能够自动地被 FitNesse 作为验收标准验证开发的软件应用。

为了方便干系人使用 FitNesse，需求可以直接通过 Web 浏览器的方式创建和修改，也就是 wiki。测试者在 FitNesse 里创建需求规格说明书（验收测试用例），它可以被 FitNesse 自动执行。

介绍一个 FitNesse 测试案例：测试一个计算器应用的除法功能，期望看到一些用例能工作[二]。如果输入 10/2，希望得到等于 5 的输出结果。

在 FitNesse 中，测试用例将用下面的输入数据、期望结果表格展现。

除法功能示例		
分子	分母	商?
10	2	5.0
12.6	3	4.2
22	7	~=3.14
9	3	<5
11	2	4<_<6
100	4	33

FitNesse 中这样的表格叫做判决表，将会解读为：如果输入分子 10 和分母 2，是否

㊀ 摘取自 https://cucumber.io/docs/reference。

㊁ 摘取自 http://fitnesse.org/FitNesse.UserGuide.TwoMinuteExample。

能得到返回值 5 ？

　　直接点击 FitNesse 右上角的测试按钮，可以直接按照表格进行测试。

　　更多的使用可以下载 FitNesse（http://fitnesse.org/FrontPage）进行尝试。

9.8　监控工具

　　监控的环节在 DevOps 理论中非常重要，它提供度量数据，是实现持续改进的重要依据。

9.8.1　Nagios

　　Nagios 是一款开源的监控工具，用于监控系统、网络和基础架构，提供监控功能的同时还能发出警报，当监控的系统出现异常情况，Nagios 可以迅速发出警报，帮助运维团队发现问题。Nagios 安装在 Linux 平台，可以实现以下功能：

- ❑ 网络服务（SMTP、POP3、HTTP、PING 等）
- ❑ 主机的资源（进程负载、硬盘使用情况等）
- ❑ 检查并行的服务
- ❑ 使用父节点的方式侦测网络中的子节点是否连接正常
- ❑ 当节点或服务出现异常，生成通知（邮件、报告或客户定义的方式）功能
- ❑ 自动的日志记录

9.8.2　Zabbix

　　Zabbix 是一款企业级网络应用解决方案的开源软件，可以实时监控网络中上万台服务器、虚拟机的性能和状态。Zabbix 有强大的数据收集能力，能宏观可视化地展现数据以达到报警监控的目的。

　　Zabbix 服务器是一个中央存储库，存贮了所有的配置、统计数据和运维数据，当系统中有异常问题发生，Zabbix 服务器通过分析进行判断，执行警报，通知管理者。Zabbix 提供两种模式实现监控系统架构：Proxy 模式和 Agent 模式。Proxy 模式是最简单的集中式数据管理 – 分布式监控架构。如果想要实现高效可扩展的监控系统，推荐使用 Agent 模式。Agent 模式下，Zabbix agent 将会被部署到监控目标机器上，实现对目标机器应用和负载的监控。Zabbix agent 会把本地监控到的数据收集起来发送给 Zabbix 服务器进行集中分析预警。

Zabbix Agent 工作模式

　　Zabbix Agent 有两种工作模式：被动式（Passive Mode）和主动式（Active Mode）。区别是由谁发起数据收集的请求。被动式是 Zabbix 服务器发起数据收集请求，Zabbix agent 响应（见图 9-11）。主动式则是由 Zabbix agent 将缓存好的数据发送给 Zabbix 服务器（见图 9-12）。

被动式

图 9-11　Zabbix 被动模式

被动式的优点如下：

❑ 架构简单
❑ 灵活设定数据收集的间隔
❑ 通信方式直观（请求←→反馈）
❑ 排错简单

主动式

图 9-12　Zabbix 主动模式

主动式的优点如下：

❑ 可以跨越局域网使用
❑ 数据缓存
❑ 减少 Zabbix 服务的负载
❑ 安全性更高

9.9　工具网址

1. JIRA, https://www.atlassian.com/software/jira
2. Kanboard, https://kanboard.net

3. Rally, https://www.ca.com/us/products/ca-agile-central.html

4. Jenkins, https://jenkins.io/

5. Bamboo, https://www.atlassian.com/software/bamboo

6. Travis CI, https://travis-ci.com/

7. Git, https://git-scm.com

8. GitHub, https://github.com/

9. GitLab, https://about.gitlab.com/

10. Subversion, https://subversion.apache.org/

11. Mercurial, https://www.mercurial-scm.org/

12. Ant, http://ant.apache.org/

13. Maven, https://maven.apache.org/

14. Gradle, https://gradle.org/

15. MSBuild, https://msdn.microsoft.com/en-us/library/dd393574.aspx

16. Chef, https://www.chef.io/chef/

17. Puppet, https://puppet.com

18. Ansible, https://www.ansible.com/

19. JUnit, http://junit.org/junit4/

20. Selenium, www.seleniumhq.org/

21. Cucumber, https://cucumber.io/

22. FitNesse, www.fitnesse.org/

23. Nagios, https://www.nagios.org/

24. Zabbix, www.zabbix.com/

推荐阅读

系统架构：复杂系统的产品设计与开发

作者：[美] 爱德华·克劳利 等 ISBN: 978-7-111-55143-0 定价: 119.00元

本书由系统架构领域3位领军人物亲笔撰写，系统架构领域资深专家Norman R. Augustine作序推荐，Amazon全五星评价。

阐述了架构思维的强大之处，目标是帮助系统架构师规划并引领系统开发过程中的早期概念性阶段，为整个开发、部署、运营及演变的过程提供支持。

架构真经：互联网技术架构的设计原则（原书第2版）

作者：[美] 马丁 L. 阿伯特 等 ISBN: 978-7-111-56388-4 定价: 79.00元

本书系统阐释50条支持企业高速增长的有效而且易用的架构原则，将技术架构和商业实践完美地结合在一起，可以帮助互联网企业的工程师快速找到解决问题的方向。

多位业内专家联袂力荐。

软件架构

作者：[法] 穆拉德·沙巴纳·奥萨拉赫 ISBN: 978-7-111-54264-3 定价: 59.00元

从软件架构的概念、发展和最常见的架构范式入手，详细介绍20年来软件架构领域取得的研究成果；

全面讲解软件架构的知识、工具和应用，涵盖复杂分布式系统开发、服务复合和自适应软件系统等当今最炙手可热的主题。

DevOps：软件架构师行动指南

作者：[澳] 伦恩·拜斯 等 ISBN: 978-7-111-56261-0 定价: 69.00元

本书从软件架构师视角讲解了引入DevOps实践所需要掌握的技术能力，涵盖了运维、部署流水线、监控、安全与审计以及质量关注。

通过3个经典案例研究，讲解了在不同场景下应用DevOps实践的方法，这对于想应用DevOps实践的组织具有切实的指导意义。